中国自然资源经济研究院
自然资源经济研究系列丛书 2021-01（总 031）

U0038733

自然资源与生态环境国际智库手册

（第一辑）

◎主　　　编　姚　霖

◎副 主 编　马朋林

◎编写组成员　席　畾　宋马林　张　颖　申文金

宋　猛　聂宾汗　杜越天　郭静静

翟　君　朱俐斌

北京大学出版社
PEKING UNIVERSITY PRESS

图书在版编目（CIP）数据

自然资源与生态环境国际智库手册．第一辑/姚霖主编．—北京：北京大学出版社，2021.8
ISBN 978-7-301-32317-5

Ⅰ.①自⋯　Ⅱ.①姚⋯　Ⅲ.①自然资源－资源保护－咨询机构－世界－手册 ②生态环境－环境保护－咨询机构－世界－手册　Ⅳ.①X37-62 ②C932.81-62

中国版本图书馆 CIP 数据核字（2021）第 138563 号

书　　　　名	自然资源与生态环境国际智库手册（第一辑）	
	ZIRAN ZIYUAN YU SHENGTAI HUANJING GUOJI ZHIKU SHOUCE（DI-YIJI）	
著作责任者	姚　霖　主编	
责 任 编 辑	黄　炜	
标 准 书 号	ISBN 978-7-301-32317-5	
出 版 发 行	北京大学出版社	
地　　　址	北京市海淀区成府路 205 号　100871	
网　　　址	http://www.pup.cn　　新浪微博：@北京大学出版社	
电 子 信 箱	zpup@pup.cn	
电　　　话	邮购部 010-62752015　发行部 010-62750672　编辑部 010-62764976	
印 刷 者	北京市科星印刷有限责任公司	
经 销 者	新华书店	
	787 毫米×1092 毫米　16 开本　21 印张　插页 4　400 千字	
	2021 年 8 月第 1 版　2021 年 8 月第 1 次印刷	
定　　　价	60.00 元	

ECOSOC
United Nations

联合国经济及社会理事会（ECOSOC）

联合国欧洲经济委员会（UNECE）

United Nations
Educational, Scientific and
Cultural Organization

联合国教育、科学及文化组织（UNESCO）

UN-HABITAT

联合国人类住区规划署（UN-HABITAT）

联合国开发计划署（UNDP）

联合国粮食及农业组织（FAO）

WORLD
METEOROLOGICAL
ORGANIZATION

世界气象组织（WMO）

UN WATER

联合国水机制（UN-Water）

World Health
Organization

世界卫生组织（WHO）

UN
environment
programme

联合国环境规划署（UNEP）

ipcc
INTERGOVERNMENTAL PANEL ON
climate change
WHO UNEP

联合国政府间气候变化专门委员会（IPCC）

CLIMATE CHAIN
COALITION

联合国气候链联盟（CCC）

气候与清洁空气联盟（CCAC）

世界银行集团（WB）

全球环境基金（GEF）

国际金融公司（IFC）

世界水理事会（WWC）

世界保护与监测中心（UNEP-WCMC）

国际资源委员会（UNEP-IRP）

未来地球（Future Earth）

生物多样性和生态系统服务政府间科学政策平台（IPBES）

欧盟（EU）

经济合作与发展组织（OECD）

亚洲开发银行（ADB）

欧洲环境署（EEA）

欧洲航天局（ESA）

European Bank
for Reconstruction and Development

欧洲复兴开发银行（EBRD）

欧洲环境政策研究所（IEEP）

欧洲政策研究中心（CEPS）

欧洲海洋局（EMB）

英国自然环境研究理事会（NERC）

德国亥姆霍兹环境研究中心（UFZ）

德国国际合作机构（GIZ）

斯德哥尔摩国际水研究所（SIWI）

荷兰环境评估署（PBL）

美国长期生态研究（LTER）

世界农用林业中心（ICRAF）

国际采矿与金属委员会（ICMM）

国际野生生物保护学会（WCS）

世界资源研究所（WRI）

全球未来研究所（GIFT）

保护国际基金会（CI）

全球基因组生物多样性联盟（GGBN）

未来资源研究所（RFF）

公海联盟（HSA）

国际水资源管理研究所（IWMI）

美国生态学会（ESA）

全球生态足迹网络（GFN）

世界自然基金会（WWF）

全球发展中心（CGD）

美国环保协会（EDF）

世界自然保护联盟（IUCN）

第三代环境保护（E3G）

绿色和平组织（Greenpeace）

伍兹霍尔海洋研究所（WHOI）

大自然保护协会（TNC）

兰德公司（RAND）

McKinsey
Global Institute

麦肯锡全球研究院（MGI）

布鲁金斯学会（Brookings Institution）

国际生态学会（INTECOL）

国际生物及环境样本库协会（ISBER）

国际景观生态学会（IALE）

生物多样性公约（CBD）

联合国防治荒漠化公约（UNCCD）

联合国气候变化框架公约（UNFCCC）

保护迁徙野生动物物种公约（CMS）

联合国欧洲经济委员会在环境问题上获得信
息、公众参与决策和诉诸法律的公约
（The UNECE Convention on Access to Information，
Public Participation in Decision-Making and
Access to Justice in Environmental Matters）

埃斯波公约（EIA）

保护世界文化和自然遗产公约（WHC）

世界资源论坛（WRF）

国际环境论坛（IEF）

欧洲安全与合作组织（OSCE）

亚欧环境论坛（ENVforum）

碳收集领导人论坛（CSLF）

哈佛大学环境中心（HUCE）

普林斯顿大学生态和
进化行为学院（EEB）

耶鲁大学环境学院（YSE）

牛津大学环境变化研究所（ECI）

澳大利亚国立大学芬纳环境与社会学院
（ANU Fenner School of
Environment & Society）

格兰瑟姆气候变化与环境研究所
（Grantham Research Institute on
Climate Change and the Environment）

气候变化经济与政策
研究中心（CCCEP）

斯德哥尔摩恢复力中心（SRC）

卡里生态系统研究所（CES）

英国生态与水文学研究中心（CEH）

序

　　自然资源与生态环境是人类文明发展的载体,关乎行星地球与人类共同的未来。大规模、高强度的资源开发正在不断突破行星边界,触碰着全球资源环境承载极限。因此,在高强度人类活动和全球生态环境快速变化的驱动下,实现资源—生态—经济—社会系统间的相融相促,在行星边界内追求可持续发展目标的实现,是人类社会当前面临的共同挑战。

　　为解决日渐严峻的资源环境问题,以习近平同志为核心的党中央统筹推进"五位一体"总体格局,提出构建人类命运共同体的理念,围绕生态文明建设提出了一系列新理念、新思想、新战略,明确了坚持人与自然和谐共生、绿水青山就是金山银山、良好的生态环境是民生福祉的基础、山水林田湖草矿沙冰是一个生命共同体等理念要求,指出了协同推进人民富裕、国家富强、中国美丽的战略目标。作为生态文明建设的重要领域,自然资源系统在推动、贯彻、落实新发展理念中的特殊作用,也从过去主要为经济社会发展提供要素保障,转变为提供要素保障与促进节约集约利用有机结合,实现守住底线下的保障发展、节约集约下的保障发展、多目标平衡下的保障发展。

　　2018年3月,中共中央印发《深化党和国家机构改革方案》,组建自然资源部,落实绿水青山就是金山银山的理念,解决自然资源所有者不到位、空间性规划重叠、部门职责交叉重复等问题,实现山水林田湖草沙冰等各类自然资源的整体保护、系统修复和综合治理,加强自然资源管理,统一行使全民所有自然资源资产所有者职责,统一行使所有国土空间用途管制和生态保护修复职责。履行"两统一"职责,需要通过法律手段、经济手段、行政手段等来实施,需要战略部署、规划引领、政策制定、标准规范来落实具体行动。而无论采取哪种手段或实施何种行动方案,均要"知其然知其所以然,知其所以然的所以然",才能制定科学合理的法律法规、行之有效的政策措施、精准到位的经济调节手段。对于我国自然资源治理与生态保护修复而言,尤其是一些诸如公共产品治理、国土生态空间规划、生态保护修复、自然资源核算、生物多样性保护等技术尚有瓶颈、历史缺借鉴的探索性领域,不仅要求我们以中西之间的纵向视野从全球自然资源治理和生态环境保护的历史脉络中获得"史鉴智慧",且须以与时俱进的横线维度从国际资源环境治理的前沿理论和实践经验中汲取"他山营养"。

自然资源开发所引起的矛盾和问题为国际智库机构一直所关注,并进行了长期的研究和实践探索工作,业已达成了一些共识,取得一些成果。总的来看,从早期学者的零星观点,到学科的系统完善,再到行动的有益探索,自然资源及其生态环境治理的理论范式、技术手段、跨区域合作已取得了显著进步,增进了对资源开发利用与生态系统变化逻辑关系的理解,提升了对自然、社区、经济系统间联系的认识,也为人类适应和减缓全球变化、资源与生态系统治理积淀了丰富的科学数据和实践案例。国际智库付诸的努力与取得的成果,不单是全球资源环境领域理论和行动的前沿,还应是中国智库不应忽视的学问滋养。

智库之智,为国所用。历经近70年的不懈努力,禀赋时代使命的中国智库在自然资源与生态环境领域的研究已取得了长足进步,为党和政府决策提供了有力的智力支持。同时,当下波澜壮阔的自然资源与生态环境治理实践正值生态文明建设的关键历史期,相关决策也面临着前所未有的知识挑战。这就要求新型自然资源智库从党的百年历史中汲取智慧和力量,站在人民立场上透视自然资源开发利用中的经济关系、社会关系,用发展的、全面的、普遍联系的马克思主义哲学观谋划"十四五"自然资源开发利用和生态保护,用唯物史观、实事求是、大历史观的思想方法学习领悟习近平生态文明思想,聚焦国家急需、人民期盼、政府关注的现实问题,锚定未来方向,兼容并蓄,服务构建以人民为中心的自然资源治理体系。

中国自然资源经济研究院,基于党中央要求、国家立场和人民利益,以"古今贯通、中西比较、文理融合"为研究视域,遵循自然资源及其生态系统"内在逻辑、经济关系和社会联系"的逻辑线索,围绕自然资源经济、管理、改革和战略、规划、政策、标准两条主线,定期跟进国际社会在自然资源及其生态系统"保护、开发、利用与修复"过程中的理论进展与实践探索,坚持人民立场,坚持系统观念,坚持实事求是,坚持问题导向,相继组织开展了自然资源管理与碳中和、自然资源产权制度、生物多样性保护、生态补偿、生态产品价值实现、自然资源资产核算、自然资源资产负债表、生态修复等专题的国际比较研究工作,完成了从"初步译介到深度剖析,专题研究到综合探索,理论关注到实践跟踪,旁观进展到介入参与"的转变,培养了一批科研人才,形成了一些代表成果。

　　我院姚霖、马朋林等科研人员完成编写的《自然资源与生态环境国际智库手册(第一辑)》,是在自然资源部综合司、国土空间生态修复司、自然资源所有者权益司、国际合作司的指导下,及在联合国有关机构、政府间组织、非政府组织、科研院所等智库的支持下,经集思广益,形成的阶段成果。该手册着眼当下自然资源保护、开发、利用与生态保护修复的热难点问题,重点围绕与之相关的理论创新、技术支持、政策实施、行动路径和效果评估,通过网络检索、文献整理和重点访谈等方法,梳理了自然资源和生态环境国际知名智库的机构历程、科研立项、系列成果、代表出版物,初步呈现了该领域的知识地图。它的出版,是我院在自然资源与生态环境领域国际比较研究上迈出的坚实一步,值得祝贺。

张新安

2021 年 8 月

前　　言

　　当前,自然资源保护、开发、利用与生态修复政策的制定与实施已成为自然资源治理的重要环节,与之相关的理论创新和实践探索也正是国际机构与智库关注的焦点。历时百年"求解",凝聚了一批由联合国有关机构、国际组织、各国政府、非政府组织、科研院所等多方参与的科研力量,形成了一些全球顶级智库,积淀了丰硕的科研成果和实践经验。

　　为推进政策制定与实施两方面的相关研究工作,在自然资源部综合司、国土空间生态修复司、自然资源所有者权益司、国际合作司的指导下,我们聚焦生态保护和修复、自然资源所有者权益的理论和实践,针对生态安全、生态修复、生物多样性、生态核算等问题开展了前瞻性、储备性、索引性的梳理工作,形成了《自然资源与生态环境国际智库手册(第一辑)》(以下简称《手册》)。《手册》按照各智库和研究平台的特点进行分类,分别按"联合国机构、区域和国家政府智库、非政府组织智库、国际公约、国际论坛、科研院所"6 个类型展开梳理,翔实介绍了各智库和研究平台的历史和机制、前沿课题和典型成果,并重点译介了代表性出版物。

　　《手册》由中国自然资源经济研究院相关业务部门,包括科技外事处、自然资源所有者权益研究所、环境经济研究所、自然资源部资源与环境承载力评价重点实验室、自然资源与生态评价研究所、自然资源标准化研究所、自然资源战略与规划研究所、矿产资源保护与利用研究所等,会同汉城大学(韩国)、安徽财经大学、北京林业大学、山西财经大学的科研团队共同完成。在院领导的指导下,姚霖博士负责框架设计和统、定稿。作为第一本《手册》,内容仍不全面,还局限于一般性的陈述介绍。为了在资源经济和生态经济领域有所突破,目前我们正在做进一步的梳理和提升工作。

　　各部分的撰写分工如下:联合国机构由宋马林(安徽财经大学)、席晶、马朋林执笔;区域和国家政府智库由杜越天、翟君(山西财经大学)、郭静静(北京林业大学)执笔;非政府组织智库由席晶、姚霖、申文金、朱俐斌(汉城大学)执笔;国际公约和国际论坛由马朋林、宋猛、聂宾汗执笔;科研院所由张颖(北京林业大学)执笔。

编者

2021 年 4 月 30 日

目　　录

联合国经济及社会理事会（ECOSOC）

类　　　型：联合国
所 在 地：美国纽约
成立年份：1945 年
现任主席：莫娜·尤尔（Mona Juul）
网　　　址：https://www.un.org/ecosoc/en

联合国经济及社会理事会（ECOSOC，简称"经社理事会"）是联合国六个主要机构（联合国大会、联合国安全理事会、联合国经济及社会理事会、联合国托管理事会、国际法院和联合国秘书处）之一，是联合国系统推进可持续发展三大层面——经济、社会和环境的核心机构，也是协调 17 个联合国专门机构、8 个职司委员会和 5 个区域委员会的经济、社会和相关工作的主要机构。

（一）发展历程

经社理事会于 1945 年依照《联合国宪章》设立，在很长时期内，经社理事会只是一个讨论机构。直至 1992 年，一些国家开始加强经社理事会在经济、社会以及相关事务，尤其是在发展事务上的责任和权利。机构改革后，经社理事会现在履行对联合国发展项目、联合国开发计划署、联合国人口基金会和联合国儿童基金会等机构实施监督和设定政策的责任。

（二）组织架构

经社理事会由联合国大会（以下简称"联大"）选举 54 个理事国组成，其席位按地区分配，其中非洲 14 个、西欧及其他各国 13 个、亚洲 11 个、中美洲和南美洲 10 个、东欧 6 个席位，每年改选其中 18 个理事国，任期 3 年。经社理事会设有 8 个职司委员会、5 个区域委员会处理有关工作；它同 15 个有关经济、社会、文化方面的联合国专门机构建立工作关系，并与几百个非政府组织、各国议会联盟、国际红十字会等建立咨询关系。

(三)研究领域

经社理事会是全球经济、社会、环境领域和国家行动之间的重要接口,在《2030 年可持续发展议程》和 17 个可持续发展目标,以及 169 个具体目标的指导下开展工作。其工作领域包括:政府间协调、可持续发展、人口、公共行政、可持续筹资、社会发展、统计、经济分析和政策等。

(四)研究项目及成果

经社理事会的部分研究项目及成果见表 1.1 和表 1.2。

表 1.1 部分研究项目

序号	项目名称(中文)	项目名称(英文)
1	2030 年可持续发展议程	The 2030 Agenda for Sustainable Development
2	联合国经社理事会亚太贸易便利化项目	Ecosoc Asia Pacific Trade Facilitation Project

表 1.2 部分研究成果

序号	成果名称(中文)	成果名称(英文)	成果类型	发布时间
1	2020 年可持续发展目标报告	Sustainable Development Goals Report 2020	报告	2020
2	2019 年可持续发展筹资报告	Financing for Sustainable Development Report 2019	报告	2019
3	2019 年世界人口展望	World Population Prospects 2019	报告	2019
4	2018 年世界经济社会调查	World Economic and Social Survey 2018	报告	2018
5	重新设计发展合作机构以实现 2030 年可持续发展议程	Re-engineering Development Cooperation Institutions to Deliver on the 2030 Agenda for Sustainable Development	简报	2016
6	2030 年议程的多利益攸关方伙伴关系	Multi-stakeholder Partnerships for the 2030 Agenda	报告	2016
7	可持续发展政策整合的概念、工具和经验	Concepts, Tools and Experiences in Policy Integration for Sustainable Development	简报	2016
8	基于公民的发展合作监测,以支持实施 2030 年议程	Citizen-Based Monitoring of Development Cooperation to Support Implementation of the 2030 Agenda	简报	2015

(五)重点出版物译介

1.《2020 年可持续发展目标报告》(Sustainable Development Goals Report 2020,2020)

该报告由经社理事会与来自 40 多个国际机构的 200 多名专家在最新数据的基础上合作编写完成。报告概述了新型冠状病毒疫情发生之前各项可持续发展目标的进展情况,也着眼于新冠肺炎对特定目标和具体目标产生的一些破坏性影响。报告指出,全球新冠肺炎疫情暴发前,可持续发展目标的进展依然不均衡,世界并未步入2030年实现各项可持续发展目标的轨道。虽然各国在儿童失学、传染病、安全饮用水、女性社会地位等问题上有所改善,但也面临着粮食安全、自然环境恶化、区域发展不均等问题。

2.《重新设计发展合作机构,以实现2030年可持续发展议程》(Re-engineering Development Cooperation Institutions to Deliver on the 2030 Agenda for Sustainable Development,2016)

简报基于为2016年发展合作论坛高级别会议做准备的见解和讨论,探讨了发展中国家和发达国家发展合作机构所需的重要体制变革。

3.《可持续发展政策整合的概念、工具和经验》(Concepts,Tools and Experiences in Policy Integration for Sustainable Development,2016)

该简报概述了可持续发展政策整合的概念,强调了综合政策制定中的概念、工具和经验。它为在2030年议程时期,如何推行政策制定提供了具体指导。该简报还旨在详细阐述实施可持续发展综合政策产生的政策影响。

 # 联合国欧洲经济委员会（UNECE）

归　　属：	联合国经济及社会理事会
所 在 地：	瑞士日内瓦
成立年份：	1947 年
执行秘书：	奥尔加·阿尔加耶罗瓦（Olga Algayerova）
网　　址：	http://www.unece.org/

联合国欧洲经济委员会（UNECE，简称"欧洲经委会"）于 1947 年由联合国经社理事会成立，是联合国 5 个区域委员会[①]之一。该机构是促进成员国经济整合与合作的多边平台，致力于通过政策对话，国际法谈判，制定法规和标准，推广和应用最佳实践案例、经济及技术经验和专业技能，促进经济转型国家的技术合作等活动，促进可持续发展和经济繁荣。该组织的目标是促进欧洲经济重建，加大欧洲经济活动力度，维持和加强欧洲国家之间以及同其他国家的经济关系。

（一）发展历程

第二次世界大战之后，为重建战后欧洲，发展经济活动，1947 年 3 月 28 日联合国经社理事会通过设立欧洲经委会并赋予其职权范围的决议。冷战结束后，为满足经济转型需要，欧洲经委会积极适应欧洲不断变化的地缘政治格局，其成员数量从早期的 34 个增加至 56 个。

（二）组织架构

欧洲经委会设立 1 名主席和 2 名副主席，包含 8 个委员会人会，分别为环境政策委员会、内陆运输委员会、欧洲统计员大会、可持续能源委员会、贸易能力和标准指导委员会、森林和森林工业委员会、住房和土地管理委员会、经济合作和

[①]　5 个区域委员会分别为欧洲经委会、非洲经济委员会（非洲经委会）、亚洲及太平洋经济社会委员会（亚太经社会）、拉美及加勒比经济委员会（拉加经委会）、西亚经济社会委员会（西亚经社会）。

一体化委员会。其中,可持续能源委员会包含6个专家组,分别为资源分类专家组、化石燃料的清洁电力生产专家组、煤矿瓦斯专家组、能源效率专家组、燃气专家组、可再生能源专家组。

（三）研究领域

欧洲经委会的主要研究领域包括如下方面:

——森林:联合支持制定可持续森林管理的政策,协助该区域各国监测和管理森林。

——人口:关注人口老龄化问题,制定相关人口政策。

——能源:制定能源政策,推动可再生能源的发展,以减少能源生产、运输和使用对健康和环境的影响。

——贸易:制定贸易使用标准,并协助成员国实施这些标准,实现贸易便利化。

——经济与合作一体化:促进该区域所有国家经济增长,制定提高欧洲经委会区域内外竞争力的政策,改善该区域所有国家财政和管理环境。

——可持续城市发展:促进土地有效利用,提倡节能住房,建设紧凑、包容、有弹性、智能和可持续发展的城市。

（四）研究项目及成果

欧洲经委会的部分研究项目和研究成果见表2.1和表2.2。

表2.1 部分研究项目

序号	项目名称（中文）	项目名称（英文）
1	2030年可持续发展议程	The 2030 Agenda for Sustainable Development
2	PPP项目	Public Private Partnership Project
3	千年发展目标	Millennium Development Goals

欧洲经委会的出版物主要涵盖环境政策、经济合作一体化、森林、性别、住宅和土地管理、人口、能源可持续发展、贸易、交通、气候变化等方面。

表2.2 部分研究成果

序号	成果名称（中文）	成果名称（英文）	成果类型	发布时间
1	高加索和中亚森林状况	State of Forests of the Caucasus and Central Asia	报告	2019
2	吉尔吉斯斯坦可持续发展创新回顾	Innovation for Sustainable Development Review of Kyrgyzstan	报告	2019
3	2018年度报告	Annual Report 2018	报告	2019

序号	成果名称(中文)	成果名称(英文)	成果类型	发布时间
4	可持续森林管理(2019 年 5 月)	Sustainable Forest Management (May 2019)	报告	2019
5	2017 年欧洲经委会区域可再生能源发展现状与展望(2018 年 4 月)	Status and Perspectives for Renewable Energy Development in the UNECE Region 2017 (April 2018)	报告	2018
6	全球追踪框架:UNECE 可持续能源进展(2017 年 12 月)	Global Tracking Framework:UNECE Progress in Sustainable Energy (December 2017)	报告	2017
7	制定国家战略的准则,将生物多样性监测作为东欧、高加索和中亚国家以及有兴趣的东南欧国家的环境政策工具	Guidelines for Developing National Strategies to Use Biodiversity Monitoring as an Environmental Policy Tool for Countries of Eastern Europe, the Caucasus and Central Asia, as Well as Interested South-Eastern European Countries	指南	2016
8	可持续发展运输——内陆运输案例(2015 年 9 月)	Transport for Sustainable Development—The Case of Inland Transport (September 2015)	报告	2015

(五) 重点出版物译介

1.《高加索和中亚森林状况》(State of Forests of the Caucasus and Central Asia,2019)

报告以最新数据为基础,首次披露了被全球森林研究忽视的高加索和中亚森林状况。报告提供了关于该区域森林资源的现状和趋势,介绍了该地区的森林资源和森林部门,描述了该地区森林部门的政策和机构,并列出了森林行业面临的主要挑战以及已经制定或计划制定的政策应对措施。

2.《高加索和中亚的森林景观恢复》(Forest Landscape Restoration in the Caucasus and Central Asia,2019)

报告分析了森林退化的主要驱动因素以及高加索和中亚森林景观恢复的潜力。指出高加索和中亚地区的森林损失、土地退化正在增加,生态系统服务在减少,导致土地的生物和经济生产力下降以及环境效益下降,并对国民经济造成严重的负面影响,呼吁该地区积极参与森林景观恢复。

3.《森林和水——森林生态系统服务的价值支付》(Forests and Water—Valuation and Payments for Forest Ecosystem Services,2018)

报告旨在进一步提高我们对生态系统服务计划支付方式可以应用于森林的理解,特别关注森林的水文功能,以实现人类和环境的共同利益。此外,该报告涵盖了这些计划所面临的进步和挑战,并为决策者和从业者提供了实用指导。

联合国教育、科学及文化组织（UNESCO）

类　　　型：联合国
所 在 地：法国巴黎
成立年份：1945 年
总 干 事：奥德蕾·阿祖莱（Audrey Azoulay）
网　　　址：http://www.unesco.org/

联合国教育、科学及文化组织（UNESCO，简称"教科文组织"）于 1945 年 11 月 16 日成立，总部设在法国首都巴黎，现有 193 个成员，是联合国在国际教育、科学和文化领域成员最多的专门机构。该组织旨在通过教育、科学和文化促进各国合作，致力于世界和平与安全。

（一）发展历程

早在 1942 年战争时期，欧洲国家政府就与德国及其盟国在英国举行了联合教育部长会议（CAME）。第二次世界大战还未结束，这些国家就一直在寻找战后重建教育系统的方式和方法。很快，该项目获得了发展，并引起了广泛关注。1945 年 11 月 1 日至 16 日，在 CAME 的提议下，联合国成立了一个教育和文化组织会议（ECO/CONF），吸引了美国在内的新成员加入。会议开幕时，战争还没有结束。它聚集了 44 个国家的代表，他们决定建立一个真正体现和平文化的组织。在他们看来，新组织必须建立"人类的智力和道德团结"，并防止再次爆发世界大战。会议结束时，37 个国家签署了《教科文组织组织法》（以下简称《组织法》），联合国教育、科学及文化组织从此诞生。

教科文组织第一届大会于 1946 年 11 月 20 日到 12 月 10 日在巴黎索邦大学召开。1946 年，《组织法》获得 20 个国家（南非、沙特阿拉伯、澳大利亚、巴西、加拿大、中国、丹麦、埃及、美国、法国、希腊、印度、黎巴嫩、墨西哥、挪威、新西兰、多米尼加、英国、捷克斯洛伐克和土耳其）的批准，开始生效。

2011 年 10 月 31 日,教科文组织全体大会在巴黎总部投票表决,巴勒斯坦被正式接纳为该组织正式会员国。

2013 年 11 月 5 日,在该组织成立 67 周年之际,中国教育部副部长兼中国联合国教科文组织全国委员会主席郝平当选为该组织的第 37 届大会主席。

2018 年 11 月,"一带一路"国际科学组织联盟正式成立,教科文组织作为首批成员单位加入联盟。

(二) 组织架构

教科文组织主要设大会、执行局和秘书处三大部门。

大会为最高机构,由教科文组织会员国代表组成。它每两年举行一次会议,会员国和准会员国以及非会员国、政府间组织和非政府组织的观察员出席会议,每个国家,不论其规模或对预算的贡献程度都有一票表决权。大会决定教科文组织的政策和主要工作。确定教科文组织的计划和预算,选举执行局成员,并每四年任命一次总干事。

执行局确保教科文组织的整体管理顺畅。执行局为大会做好准备工作,并确认其决定实施恰当。执行局的职能和责任主要来自《组织法》以及大会制定的规定或指示。大会给执行局分配特定任务。其他职能来自教科文组织与联合国、联合国专门机构与其他政府间组织之间达成的协议。执行委员会的 58 名成员由大会选举产生,执行局每年开会两次。

秘书处是该组织的执行部门。由总干事和由他(她)任命的工作人员组成。工作人员分为专业人员和一般服务人员两类。大约 700 名工作人员在教科文组织分布于全球的 53 个总部外办事处工作。秘书处分成若干部门,分别实施教育、自然科学、社会科学、文化和交流等领域的业务活动,或进行行政和计划工作。生态修复相关工作集中在自然科学领域。

(三) 生态修复相关研究领域

教科文组织致力于开展教育、自然科学、社会科学、文化、沟通信息等领域研究。涉及生态修复的主要有水、生态科学、地球科学、海洋科学等自然科学研究领域。

——水:侧重水量、水质监测,用水安全等领域研究。

——生态科学:开展人类与生物圈计划,生物圈保护、生物多样性等领域研究。

——地球科学:侧重地质灾害防护与减灾、地质公园建设等领域。

——海洋科学:侧重海洋监测,海洋资源与气候,海洋灾难及其恢复力等领域。

（四）研究项目及成果

生态保护和修复相关工作集中在机构的自然科学领域。该机构的研究工作主要通过两个维度展开：一是系统实施国际科学计划；二是在下设自然科学研究所/中心开展研究。

1. 国际科学计划

（1）国际水文计划（IHP）。IHP 于 1975 年建立，是联合国系统致力于水的研究和管理，以及相关教育和能力建设的唯一的政府间计划。该计划已发展成为一种促进流域和含水层管理的跨学科综合方法，纳入了水的社会方面，并支持水文和淡水科学方面的国际合作以及与决策者的互动，增强了机构和个人的能力。IHP 目前的第八阶段（IHP-Ⅷ 2014—2021）的主要目标是将科学纳入水安全所需的行动。

IHP 激励水文研究，并协助会员国进行研究和培训活动。其第八阶段工作集中在与水安全相关的六个专题领域，分别是：与水有关的灾害和水文变化；不断变化的环境中的地下水；解决水资源短缺和水质问题；未来的水和人类住区；生态水文学，实现可持续发展世界的工程和谐；水教育等。通过创新多学科和对环境无害的方法和工具，促进水资源利用科学的进步。

（2）人与生物圈计划（MAB）。MAB 为以合理、可持续地利用和保护生物圈资源，改善人与环境之间的总体关系为主题的自然和社会科学奠定了基础。计划内容：通过关注世界生物圈保护区网络中国际认可的地点，致力于查明和评估人类活动和自然活动导致的生物圈变化，以及这些变化对人类和环境的影响；研究和比较自然/近自然生态系统与社会经济过程之间的动态相互关系，特别是在生物和文化多样性加速丧失的背景下，产生的意想不到的后果，影响生态系统继续提供对人类健康至关重要的服务的能力；在迅速地城市化和能源消耗作为环境变化的驱动因素的情况下，保证基本的人类福利和宜居的环境；促进有关环境问题和解决方案的知识交流和转让，并促进可持续发展的环境教育。

（3）国际地球科学和地质公园计划（IGGP）。1972 年以来，IGGP 的重点是负责任地进行环境资源的利用，提升自然灾害的恢复力与防范能力，以及对气候变化时代的适应性研究。世界地质公园名录也是该计划的一部分。

（4）国际基础科学计划（IBSP）。由教科文组织会员国建立的国际多学科计划，目的是加强政府间、组织与政府间的合作，以增强国家在基础科学和科学教育方面的能力。自 2005 年 IBSP 开始活动以来，该计划已启动并实施了约 40 个项目。这些项目的重点是在物理和生物科学的特定关键领域的能力建设，以及通过使用微科学工具包在学校和高等教育机构中教授不同的基础科学学科来促进科学教育的实验。目前,正在通过与该计划内的会员国和伙伴组织进行持续的对话和磋商,探索一些新的重大国际基础科学计划倡议的机会。

2. 海洋研究机构。是教科文组织内部具有职能自主权的机构,负责海洋科学的具体任务。比如,政府间海洋学委员会(Intergovernmental Oceanographic Commission,简称IOC)。IOC于1960年成立,是通过科学调查增加人类关于海洋自然现象及资源的知识而建立的国际性政府间组织,中国是成员国之一。有关出版物有:《政府间海洋学委员会技术丛书》《政府间海洋学委员会手册与指南丛书》《政府间海洋学委员会专题讨论会报告》。

3. 自然科学研究所/中心研究

教科文组织的自然科学研究机构分为两类:第一类研究所是教科文组织的组成部分,这些研究所在会员国(主要在发展中国家)建立科研力量;第二类是在教科文组织的主持下,但法律上不是该组织的一部分,它们通过大会正式批准的活动安排与教科文组织保持随时联系。这类中心和研究所主要服务于上面提到的教科文组织的各类计划,研究领域包括水、可再生能源、科学政策、生物技术、地球科学、基础科学和遥感等。生态修复相关研究机构见表3.1。

表3.1　生态修复相关研究机构①

序号	研究机构名称	机构网站
1	森林与热带地区综合规划与管理区域研究院	http://www.eraift-rdc.org/
2	国际地中海生物圈保护区中心	https://www.unescomedcenter.org
3	拉美及加勒比干旱和半干旱地区区域水中心	http://www.cazalac.org/
4	加勒比岛国家水资源可持续管理中心	http://indrhi.gob.do/de-interes/cehica/
5	国际水灾与风险管理中心	http://www.icharm.pwri.go.jp/
6	美国国家水研究中心	https://www.nwri-usa.org/

4. 特殊主题研究:生物多样性

2010年10月,各国政府同意了《2011—2020年生物多样性战略计划》和《爱知目标》,作为制止并最终扭转地球生物多样性丧失的基础。为了加强对这一紧迫任务的支持和动力,联大第六十五届会议宣布2011—2020年为"联合国生物多样性十年",以期为执行《联合国生物多样性战略计划》做出贡献。在整个10年期

---

① 编者注:联合国教科文组织还有众多水相关二类科研机构,遍布全球多个国家,详见 https://en.unesco.org/themes/science-sustainable-future/sc-centres。相关机构网站检索日期:2021-04-30。

间，教科文组织在 2010 年国际生物多样性年丰硕成果的基础上，为实施《生物多样性战略计划》做出重大贡献，并极大提高了会员国对生物多样性和生态系统服务的认识。计划旨在通过对生物多样性和生态系统服务政府间科学政策平台的贡献来加强生物多样性科学与政策的互动。

（五）重点出版物译介

1.《追踪生物多样性科学和政策的主要趋势：根据教科文组织国际生物多样性科学和政策会议的议事录》（*Tracking Key Trends in Biodiversity Science and Policy*：*Based on the Proceedings of a UNESCO International Conference on Biodiversity Science and Policy*，2013）

该书是在 2010 年召开的国际生物多样性科学与政策大会基础上完成的论文集。全书分为新时期生物多样性概念，减少生物多样性侵蚀和损失，生物多样性与社会、科学联结三大主题。

2.《联合国世界水发展报告》（UN World Water Development Report，2019）

2019 年版的《联合国世界水发展报告》主题是"一个也不能少"。报告认为，实现人人享有安全饮用水和卫生设施的权利也可以极大地促进《2030 年可持续发展议程》的广泛目标的实现：从粮食和能源安全到经济发展和环境可持续性。

联合国人类住区规划署（UN-HABITAT）

类　　型：联合国
所 在 地：肯尼亚内罗毕
成立年份：1978 年
执行主任：麦慕娜·谢里夫（Maimunah Sharif）
网　　址：http://www.unhabitat.org

联合国人类住区规划署（UN-HABITAT，简称"人居署"）致力于推动"人人享有适当住房"和"在城市化进程中人类住区的可持续发展"两目标的实现。目前有两项全球倡议：安全的土地保有权（global campaign for secure tenure）和城市管理（global campaign on urban governance）。两项倡议的目标是加强与各国各级政府和民间社会的合作，以提高公众意识，并改善国家政策，消除城市贫困。

（一）发展历程

1978 年 10 月，联合国人居中心成立。2001 年 12 月，联大 56/206 号决议决定将联合国人居中心升格为联合国人居署。1988 年，中国成为联合国人居中心委员会成员国。1990 年，中国在肯尼亚内罗毕正式设立驻联合国人居中心代表处。

（二）组织架构

人居署设有大会、执行局、地区办事处。大会是人居署决策机构，由联大 2018 年通过决议设立，议事规则由人居署常驻代表委员会起草，并于 2019 年 5 月举行首届大会；执行局，成员由首届大会选举组成，并于 2019 年举行首次会议；地区办事处，在肯尼亚、日本和巴西设有 3 个地区办事处，在瑞士、匈牙利、比利时、中国、印度和埃及设有联络信息办公室。

（三）研究领域

人居署致力于创造更美好的城市未来。在 90 多个国家/地区开展业务，促进社会和环境可持续的人类住区的发展，并努力为所有人提供具备更好生活条件的住房。其研究领域如下：

——土地。城市化对土地的压力越来越大，预计到 2030 年，城市人口将增长 175％。另外到 2050 年前还需提升耕地产出。人居署正着力解决这类土地问题。

——更新（regeneration）。经济活动向城市郊区转移，使许多内城区陷入失业、服务质量差、住房以及街道和公共场所失修的困境。这将居民排除在更繁荣地区的机会之外，并削弱了城市中心为城市繁荣做出贡献的潜力。城市更新需要多种方式，例如，棕地（占用或被污染的土地）的再开发，密集化和集约化战略，经济活动的多样化，遗产的保护和再利用，公共空间的重新活化以及加强服务的提供。人居署正在关注这类问题。

——恢复和减灾（resilience and risk reduction）。一个有恢复力的城市会进行评估、计划和采取行动，以准备和应对所有危害，包括突然和缓慢影响、预期和意外的危害，尤其是气候变化造成的危害。每年，约有 2600 万人因自然灾害而陷入贫困，并且受灾程度与贫困呈正比例关系。在许多城市，由于缺乏防灾能力，利益相关者的参与有限，没有针对当地情况定制工具或指南，且资金短缺，抵御能力建设受到限制。人居署正在解决这些关键瓶颈。

（四）研究项目及成果

人居署在 90 多个国家/地区开展业务，促进社会和环境可持续的人类住区的发展，并努力为所有人提供具备生活条件的住房。研究项目涉及生态修复的领域有土地、更新、恢复力和减灾等。部分研究成果见表 4.1。

表 4.1 部分研究成果

序号	成果名称（中文）	成果名称（英文）	成果类型	发布时间
1	土地权属和治理干预影响评估指南	Guidelines for Impact Evaluation of Land Tenure and Governance Interventions	报告	2019
2	土地保有权和气候脆弱性	Land Tenure and Climate Vulnerability	报告	2019
3	在国家适应计划中解决城市和人类住区问题	Addressing Urban and Human Settlement Issues in National Adaptation Plans	报告	2019
4	迈向恢复力城市	Towards Resilient Cities	报告	2018
5	土地与冲突：对冲突敏感的土地治理与和平建设的经验	Landand Conflict: Lessons from the Field on Conflict Sensitive Land Governance and Peacebuilding	报告	2018

续表

序号	成果名称(中文)	成果名称(英文)	成果类型	发布时间
6	城市恢复力趋势	Trends in Urban Resilience	报告	2017
7	适地土地管理：国家实施的指导原则	Fit-for-Purpose Land Administration：Guiding Principles for Country Implementation	报告	2016
8	给地方政府的恢复力指南	Local Government Pocket Guide to Resilience	报告	2015
9	城市领导者的城市规划	Urban Planning for City Leaders	报告	2012

(五) 重点出版物译介

主要出版物有《联合人居署年度报告》(*UN-HABITAT Annual Report*)、《全球人类住区报告》(*Global Report on Human Settlements*)、《世界城市状况》(*State of World's Cities*)及期刊和宣传品。其中,《年度报告》(*UN-HABITAT Annual Report*,2017)概述了人居署在降低风险和恢复力方面的主要活动,年度报告涵盖与城市的技术合作,知识的创造、管理、宣传、沟通和意识。

联合国开发计划署
（UNDP）

类　　　型	联合国
所 在 地	美国纽约
成立年份	1965 年
现任署长	阿奇姆·施泰纳（Achim Steiner）
网　　　址	http://www.undp.org/

　　联合国开发计划署（UNDP，简称"开发计划署"）是联合国技术援助计划的管理机构，同时也是联合国系统促进发展活动的中心协调组织。开发计划署包括36 个成员国，在 134 个国家设有驻地代表处，在 177 个国家设立办公室。开发计划署的工作是为发展中国家提供技术上的建议、培训人才并提供设备，特别是对最不发达国家进行帮助。开发计划署的使命是推动人类的可持续发展，协助各国提高适应能力，帮助人们创造更美好的生活，帮助各国实现千年发展目标。

（一）发展历程

　　开发计划署的前身是 1949 年成立的"技术援助扩大方案"和 1958 年设立的旨在向较大规模发展项目提供投资前援助的"特别基金"。根据联大决议，这两个组织于 1965 年 11 月合并，成立了开发计划署。

　　开发计划署的援助项目是无偿的，经费主要来自各国的自愿捐款，其资金拥有量占联合国发展援助系统总资源的一半以上。开发计划署资金的 80% 被指定用于人均国民生产总值低于 500 美元的低收入国家；60% 必须用于最不发达国家。

（二）组织架构

　　开发计划署署长由联合国秘书长任命，联大认可。其领导机构是管理委员会，由经社理事会选举 48 人组成，席位按地区分配，任期 3 年；决策机构是执行局，由 36 个成员组成，其中亚洲 7 个、非洲 8 个、东欧 4 个、拉美 5 个、西欧和其他国家 12 个；执行局成员由经社理事会按地区分配原则和主要捐助国和受援国的代表性原则选举产生，任期 3 年，执行局每年举行 2 次常会，1 次年会；执行机构是秘书处，即按照执行局制定的政策在署长领导下处理具体事务；此外还设有秘书长及机构间咨询局和 4 个地区局。

（三）研究领域

30 多年来，开发计划署充分利用其全球发展经验，支持中国等发展中国家制定应对发展挑战的解决之道，工作重点领域包括可持续发展、民主治理、减贫与平等、能源与环境以及灾害管理等。此外，开发计划署还专门就南南合作展开工作。

（四）研究项目及成果

开发计划署围绕可持续发展、民主治理、减贫与平等、能源与环境、灾害管理以及南南合作等主要领域开展研究。部分研究项目见表 5.1。

表 5.1　部分研究项目

序号	项目名称（中文）	项目名称（英文）
1	2030 年可持续发展议程	The 2030 Agenda for Sustainable Development
2	千年发展目标	Millennium Development Goals
3	2030 年烟草控制框架公约	Framework Convention on Tobacco Control，2030
4	"荒漠化公约"2018—2030 战略框架	UNCCD 2018—2030 Strategic Framework
5	中华人民共和国商务部-联合国开发计划署：埃塞俄比亚可再生能源三方合作	MOFCOM-UNDP：Trilateral Cooperation on Renewable Energy in Ethiopia

开发计划署重点关注减贫、对抗艾滋、善治、能源与环境、社会发展和危机预防与恢复等工作，并将保护人权、能力建设和女性赋权融入所有项目之中。开发计划署认为，合理的政策和明智的决策需要信息共享。为此，相关研究数据和成果免费共享并提供下载。部分研究成果见表 5.2。

表 5.2　部分研究成果

序号	成果名称（中文）	成果名称（英文）	成果类型	发布时间
1	斯里兰卡烟草控制投资案例	Investment Case for Tobacco Control in Sri Lanka	报告	2019
2	议题简介：可持续发展目标和可持续发展目标影响测量的融资	Issue Brief—Financing for the SDGs and SDG Impact Measurement	报告	2019
3	议题简介：氢燃料电池汽车（FCV）和经济	Issue Brief—Hydrogen Fuel Cell Vehicles (FCVs) and Economy	报告	2019
4	可持续发展的健全化学品和废物管理	Sound Chemicals and Waste Management for Sustainable Development	报告	2019

序号	成果名称（中文）	成果名称（英文）	成果类型	发布时间
5	中国民营企业在"一带一路"可持续发展报告	Report on the Sustainable Development of Chinese Private-Owned Enterprises Along the Belt and Road	报告	2019
6	防止土地退化：确保可持续发展的未来	Combatting Land Degradation—Securing a Sustainable Future	报告	2019
7	蓝色经济，社区解决方案	Blue Economy, Community Solutions	报告	2019
8	我们的共同目标：国际减贫经验	*Our Common Goal：International Experience in Poverty Reduction*	专著	2019
9	改变我们的世界：2030年可持续发展议程	Transforming Our World：The 2030 Agenda for Sustainable Development	报告	2015

（五）重点出版物译介

1.《我们的共同目标：国际减贫经验》（*Our Common Goal：International Experience in Poverty Reduction*，2019）

本书介绍了在解决中国贫困挑战方面所取得的丰富经验，包括在2020年消除极端农村贫困和争取在2020年之后的几年中保持和扩大这一成就的努力，书中还提供了涉及广泛的部门、国家和类型的例子，从针对低收入国家（LIC）的贫困农户的小规模基层技术援助到中上收入（高收入）国家在卫生和社会保护方面的重大国家政策改革。很多例子来自联合国发展机构及其全球成员国开展的工作，内容既包括介绍其他发展组织的工作，也包括强调政府在扶贫方面的创新。

2.《斯里兰卡烟草控制投资案例》（Investment Case for Tobacco Control in Sri Lanka，2019）

报告介绍了世界卫生组织通过"2030年烟草控制框架公约"项目，与开发计划署、公约秘书处合作，支持15个低收入和中等收入国家根据可持续发展目标加强烟草控制的事实，进而分析了各国目前从烟草使用中所承受的社会和经济负担，为减轻这些负担需要付出的成本和效益，以及投资回报等。

3.《改变我们的世界：2030年可持续发展议程》（Transforming our World：The 2030 Agenda for Sustainable Development，2019）

该报告是关于人类、地球和繁荣的行动计划。报告宣布了17个可持续发展目标和169个目标，表明了这一新的普遍议程的规模和雄心。报告指出将以千年发展目标为基础，完成未实现的目标：力求实现所有人的人权，实现两性平等并赋予所有妇女和女童权利。这些目标将刺激未来15年在对人类和地球至关重要的领域采取的行动。

联合国粮食及农业组织 (FAO)

类　　型：联合国	
所 在 地：意大利罗马	
成立年份：1945 年	
总 干 事：屈冬玉（Qu Dongyu）	
网　　址：http://www.fao.org/	

联合国粮食及农业组织（FAO，简称"粮农组织"）是联合国专门机构之一，由 194 个成员国、2 个准成员（法罗群岛、托克劳群岛）和 1 个成员组织（欧盟）组成。作为引领国际消除饥饿的联合国专门机构，粮农组织致力于提高人类的营养水平和生活标准，改进农产品的生产和分配，改善农村和农民的经济状况，促进世界经济的发展并保证人类免于饥饿。

（一）发展历程

1943 年 5 月根据美国总统 F. D. 罗斯福的倡议，在美国召开有 44 个国家参加的粮农会议的基础上，决定成立粮农组织筹委会，拟订粮农组织章程。1945 年 10 月 16 日，粮农组织在加拿大魁北克正式成立。1946 年 12 月 14 日成为联合国专门机构，总部设在意大利罗马。中国是该组织的创始成员国之一。1973 年，中华人民共和国在该组织的合法席位得到恢复，并从同年召开的第 17 届大会起一直为理事国。

（二）组织架构

粮农组织设有大会、理事会和秘书处三大部门。

大会为最高权力机构，负责审议世界粮农状况，研究重大国际粮农问题，选举、任命总干事，选举理事会成员国和理事会独立主席，批准接纳新成员，批准工作计划和预算，修改章程和规则等。每两年举行 1 次大会，全体成员国参加。

理事会隶属于大会，在大会休会期间行使大会赋予的权力。由大会按地区分配原则选出的 49 个成员国组成，任期 3 年，可连任，每年改选 1/3。大会两届例会期间至少举行 4 次会议。

秘书处为执行机构，负责执行大会和理事会有关决议，处理日常工作。负责人是总干事，由大会选出，任期 4 年，在大会和理事会的监督下领导秘书处工作。秘书处下设农业与消费者保护部，经济及社会发展部，林业部，渔业及水产养殖部，综合服务部，气候、生物多样性、土地及水利部，计划支持与技术合作部 7 个部，在亚太、非洲、拉美及加勒比、近东、欧洲 5 个区域设有办事处，另设有 11 个次区域办事处、5 个联络处和 74 个国家代表处。

（三）研究领域

粮农组织的战略目标是努力实现一个没有饥饿、营养不良和贫困的世界，并且致力于以可持续的方式实现这一目标，为落实《2030 年可持续发展议程》做出贡献。主要工作领域包括以下 4 个方面：帮助人们消除饥饿、粮食不安全和营养不良；提高农业、林业、渔业生产率和可持续性；减少农村贫困，推动建设包容、有效的农业和粮食系统；增强生计抵御威胁和危机的能力。

（四）研究项目及成果

作为联合国统筹全世界环保工作的组织，环境规划署负责全球环境事务。其部分研究项目见表 6.1。

表 6.1　部分研究项目

序号	项目名称（中文）	项目名称（英文）
1	2050 非洲畜牧业可持续发展	Africa Sustainable Livestock 2050
2	金枪鱼渔业和生物多样性的可持续管理	Sustainable Management of Tuna Fisheries & Biodiversity
3	深海生物资源和生物多样性的可持续利用	Sustainable Use of Deep-Sea Living Resources & Biodiversity
4	可持续渔业和生物多样性保护的海洋伙伴关系	Ocean Partnerships for Sustainable Fisheries & Biodiversity Conservation
5	加强全球有效管理国家管辖以外地区的能力	Strengthening Global Capacity to Effectively Manage ABNJ
6	气候变化对适应和粮食安全影响的分析和绘图（AMICAF）	Analysis and Mapping of Impacts Under Climate Change for Adaptation and Food Security（AMICAF）
7	"农业减缓气候变化"项目（MICCA）	Mitigation of Climate Change in Agriculture（MICCA）
8	ProTierras：墨西哥土地可持续管理倡议	ProTierras：An Initiative for Sustainable Land Management in Mexico

续表

序号	项目名称(中文)	项目名称(英文)
9	SALSA:小型农场、小型食品企业与可持续粮食和营养安全	SALSA—Small Farms,Small Food Businesses and Sustainable Food and Nutrition Security
10	"NADHALI"项目	The NADHALI Project
11	中亚国家土地管理倡议(CACILM)Ⅱ	Central Asian Countries Initiative for Land Management (CACILM)Ⅱ
12	共同的海洋:全球国家管辖范围以外区域可持续发展伙伴关系	Common Oceans—A Partnership for Sustainability in the ABNJ

粮农组织的职责之一是"收集、分析、解释和传播与营养、粮食和农业有关的信息"。粮农组织每年出版 700 多份出版物,内容包括决策者的权威分析、农民专家指导、家庭的营养建议等一般知识。其部分研究成果见表 6.2。

表 6.2　部分研究成果

序号	成果名称(中文)	成果名称(英文)	成果类型	发布时间
1	粮农组织:全球面临的挑战和机遇	*FAO:Challenges and Opportunities in a Global World*	专著	2019
2	2018 年世界粮食安全与营养状况	The State of Food Security and Nutrition in the Word 2018	报告	2018
3	2018 年农产品市场状况	The State of Agricultural Commodity Markets 2018	报告	2018
4	2018 年粮食和农业状况	The State of Food and Agriculture 2018	报告	2018
5	2018 年世界森林状况	The State of the World's Forests 2018	报告	2018
6	地球的状况	The State of the Planet	报告	2018
7	全球重要农业文化遗产系统:将农业生物多样性、适应性生态系统、传统农业做法和文化认同相结合	*Globally Important Agricultural Heritage Systems:Combining Agricultural Biodiversity,Resilient Ecosystems,Traditional Farming Practices and Cultural Identity*	专著	2018
8	生态农业的十大要素:引领可持续粮食农业体系的转型	Ten Elements of Ecological Agriculture—Leading the Transformation of Sustainable Food and Agricultural Systems	报告	2018
9	迁徙、农业、粮食安全和农村发展之间的联系	The Linkages Between Migration, Agriculture, Food Security and Rural Development	报告	2018
10	农业减缓气候变化(MICCA)方案	Mitigation of Climate Change in Agriculture (MICCA) Programme	报告	2016

（五）重点出版物译介

1.《生态农业的十大要素：引领可持续粮食农业体系转型》（*Ten Elements of Ecological Agriculture Leading the Transformation of Sustainable Food and Agricultural Systems*，2018）

近几年，生态农业作为不可持续的、资源密集型农业的一种重要替代方法重新受到重视，以满足未来的粮食需求。本书系统解释了生态农业的 10 个要素，并以此作为政策制定者、实践者和其他有兴趣向这种方法过渡的各方的指南。

2.《全球重要农业文化遗产系统：将农业生物多样性、适应性生态系统、传统农业做法和文化认同相结合》（*Globally Important Agricultural Heritage Systems：Combining Agricultural Biodiversity，Resilient Ecosystems，Traditional Farming Practices and Cultural Identity*，2018）

本书以令人惊叹的图片展示了世界各地的名胜古迹，重点介绍了粮农组织的全球重要农业文化遗产系统（GIAHS）。几个世纪以来，农民、牧民、渔民和森林工作者创造了多种适应当地情况的农业系统，并采用经过时间考验的巧妙技术进行管理。GIAHS 是结合了农业生物多样性、弹性生态系统和宝贵文化遗产的杰出景观。目前全球有来自 21 个国家的 57 个 GIAHS 遗产地。

3.《2016 年世界渔业和水产养殖状况：为全面实现粮食安全和营养做贡献》（*The State of World Fisheries and Aquaculture 2016：Contributing to the Full Realization of Food Security and Nutrition*，2016）

作为粮农组织渔业及水产养殖部的旗舰出版物，本书主要介绍全球渔业和水产养殖业状况，包括趋势和统计数据。出版物突出全球范围内各项热点议题，并预测各种未来情景，为读者提供有关渔业和水产养殖业的最新全球性观点和看法。

世界气象组织（WMO）

类　　　型：联合国	
所　在　地：瑞士日内瓦	
成立年份：1950 年	
秘　书　长：佩特里·塔拉斯（Petteri Taalas）	
网　　　址：https://public.wmo.int/	

　　世界气象组织（WMO）是联合国的一个专门机构，拥有 193 个会员国和地区。该机构是联合国系统关于地球大气的状态和行为，以及气候变化产生水资源分配领域合作的权威机构。

（一）发展历程

　　世界气象组织的前身是国际气象组织（IMO），国际气象组织起源于 1873 年的维也纳国际气象大会，该大会要求常设气象委员会起草国际气象组织的规则和章程，以促进跨国界天气信息的交换。该任务于 1878 年在乌得勒支完成，次年国际气象组织在罗马的国际气象大会上诞生。它一直运行到 1950 年，直到国际气象组织正式成为世界气象组织。1951 年世界气象组织被指定为联合国专门机构，这预示着气象、水文学和相关地球物理科学国际合作的新纪元。

（二）组织架构

　　世界气象组织设大会、执行办公室、秘书处。秘书长由世界气象大会任命，任期 4 年，最长任期为 8 年。秘书长负责秘书处的总体技术和行政工作。秘书长下由副秘书长和助理秘书长来分担管理工作。秘书长有责任根据大会制定的条例并经执行理事会批准，任命包括副秘书长和助理秘书长在内的所有秘书处工作人员。秘书处总部设在日内瓦，由秘书长领导。执行办公室由秘书长、副秘书长和助理秘书长组成。

目前有 7 个部门向执行办公室报告：管理与对外关系，气候与水，语言、会议与出版服务，发展与区域活动，观测与信息系统，研究、资源管理以及天气与灾害风险。

（三）研究领域

世界气象组织的研究领域包括以下几方面：

——水：世界气象组织通过建立世界水文循环观测系统（WHYCOS），实施水文和水资源计划（HWRP）。主要目的是促进由国家水文部门开展的水资源评价，作为反哺，国家水文部门提供国内蓄水需求规划、农业活动、水力发电和城市发展所需的预报。

——气候：世界气象组织帮助其会员在全球范围内监控地球的气候，以便获得可靠的信息，用于支持基于证据的决策，从而更好地适应气候变化，并管理与气候多变性和极端情况相关的风险。

——天气：通过全球范围内的监测网络，协调全球天气预报工作。监测网可将观测站与国家、区域以及全球天气和气候预测中心进行全天 24 小时实时联网。

（四）研究项目

世界气象组织利用其充足的水、天气、气候数据，长期实施研究计划，并开展气候恢复和适应力、降低灾害风险、全球综合观测系统、航空气象服务、极地和高山地区监测等研究，项目涉及全球多区域。相关研究计划与项目见表 7.1。

表 7.1　相关研究计划与项目

序号	计划与项目名称（中文）	计划与项目名称（英文）
1	全球大气监测计划	Global Atmosphere Watch Programme
2	世界气候研究计划	World Climate Research Programme
3	世界天气研究计划	World Weather Research Programme
4	气候服务以提高萨赫勒地区恢复力研究	Climate Services for Increased Resilience in the Sahel

（五）重点出版物译介

《世界气象组织公报》是世界气象组织的官方杂志。该公报于 1952 年首次出版，并以英文、法文、俄文和西班牙文出版。公报目前每年发行两次。2019 年公报以"21 世纪的世界气象组织"为主题。公报包括数据获取、保存与共享，气候变化下的恢复力与可持续发展服务，未来气象服务 3 个方面的内容。往期公报主题包括全球气候变化和水专刊等。

联合国水机制
(UN-Water)

类　　型：联合国	
所 在 地：美国纽约	
成立年份：2003 年	
现任主席：吉尔伯特・F. 洪博（Gilbert F. Houngbo）	
网　　址：https://www.unwater.org/	

　　联合国水机制（UN-Water）是由联合国方案问题高级别委员会于 2003 年正式建立的机构间机制，旨在加强联合国负责淡水和卫生方面各种问题的实体之间的统一和协调。涉及领域包括地表水资源和地下水资源，淡水与海水交汇，以及与水资源相关的灾害。该机制主要致力于以下活动：① 向各国高级官员、水务问题直接负责人、相关决策者以及公众提供信息、行动指南和交流平台；② 借助有效的监测系统和报告系统，构筑与水资源相关的知识系统，并通过定期报告和信息发布，方便获取相关知识；③ 在全系统范围内构建讨论平台，以明确全球水资源管理面临的挑战，分析应对这些挑战的方法，确保全球与水相关的政策讨论在信息可靠、分析有据的基础上进行。

（一）发展历程

　　2003 年为使联合国"齐心协力"应对水资源挑战，成立了联合国水机制。2012 年，联合国水机制启动了相关水资源指标门户网站，由包含若干联合国机构数据的联邦数据库提供支持。2014 年，联合国水机制启动 2014—2020 年战略，以支持《2030 年可持续发展议程》。2015 年，启动了《2030 年可持续发展议程》的目标，联大根据联合国水机制的技术建议提出了关于水和卫生的专门目标。同年，联合国水机制启动综合水资源监测倡议，以连贯和协调的方式报告水资源和卫生方面的进展情况。

（二）组织架构

联合国水机制的主席职位由各成员轮流担任,副主席在联合国水机制高级计划管理人员中选择,秘书是联合国经济和社会事务部的工作人员,高级方案管理人员负责提供总体治理和战略方向,他们共同构成联合国水机制的最高业务决策机构。

联合国水机制设立 7 个专家组,分别是《2030 年可持续发展议程》专家组,水、卫生和个人卫生专家组,区域协调专家组,跨界水问题专家组,水和气候变化专家组,水质和废水处理专家组以及水资源短缺问题研究专家组。该机制的所有活动主要通过成员和合作伙伴实施。

（三）研究领域

联合国水机制主要围绕粮食、健康、环境、预防灾害、能源、越界水问题、水资源短缺、文化、卫生、污染和农业等主题研究水资源,使人们意识到水循环对实现可持续水资源管理的重要性,促进安全的饮用水系统和有效处理人类废物的卫生设施扩展到尚未得到服务的城市居民,确保人们在气候不确定的未来都能获得可持续的水和卫生服务,巩固城市健康和安全,保护经济和生态系统。

（四）研究项目及成果

联合国水机制部分研究项目和研究成果见表8.1和表8.2。

表 8.1　部分研究项目

序号	项目名称(中文)	项目名称(英文)
1	2030 年可持续发展议程	The 2030 Agenda for Sustainable Development
2	千年发展目标	Millennium Development Goals

表 8.2　部分研究成果

序号	成果名称(中文)	成果名称(英文)	成果类型	发布时间
1	联合国水机制 2018 年度报告	UN-Water Annual Report 2018	报告	2019
2	联合国水机制关于气候变化和水资源政策简报	UN-Water Policy Brief on Climate Change and Water	报告	2019
3	SDG 6 公众对话报告	SDG 6 Public Dialogue Report	报告	2019
4	2019 年世界水资源发展报告	World Water Development Report 2019	报告	2019
5	关于水和卫生的可持续发展目标 6 综合监测全球讲习班摘要报告	Summary Report Global Workshop for Integrated Monitoring of Sustainable Development Goal 6 on Water and Sanitation	报告	2018
6	SDG 6 2018 年水和卫生综合报告	SDG 6 Synthesis Report 2018 on Water and Sanitation	报告	2018

序号	成果名称（中文）	成果名称（英文）	成果类型	发布时间
7	监测用水效率的循序渐进方法（6.4.1）	Step-by-Step Methodology for Monitoring Water Use Efficiency（6.4.1）	指南	2018
8	跨界水资源合作进展——可持续发展目标指标的 6.5.2 全球基线	Progress on Transboundary Water Cooperation—Global Baseline for SDG indicator 6.5.2	报告	2018
9	2018 年世界水资源发展报告	World Water Development Report 2018	报告	2018
10	2017 年世界水资源发展报告	World Water Development Report 2017	报告	2017

（五）重点出版物译介

1.《2019 年世界水资源发展报告》（World Water Development Report 2019，2019）

该年度报告的主题为"不让一个人掉队"，提出改进水资源管理、获得充足的供水和卫生服务对解决各种社会、经济不平等现象至关重要。报告从社会、经济方面及地区视角等，审视水资源现状及水服务的获取，旨在实现享受水提供的多种利益和机会时"没有人掉队"。

2.《联合国水机制关于气候变化和水资源政策简报》（UN-Water Policy Brief on Climate Change and Water，2019）

报告揭示了全球气候危机与水资源之间密不可分的联系：气候变化增加了水循环的变化，引发了极端天气事件，降低了水的可预测性，影响了水质，并威胁着全球的可持续发展和生物多样性。国家和区域气候政策和规划必须采取综合方法应对气候变化和水管理。

3.《SDG 6 2018 年水和卫生的综合报告》（SDG 6 Synthesis Report 2018 on Water and Sanitation，2018）

报告审查了实现《2030 年可持续发展议程》的 SDG 6 方面取得的全球进展。它以 11 项 SDG 6 全球指标的最新数据为基础，为可持续发展高级别政治论坛讨论水资源可持续目标实现情况提供了分析数据。

世界卫生组织（WHO）

类　　　　型：联合国
所　在　地：瑞士日内瓦
成　立　年　份：1948 年
现任总干事：谭德塞（Tedros Adhanom Ghebreyesus）
网　　　　址：https://www.who.int/zh/

世界卫生组织（WHO，简称"世卫组织"）是联合国下属的一个专门机构，总部设在瑞士日内瓦，是最大的国际政府间卫生组织。它的宗旨是使全世界人民获得尽可能高水平的健康。主要职能包括：促进流行病和地方病的防治；提供和改进公共卫生、疾病医疗和有关事项的教学与训练；推动确定生物制品的国际标准。

（一）发展历程

世卫组织的前身可以追溯到 1907 年成立于巴黎的国际公共卫生局和 1920 年成立于日内瓦的国际联盟卫生组织。战后，经联合国经社理事会决定，64 个国家代表于 1946 年 7 月在纽约举行了一次国际卫生会议，签署了《世界卫生组织组织法》。1948 年 4 月 7 日，该法得到 26 个联合国会员国批准后生效，世卫组织宣告成立。每年 4 月 7 日也就成为全球性的"世界卫生日"。同年 6 月 24 日，世卫组织在日内瓦召开的第一届世界卫生大会上正式成立，总部设在瑞士日内瓦。

（二）组织架构

世界卫生大会是世卫组织的最高权力机构，每年 5 月在日内瓦召开 1 次。主要任务是审议总干事的工作报告、规划预算、接纳新会员国和讨论其他重要议题。执行委员会是世界卫生大会的执行机构，负责执行大会的决议、政策和委托的任务,由 32 名有资格的卫生领域的技术专家组成,每名成员均由其所在的成员国选派,经世界卫生大会批准,任期 3 年,每年改选 1/3。

根据世卫组织的协定,联合国安理会 5 个常任理事国是必然的执行委员会成员国,但席位第 3 年后轮空 1 年。常设机构秘书处下设非洲、美洲、欧洲、东地中海、东南亚、西太平洋 6 个地区办事处。

执行委员会为世卫组织最高执行机构,每年举行两次全体会议。秘书处为世卫组织常设机构。世卫组织分 6 个地区委员会及地区办事处:世卫组织非洲区域、世卫组织美洲区域、世卫组织欧洲区域、世卫组织东地中海区域、世卫组织东南亚区域、世卫组织西太平洋区域。世卫组织的专业组织有顾问和临时顾问、专家委员会(咨询团有 47 个,成员有 2600 多人,中国有 96 人)、全球和地区医学研究顾问委员会和合作中心。

(三) 研究领域

世卫组织在世界范围内致力于促进健康,保护世界安全并为弱势群体服务。目标是确保全球各地居民拥有全民健康保险,以保护免受突发事件的伤害,并为更多的人提供更好的健康和福祉。

——全民健康:重点关注初级卫生保健,以改善获得优质基本服务的机会;努力实现可持续的融资和财务保障;改善基本药物和保健产品的获取;培训卫生人力并就劳动政策提出建议;支持人们参与国家卫生政策;改善监测、数据和信息。

——突发卫生事件:通过识别、减轻和管理风险来应对紧急情况;防止紧急情况并支持在暴发期间开发必要的工具;检测并应对急性健康紧急情况;支持在脆弱环境中提供基本卫生服务。

——健康和幸福:解决社会决定因素;促进跨部门的健康方法;在所有政策和健康环境中优先考虑健康状况。

(四) 研究项目及成果

世卫组织的主要出版物有《世界卫生报告》《国际卫生条例》《国际旅行和健康》《国际疾病分类》《国际药典》等系列报告,以及《世界卫生组织简报》《东地中海卫生杂志》《疫情周报》等期刊。

1.《世界卫生报告》

出版发行始于 1995 年,是世卫组织的主要出版物。每年的报告对全球卫生情况做出权威评估,其中包括与所有国家有关的统计数字,并以一个特定主题为重点。报告的主要目的是向各国、捐助机构、国际组织和其他方面提供所需的信息，帮助它们做出政策和供资决定。报告也向更广泛的受众，从大学、教学医院、院校到记者、广大公众——对国际卫生问题具有专业或个人兴趣的任何人提供。

2.《世界卫生组织简报》

《世界卫生组织简报》是世界上主要的公共卫生杂志之一。它是经过同行审查，以发展中国家为突出重点的月刊，这使其具有无可比拟的全球识见与权威。据美国科学信息研究所报告，该杂志位居公共和环境卫生杂志前 10 名之列，其影响因子为 5.4。它是所有公共卫生决策者和前沿研究人员必读的杂志。

3.《东地中海卫生杂志》

该杂志成立于 1995 年，是世卫组织东地中海区域办事处的旗舰卫生期刊。该杂志的使命是通过出版和宣传高质量的卫生研究和信息，并着眼于公共卫生和该区域的战略卫生重点，为改善东地中海区域的卫生做出贡献。它旨在进一步推进公共卫生知识、政策、实践和教育，为卫生政策制定者、研究人员和从业人员提供支持，使卫生专业人员能够随时了解公共卫生的发展情况。

 # 联合国环境规划署（UNEP）

类　　型：联合国	
所 在 地：肯尼亚内罗毕	
成立年份：1973 年	
现任主任：英格·安德森(Inger Andersen)	
网　　址：http://www.unep.org/	

联合国环境规划署(UNEP,简称"环境署")是联合国统筹全世界环保工作的组织,主要负责制定全球环境议程,促进联合国系统内可持续发展在环境层面的协调一致。其使命是激励和帮助各国及各国人民改善生活质量,同时不损害子孙后代的生活质量,并鼓励各国在保护环境方面建立合作伙伴关系。

(一) 发展历程

环境署正式成立于 1973 年,是全球仅有的两个将总部设在发展中国家的联合国机构之一。所有联合国成员国、专门机构成员和国际原子能机构成员均可加入环境署。到 2009 年,已有 100 多个国家参加。在国际社会和各国政府对全球环境状况及世界可持续发展前景愈加深切关注的 21 世纪,环境署受到越来越高的重视,并且正在发挥着不可替代的关键作用。环境署的资金主要来源于各国的自愿捐款,比重高达其收入的 95%。自愿捐款包括灵活资金和专项资金。环境基金是灵活资金的核心来源,由 193 个会员国资助,专项资金起到补充作用。

(二) 组织架构

环境署由以执行主任为核心的高级管理团队实施管理,并通过新闻、行政、经济等八大业务司、各区域或国家联络处、办事处以及不断发展壮大的合作中心网络开展工作。

环境署理事会由 58 个成员组成,任期 4 年,可以连任。理事会席位按区域分配如下：亚洲 13 个,非洲 16 个,东欧 6 个,拉美 10 个,西欧及其他地区 13 个。每 2 年改选理事会成员中的半数。理事会每 2 年召开 1 次理事会会议,审查世界环境状况,促进各国政府在环境保护方面的国际合作,为实现和协调联合国系统内各项环境计划进行政策指导等。秘书处设在肯尼亚首都内罗毕,由 1 名联合国秘书长领导,是联合国系统内环境活动实施和协调中心及常设处理日常事务的机构。

（三）研究领域

环境署作为全球环境的权威领导者,主要负责处理联合国在环境方面的日常事务,促进环境问题的调查研究,协调联合国内外的环境保护和环境管理工作,研究领域主要包括：空气、能源、海洋、生物安全、环境审查、资源效率、化学品和废物、环境治理、可持续发展目标、气候变化、采掘业、绿色经济、技术、运输等方面。

（四）研究项目及成果

作为联合国统筹全世界环保工作的组织,环境署负责全球环境事务。其部分研究项目和研究成果见表 10.1 和表 10.2。

表 10.1　部分研究项目

序号	项目名称（中文）	项目名称（英文）
1	可持续发展目标	Sustainable Development Goals
2	21 世纪的可持续发展（SD 21）	Sustainable Development in the 21st Century（SD 21）
3	气候变化与区域粮食安全背景下孟加拉国、印度、缅甸三国农田生态系统适应性管理	Adaptation Management of Farmland Ecosystems in Bangladesh, India and Myanmar in the Context of Climate Change and Regional Food Security
4	陆源有机碳在海洋中的归宿	The Fate of Terrestrial Organic Carbon in the Ocean
5	农村能源企业发展项目	Rural Energy Enterprise Development
6	赞比西流域耕地变化的驱动机制及影响	Driving Mechanism and Influence of Cultivated Land Change in Zambexi Basin
7	毛里塔尼亚风沙灾害形成机制及治理模式研究	Study on Formation Mechanism and Governance Model of Sandstorm Disaster in Mauritania
8	基于社会生态系统理论的坦桑尼亚自然保护地与社区冲突研究	Research on Tanzanian Nature Reserves and Community Conflicts Based on Social Ecosystem Theory
9	银行合作者贷款项目	Bank Partner Loan
10	大气褐云项目	Atmospheric Brown Cloud

表 10.2 部分研究成果

序号	成果名称(中文)	成果名称(英文)	成果类型	发布时间
1	国际资源小组报告:实现可持续发展目标的土地恢复	International Resource Panel Report: Land Restoration for Achieving the SDGs	报告	2019
2	国际资源小组表示:恢复景观以推动可持续发展	Restore Landscapes to Push ahead on Sustainable Development, Says International Resource Panel	报告	2019
3	2019 年全球可持续发展报告	Global Sustainable Development Report 2019	报告	2019
4	2019 年全球资源展望	Global Resources Outlook 2019	报告	2019
5	全球环境展望 6	Global Environment Outlook 6	报告	2019
6	2018 年排放差距报告	Emissions Gap Report 2018	报告	2018
7	2017 年排放差距报告	Emissions Gap Report 2017	报告	2017
8	2017 年适应差距报告	Adaptation Gap Report 2017	报告	2017
9	中国绿色经济展望:2010—2050	China Green Economy Outlook: 2010—2050	报告	2014
10	SD 21 项目报告:政策制定者摘要	SD 21 Project Reports: Summary for Policymakers	报告	2012

(五)重点出版物译介

1.《2018 年排放差距报告》(Emissions Gap Report 2018,2018)

该报告展示了对全球气候变化的最新研究发现,并详细介绍了气候行动全面审查结果和全球排放量的最新追踪数据。报告指出,欲将全球气温变化限制在 2℃内,各国必须将各自的减排目标提高为原有的 3 倍;如控制在 1.5℃内,则需 5 倍的努力。与《2017 年排放差距报告》相比,《2018 年排放差距报告》最大的亮点在于开辟了新视角,对什么是行之有效的气候行动进行了阐释。通过在财政政策背景下分析全球排放现状,并对当前的创新措施以及私营部门和次国家层面的气候行动进行详尽审查。报告出台了行动路线图,以最大限度地调动相关部门的减排潜力,力促转变发生。

2.《国际资源小组报告:实现可持续发展目标的土地恢复》(International Resource Panel Report: Land Restoration for Achieving the SDGs,2019)

该报告强调了土地是地球上最重要和最有限的资源之一,其低效和不适当的使用继续导致退化,并且将对人类福祉和地球系统产生可怕的后果。

3.《SD 21 项目报告:政策制定者摘要》(SD 21 Project Reports: Summary for Policymakers,2012)

该报告旨在制定 21 世纪可持续发展的条款。通过揭示可持续发展愿景、目标和战略的差异领域以及实施方面的困难,它还为理解"里约+20"峰会制定的规范性报告提供了一个分析框架。

 # 联合国政府间气候变化专门委员会(IPCC)

归　　　属:	世界气象组织、联合国环境规划署
所 在 地:	瑞士日内瓦
成立年份:	1988 年
现任主席:	李会晟(Hoesung Lee)
网　　　址:	https://www.ipcc.ch/

联合国政府间气候变化专门委员会(IPCC)是世界气象组织及联合国环境规划署于1988年联合建立的政府间机构。其主要任务是对气候变化科学知识的现状,气候变化对社会、经济的潜在影响以及适应和减缓气候变化的可能对策进行评估。IPCC的评估报告已经成为国际社会认识和了解气候变化问题的主要科学依据。它在传播气候变化知识、促进国际社会和各国政府重视气候变化,并努力寻求应对气候变化措施等方面做出了积极贡献。

(一) 发展历程

为满足决策者对气候变化成因,其潜在环境、社会经济影响等信息的需要,世界气象组织和联合国环境规划署决定建立一个为决策者定期提供针对气候变化的科学基础、影响和未来风险的评估以及适应和缓和的可选方案的组织。由此,IPCC应运而生。

(二) 组织架构

IPCC由195个成员国组成。主席团由IPCC主席和副主席、3个工作组的联合主席和副主席以及国家温室气体清单专题组的联合主席组成,目前有34名成员。IPCC主席、副主席以及3个工作组和国家温室气体清单专题组的联合主席组成了执行委员会。执行委员会的职责是根据IPCC的原则和程序、专家组的决定以及无线电通信局的建议,加强和促进IPCC工作计划及时有效地实施。它定期举行会议,其会议由 IPCC 主席主持。秘书处设在瑞士日内瓦世界气象组织总部,负责规划、监督和管理所有的 IPCC 活动,包括组织 IPCC 全会、主席团会议和工作组会议及其他 IPCC 活动,管理 IPCC 信托基金,监督和协调 IPCC 出版物、公共信息和对外活动等。

IPCC 下设 3 个工作组和 1 个专题组。第一个工作组是关于科学基础方面的,它负责从科学层面评估气候系统及变化,即报告气候变化的现有知识,如气候变化如何发生、以什么速度发生;第二个工作组是关于影响、脆弱性、适应性方面的,它负责评估气候变化对社会经济以及天然生态的损害程度、气候变化的负面及正面影响和适应变化的方法,即气候变化对人类和环境的影响,以及如何减少这些影响;第三个工作组是关于减缓气候变化方面的,它负责评估限制温室气体排放或减缓气候变化的可能性,即研究如何停止导致气候变化的人为因素,或是如何减慢气候变化;第四个是国家温室气体清单专题组,负责 IPCC《国家温室气体清单》计划。每个工作组和专题组设两名联合主席,分别来自发展中国家和发达国家,其下设 1 个技术支持组。

(三)研究领域

IPCC 本身不做科学研究,而是检查每年出版的数以千计有关气候变化的论文,并每 5 年出版一份评估报告,总结气候变化的"现有知识";科学评估气候变化及其带来的影响和潜在威胁,并提供适应或减缓气候变迁影响的相关建议,为国际社会认识和了解气候变化问题提供科学依据。

(四)研究项目及成果

IPCC 的部分研究项目见表 11.1。

表 11.1　部分研究项目

序号	项目名称(中文)	项目名称(英文)
1	2030 年可持续发展议程	The 2030 Agenda for Sustainable Development
2	AR 6 综合报告:2022 年气候变化	AR 6 Synthesis Report:Climate Change 2022
3	AR 6 2021 年气候变化:影响、适应和脆弱性	AR 6 Climate Change 2021:Impacts, Adaptation and Vulnerability
4	AR 6 2021 年气候变化:减缓气候变化	AR 6 Climate Change 2021:Mitigation of Climate Change
5	AR 6 2021 年气候变化:物理科学基础	AR 6 Climate Change 2021:The Physical Science Basis
6	气候变化中的海洋和冰层	The Ocean and Cryosphere in a Changing Climate

IPCC 主要成果是评估报告、特别报告、方法报告和技术报告。评估报告提供有关气候变化、其成因、可能产生的影响及有关对策的全面的科学、技术和社

会经济信息。至今，IPCC 共发布了 5 份评估报告，翔实地提供了有关气候变化及其经济社会影响的信息。部分研究成果见表 11.2。

表 11.2　部分研究成果

序号	成果名称（中文）	成果名称（英文）	成果类型	发布时间
1	IPCC 2006 年国家温室气体清单指南 2019 年修订版	2019 Refinement to the 2006 IPCC Guidelines for National Greenhouse Gas Inventories	报告	2019
2	气候变化与土地	Climate Change and Land	报告	2019
3	全球变暖 1.5℃	Global Warming of 1.5℃	报告	2018
4	AR 5 综合报告：气候变化 2014	AR 5 Synthesis Report：Climate Change 2014	报告	2014
5	AR 5 气候变化 2014：减缓气候变化	AR 5 Climate Change 2014：Mitigation of Climate Change	报告	2014
6	AR 5 气候变化 2014：影响、适应和脆弱性	AR 5 Climate Change 2014：Impacts，Adaptation，and Vulnerability	报告	2014

（五）重点出版物译介

1.《全球变暖 1.5℃》（Global Warming of 1.5℃，2018）

报告评估了全球升温 1.5℃与 2.0℃的气候影响以及可能的减排路径。报告指出，目前全球气温较工业化前水平已经增加了 1.0℃，全球升温 1.5℃最快有可能在 2030 年达到。为了实现 1.5℃温控目标，IPCC 的报告对能源转型提出了更高的要求：在温控 1.5℃情景下，到 2050 年煤炭在全球电力供应中的比例需要降至接近零，全球电力供应的 70％～85％需要来自可再生能源；低碳能源技术和能效上的年度投资将比 2015 年多出 5 倍，工业二氧化碳排放要比 2010 年低 75％～90％。

2.《IPCC 2006 年国家温室气体清单指南 2019 年修订版》（2019 Refinement to the 2006 IPCC Guidelines for National Greenhouse Gas Inventories，2019）

该指南由国家温室气体清单工作组根据 2016 年 10 月在泰国曼谷举行的第 44 届 IPCC 会议所撰写，为世界各国建立国家温室气体清单和减排履约提供了最新的方法和规则。

3.《气候变化与土地》（Climate Change and Land，2019）

IPCC 在 2019 年 8 月 2 日至 7 日举行的第 50 届会议上批准并接受了该报告，这是 IPCC 关于陆地生态系统气候变化、荒漠化、土地退化、可持续土地管理、粮食安全和温室气体通量的专项报告。

联合国气候链联盟
(CCC)

类　　　型：联合国行动倡议
所　在　地：美国纽约
成立年份：2018 年
联合主席：汤姆·鲍曼（Tom Baumann）
网　　　址：https://www.climatechaincoalition.io/

联合国气候链联盟（CCC，简称"气候链联盟"）是一个开放的全球组织，旨在支持成员和利益相关方之间的协作，利用区块链及相关数字技术（例如，物联网、大数据等）来加强气候变化的监测、报告和核查，动员气候融资来扩大气候行动，以减缓和适应气候变化。气候链联盟致力于利用数字创新发展一个支持区块链技术以加强气候行动的全球网络。联盟成员的区块链技术主要应用于气候行动中的一些重要部门（例如，可再生能源、林业和土地利用等）。联盟成员已在温室气体登记、碳信用交易、供应链、低碳社区、适应和气候融资等一系列应用领域推进了他们的区块链解决方案。气候链联盟的使命是促进联盟成员之间的合作，并帮助提升区块链技术在气候应用中的环境完整性和结果科学性。

（一）发展历程

2017 年 12 月 12 日，在法国巴黎举行地球峰会期间［《巴黎气候变化协定》（简称《巴黎协定》）两周年］，一个由 12 个从事区块链技术的组织组成的多利益相关方组织召开了一次会议，达成了一致意见：合作并建立一个名为气候链联盟（CCC）的开放式全球组织。

（二）组织架构

2019 年 2 月，气候链联盟拥有 160 多个组织，并设有通信、活动、网络和外展部门，项目管理部门和研究部门。

（三）研究领域

气候链联盟工作领域包括数字 MRV（碳排放监测核算/报告/核查体系），它结合了区块链和其他数字技术（例如，物联网等），以及治理创新、分类和标准，用来支持区块链在气候和可持续性方面的应用。主要研究领域为：利用区块链技术增强对气候行动影响的监测、报告和验证；提高气候行动的透明度、可追溯性和成本效益；改进碳排放交易系统；推动清洁能源贸易；增强气候资金流；更好地跟踪和报告温室气体减排量并避免重复计算。

（四）研究项目

气候链联盟的部分研究项目见表 12.1。

表 12.1　部分研究项目

序号	项目名称（中文）	项目名称（英文）
1	2030 年可持续发展议程	The 2030 Agenda for Sustainable Development
2	DLT（区块链）项目	DLT（Blockchain）Project

气候与清洁空气联盟（CCAC）

归　　属：联合国环境规划署
所 在 地：法国巴黎
成立年份：2012 年
联合主席：尤佳·格瑞丽（Yuka Greiler）
爱丽丝·阿科尼·科迪亚（Alice Akinyi Kaudia）
网　　址：https://ccacoalition.org/en

气候与清洁空气联盟（CCAC）是由孟加拉国、加拿大、加纳、墨西哥、瑞典和美国政府以及联合国环境规划署联合发起成立的，基于政府、政府间组织、企业、科学机构和民间社会组织的自愿伙伴关系，其致力于通过减少短期气候污染物的行动改善空气质量并保护气候，旨在处理短期气候污染物带来的迫切且具有挑战性的问题。截至目前，气候与清洁空气联盟已与全球 120 多个国家和地区建立合作伙伴关系，并开展了数百个涵盖各项经济领域的地方活动。联盟工作方式是将气候和空气质量方面的工作相结合，帮助各国实现国家利益最大化，实现《2030 年可持续发展目标》，并增强实现《巴黎协定》中将升温控制在 1.5℃ 以内的目标的决心。

（一）发展历程

联合国环境规划署与世界气象组织于 2011 年发布的一项科学评估发现，针对短期气候污染物的措施可以在相对较短的时间内为气候、空气质量和人类福祉带来"双赢"的结果。基于此，孟加拉国、加拿大、加纳、墨西哥、瑞典、美国政府与联合国环境规划署一道，将短期气候污染物作为一项紧迫的集体挑战来对待，通过共同组建气候与清洁空气联盟，在为快速行动提供支持的同时，为气候、公共卫生、能源效率和粮食安全等方面带来好处。目前，联盟汇集了来自世界各地数百名经验丰富且有影响力的利益攸关方，促使其在发挥高层参与作用的同时，促进公共和私营部门的具体行动。2012 年,气候与清洁空气信托基金建立,由联合国环境规划署管理,主要用于支持联盟项目、联盟秘书处活动及联盟会议。该信托基金迄今已从加拿大、挪威、美国、日本、瑞典、瑞士、丹麦、荷兰、德国、意大利、法国、澳大利亚和芬兰等国家及欧洲委员会和比利时瓦隆大区政府筹集超过8600 万美元资金。

(二)组织架构

气候与清洁空气联盟目前共拥有 66 个国家及 77 个非国家合作伙伴。其中非国家合作伙伴包括 18 个政府间组织和 57 个非政府间组织。目前,共有 6 个小组共同指导与推进联盟活动。

联合主席:每两年由国家合作伙伴选举产生两名联合主席,现任联合主席为尤佳·格瑞丽女士(瑞士)和爱丽丝·阿科尼·科迪亚女士(肯尼亚)。

高级别会议:由合作伙伴召开的高层会议组成,并根据《气候与清洁空气联盟减少短期气候污染物排放框架》为联盟制定战略方向。

工作组:由联盟合作伙伴组成,负责审查联盟所有合作活动;每年至少会晤两次;工作组的两名联合主席由政府和区域经济一体化组织(REIO)合作伙伴组成。

指导委员会:指导委员会联合主席由工作组联合主席担任;成员包括 6 名政府和 REIO 合作伙伴,4 名非投票代表,任期两年;指导委员会秘书处由联盟秘书处担任。

科学咨询小组:由与短期气候污染物相关的不同领域的 15 名专家组成,也可选择额外的科学专家参加联盟的非连续性行动。主要职能为根据联盟决定为联盟提供关于短期气候污染物、空气污染和短期气候变化的建议。

秘书处:联合国环境规划署为联盟秘书处,由所有合作伙伴指定 1 名主要联系人。

(三)研究领域

气候与清洁空气联盟通过 11 项举措,采取系列行动,调动资源并领导关键部门的变革行动,为减少甲烷、黑碳和氢氟碳化物等做出共同努力。其中,7 项举措侧重于具体部门,以确定最具经济效益和实际可行的减排途径;其他 4 项举措为跨部门行动,旨在加快所有短期气候污染物的减排。

(四)研究项目及成果

截至目前,气候与清洁空气联盟有 43 个项目正在进行中,17 个已完成,内容涉及空气质量、人类健康、生态系统和粮食安全等方面。部分研究项目见表 13.1。

表 13.1　部分研究项目

序号	项目名称(中文)	项目名称(英文)
1	城市废气行动方案	City Waste Action Programme
2	气候会计测量与分析	Climate Accounting Measurement and Analysis
3	绿色货运	Green Freight
4	氢氟碳化合物替代物技术示范项目	HFC Alternative Technology Demonstration Projects
5	垃圾填埋气体的捕获和使用	Landfill Gas Capture and Use
6	牲畜和粪便管理	Livestock and Manure Management
7	国家规划支持	National Planning Support
8	石油和天然气甲烷科学研究	Oil and Gas Methane Science Studies
9	石油和天然气点对点监管支持	Oil and Gas Peer-to-Peer Regulatory Support
10	无烟城市公交车队	Soot-Free Urban Bus Fleets
11	城市健康和短期气候污染物减排项目	Urban Health and Short-Lived Climate Pollutant Reduction Project
12	非洲空气污染和气候变化综合评估	Africa Integrated Assessment on Air Pollution and Climate Change
13	燃烧权利运动	Burn Right Campaign
14	在高环境温度国家零售机用非氢氟碳化合物替代氟氯烃-22 的示范	Demonstration of Non-HFC Alternatives to HCFC-22 in Retail Installations in Countries with High Ambient Temperatures
15	尼日利亚阿达马瓦州清洁能源的终端用户融资	End-User Finance for Clean Energy in Adamawa State, Nigeria
16	肯尼亚家庭使用炉火时污染物排放与人体暴露的关系研究	Field Study on the Relationship Between Cookstove Emissions and Personal Exposure During Typical Usage in Kenyan Homes
17	印度气候友好型冷却技术融资	Financing Climate-Friendly Cooling Technology in India
18	减少短期气候污染物的次国家行动平台	Platform for Subnational Action to Reduce Short-Lived Climate Pollutants
19	尼日利亚使用清洁可持续照明降低黑碳排放	Reducing Black Carbon Emissions by Transitioning to Clean and Sustainable Lighting in Nigeria
20	孟加拉国砖窑融资技术援助	Technical Assistance for Brick Kiln Financing in Bangladesh

联盟研究成果丰富,针对不同的研究项目均产出不同成果,主要涵盖交通、物流、农业、污染物、能源等方面。部分研究成果见表 13.2。

表 13.2　部分研究成果

序号	成果名称(中文)	成果名称(英文)	成果类型	发布时间
1	降低全球变暖趋势的高效移动空调技术示范:技术终报	Technology Demonstration of Low Global Warming Potential (GWP) High Efficiency Mobile Air Conditioning: Final Technical Report	报告	2019
2	短期气候污染物研究文摘	SLCP Research Digest	报告	2019
3	中国绿色货运评估:在中国建立更清洁、更高效的货运系统	China Green Freight Assessment: Enabling a Cleaner and More Efficient Freight System in China	报告	2018

续表

序号	成果名称（中文）	成果名称（英文）	成果类型	发布时间
4	城市废气管理战略	City Waste Management Strategies	政策	2017
5	货运评估蓝图：支持国家绿色货运计划的货运评估实用指南	Freight Assessment Blueprint：Practical Guide for Evaluating Freight Transportation in Support of National Green Freight Programs	指南	2017
6	物流行业的黑碳方法	Black Carbon Methodology for the Logistics Sector	指南	2017
8	孟加拉国可持续砖生产国家战略	National Strategy for Sustainable Brick Production in Bangladesh	政策	2017
9	圣地亚哥采用欧六公交巴士：案例研究	Santiago Adopts Euro Ⅵ Buses：A Case Study	宣传材料	2017
10	全球燃气燃烧网络平台开发技术报告	Technical Report on the Development of the Global Gas Flaring Web Platform	报告	2017
11	印度减少 SLCPs——HCFC 和 HFC 的变化理论	Theory of Change Document Reduce SLCPs—HCFCs and HFCs in India	报告	2017
12	尼日利亚国家、风险和监管框架评估摘要	Nigeria Country，Risk and Regulatory Framework Assessment Summary	报告	2017
13	煤油补贴改革实践报告	Best Practices Report on Kerosene Subsidy Reform	报告	2017

（五）重点出版物译介

1.《气候与清洁空气联盟 2017—2018 年度报告》（Climate & Clean Air Coalition 2017—2018 Annual Report，2018）

报告概述了气候与清洁空气联盟在 2017 年 9 月至 2018 年 8 月期间取得的进展。该报告将联盟的 11 项倡议列入其中，并对联盟在加强气候和空气质量方面所做的努力进行了说明。此外，联盟还成功推进了引进低硫柴油车辆、加强农业碳排放控制和减少城市固体废物排放等全球战略。此外，联盟还通过推进《〈蒙特利尔议定书〉基加利修正案》，以逐步减少氢氟碳化合物。通过阅读该报告，可以清晰掌握联盟近年动态，有助于读者快速了解联盟的价值理念与工作思路。

2.《关于对努力扩大全球家庭烹饪用清洁能源规模的分析》（An Analysis of Efforts to Scale up Clean Household Energy for Cooking Around the World，2018）

报告概述了使用清洁能源进行烹饪的案例与现状，并提出了一个全球使用清洁能源烹饪的长期规划。该报告指出，全球约有 30 亿人仍在使用固体燃料（如木材、农作物废料等）或煤油烹饪，而这些燃料燃烧产生的空气污染每年导致约 300 万人过早死亡。报告通过 RE-AIM（覆盖范围、有效性、适应性、实施、维护）框架来协调和评估过往的各项相关研究，最后提出一个总体概念模型对未来家庭烹饪能源清洁化进行计划与评估。

世界银行集团
（WB）

类　　　型：联合国
所 在 地：美国华盛顿
成立年份：1945 年
现任行长：戴维·马尔帕斯（David Malpass）
网　　　址：http://www.worldbank.org/

世界银行集团（WB，简称"世界银行"），也是国际复兴开发银行的通称。它由国际复兴开发银行、国际开发协会、国际金融公司、多边投资担保机构和国际投资争端解决中心五个成员机构组成，包含 189 个成员国。它的使命是消除极端贫困，促进共享繁荣。宗旨是向成员国提供贷款和投资，推进国际贸易均衡发展。

（一）发展历程

1945 年 12 月 27 日，世界银行在布雷顿森林会议后正式宣告成立。1956 年，国际金融公司成立，开始向发展中国家的私营企业和金融机构提供贷款。1960 年，国际开发协会成立，加大了对最贫困国家的重视程度，逐渐转向以消除贫困为世界银行的首要目标。之后，解决投资争端国际中心和多边投资担保机构成立，这促使世界银行集聚全球金融资源满足发展中国家需求的能力日臻完善。

（二）组织架构

世界银行由 189 个成员国构成。这些成员国或股东国的集体代表为理事会，所有理事是世界银行的最终决策者。理事会由每个成员国任命的理事和副理事组成，一般为成员国的财政部长或发展部长，任期 5 年，可以连任。理事会的主要职权包括批准接纳新会员国、增加或减少银行资本、停止会员国资格、决定银行净收入的分配以及其他重大问题。理事会每年举行 1 次会议，一般与国际货币基金组织理事会联合举行。理事把具体职责委任给 25 名执行董事，世界银行 5 个最大的股东国均委派 1 名执行董事，其他成员国则由 20 名当选的执行董事代表。世界银行行政管理机构由行长、若干副行长等组成。世界银行行长主持执行董事会会议，并负责世界银行的总体管理工作。行长由执行董事会会议选出，任期为 5 年，可连任。世界银行在行长、高层管理人员以及主管全球发展实践、跨部门解决方案、各地区和职能机构的副行长的领导和指导下开展日常工作。

世界银行包括 5 个机构：国际复兴开发银行，拥有 188 个成员国，负责向中等收入国家政府和信誉良好的低收入国家政府提供贷款；国际金融公司，拥有 184 个成员国，通过投融资、动员国际金融市场资金以及为企业和政府提供咨询服务，帮助发展中国家实现可持续增长；国际开发协会，拥有 172 个成员国，负责向最贫困国家的政府提供无息贷款（也称信贷）和赠款；多边投资担保机构，拥有 181 个成员国，向投资者和贷款方提供政治风险担保；国际投资争端解决中心，拥有 150 个成员国，负责提供针对国际投资争端的调解和仲裁机制。

（三）研究领域

世界银行围绕气候变化、教育、能源、贫困、城市可持续发展、贸易、健康等主题开展研究。

——气候变化研究：致力于帮助各国实现其国家气候目标。

——教育研究：关注儿童早期开发、教育与技术、高等教育等内容。

——能源研究：促进联合国可持续发展目标和减缓气候变化的目标的实现。

——贸易研究：帮助成员国改善其进入发达国家市场的机会，并加强其对世界经济的参与。

——健康研究：支持各国努力实现全民健康覆盖，并向所有人提供优质、负担得起的卫生服务。

——城市可持续发展研究：通过对城市人口增长进行分析，促使城市领导者采取行动提供不断扩大的人口所需的基本服务、基础设施和经济适用房。

（四）研究项目及成果

世界银行的部分研究项目见表14.1。

表 14.1　部分研究项目

序号	项目名称(中文)	项目名称(英文)
1	中国可再生能源和电池存储推广项目	China Renewable Energy and Battery Storage Promotion Project
2	绿色城市融资与创新项目	Green Urban Financing and Innovation Project
3	Matanza-Riachuelo Basin(MRB)可持续发展项目额外融资	Matanza-Riachuelo Basin (MRB) Sustainable Development Project Additional Financing
4	陕西可持续城镇发展项目	Shaanxi Sustainable Towns Development Project
5	中国分布式可再生能源规模化项目	China Distributed Renewable Energy Scale-up Project
6	中国:辽宁安全可持续城市供水项目	China: Liaoning Safe and Sustainable Urban Water Supply Project
7	非洲气候复原力投资基金	Africa Climate Resilience Investment Facility
8	非洲之角:地下水倡议	Horn of Africa—Groundwater Initiative
9	南部非洲:安哥拉和莱索托农业生产力计划	Agricultural Productivity Program for Southern Africa—Angola & Lesotho
10	Orinoquia 综合可持续景观	Orinoquia Integrated Sustainable Landscapes
11	区域知识能力支持计划	Support to Regional Knowledge Capacity
12	非洲联盟委员会和其他非洲联盟机构的能力发展支持计划	Support for Capacity Development of the AUC and Other African Union Organs

世界银行出版了 28 975 种作品,旨在与各国分享和帮助应用创新知识、解决方案,为应对挑战助力。部分研究成果见表 14.2。

表 14.2　部分研究成果

序号	成果名称(中文)	成果名称(英文)	成果类型	发布时间
1	全球经济展望	Global Economic Prospects	报告	2019
2	应对自然灾害的财政弹性:国家经验的教训	*Fiscal Resilience to Natural Disasters: Lessons from Country Experiences*	专著	2019
3	立即适应:全球呼吁应对气候变化的领导力	Adapt Now: A Global Call for Leadership on Climate Resilience	报告	2019
4	2018 年可持续发展目标图集:来自世界发展指标	*Atlas of Sustainable Development Goals 2018: From World Development Indicators*	专著	2018
5	老挝人民民主共和国道路改善可能造成的森林损失和生物多样性风险	Potential Forest Loss and Biodiversity Risks from Road Improvement in Lao PDR	论文	2018
6	2017 年可持续发展回顾	Sustainability Review 2017	报告	2017

续表

序号	成果名称（中文）	成果名称（英文）	成果类型	发布时间
7	孟加拉国孙德尔本斯适应气候变化和保护生物多样性的战略	Strategy for Adapting to Climate Change and Conserving Biodiversity in the Bangladesh Sundarbans	论文	2016
8	国家生物多样性抵消计划：利比里亚采矿业的路线图	A National Biodiversity Offset Scheme: A Road Map for Liberia's Mining Sector	报告	2015
9	加速气候适应性和低碳发展：非洲气候商业计划	Accelerating Climate-Resilient and Low-Carbon Development: The Africa Climate Business Plan	报告	2015
10	GEF-6生物多样性战略	The GEF-6 Biodiversity Strategy	论文	2014
11	生态系统服务和绿色增长	Ecosystem Services and Green Growth	论文	2012
12	生物多样性和生态系统在可持续发展中的作用	The Role of Biodiversity and Ecosystems in Sustainable Development	论文	2010
13	生物多样性、生态系统服务和气候变化：经济问题	Biodiversity, Ecosystem Services, and Climate Change: The Economic Problem	论文	2010
14	世界银行环境问题，2009年度回顾：生物多样性银行业务	Environment Matters at the World Bank, 2009 Annual Review: Banking on Biodiversity	报告	2010
15	生物多样性、气候变化和适应：世界银行投资组合中基于自然的解决方案	Biodiversity, Climate Change, and Adaptation: Nature-Based Solutions from the World Bank Portfolio	论文	2008

（五）重点出版物译介

1.《全球经济展望》(Global Economic Prospects, 2019)

报告全面分析了美国、欧洲、日本、中国及新兴市场与发展中经济体的经济走势。报告指出，2019至2021年全球经济下行风险仍然十分严峻，随着贸易摩擦加剧和制造业复苏失去动力，2019年全球经济增长将放缓至2.9%。在这个充满挑战的背景下，东亚和太平洋地区仍然是世界上增长最快的发展中地区之一。同时，报告对"中美贸易摩擦"发出严重警告，表示全球两大经济体之间的贸易冲突已经造成附带损害，或在将来对全球经济造成更大的伤害。

2.《立即适应：全球呼吁应对气候变化的领导力》(Adapt Now: A Global Call for Leadership on Climate Resilience, 2019)

报告主要侧重于为气候适应提供案例，为关键部门（粮食安全、自然环境、水、城市和城市地区、基础设施、灾害风险管理和金融）提供具体的见解和建议。它期望激励决策者，包括国家元首和政府官员、市长、企业高管、投资者和社区领袖在应变气候决策中起到积极作用。

3.《生物多样性、生态系统服务和气候变化：经济问题》(Biodiversity, Ecosystem Services, and Climate Change：The Economic Problem, 2010)

本文主要考察了气候、生物多样性和生态系统服务之间的联系。介绍了气候和生物多样性是如何联系起来的,涵盖了气候变化对生物多样性各方面的影响以及碳循环中的生物多样性价值。它运用经济学思维思考生物多样性与生态系统服务之间关系,重新评估生物多样性与气候变化之间的耦合度,并提出了气候政策的相关结论。

全球环境基金 (GEF)

类　　型：世界银行	
所 在 地：美国华盛顿	
成立年份：1992 年	
现任主席：石井直子（Naoko Ishii）	
网　　址：https://www.thegef.org/	

全球环境基金(GEF)是在 1992 年里约热内卢地球峰会前夕建立的,旨在帮助解决地球上最紧迫的环境问题。截至 2018 年,全球环境基金已经提供了超过 181 亿美元的赠款,并为 170 个国家/地区的 4500 多个项目筹集了 942 亿美元的联合融资。目前,全球环境基金由 183 个国家、国际机构、民间社会组织和私营部门组成,致力于解决全球环境问题。

（一）发展历程

全球环境基金成立于 1991 年 10 月,最初是世界银行的一项支持全球环境保护和促进环境可持续发展的 10 亿美元试点项目。全球环境基金的任务是为弥补将一个具有国家效益的项目转变为具有全球环境效益的项目过程中产生的"增量"或附加成本提供新的、额外赠款和优惠资助。联合国开发计划署、联合国环境规划署和世界银行是全球环境基金计划的最初执行机构。

在 1994 年地球峰会期间,全球环境基金进行了重组,与世界银行分离,成为一个独立的常设机构。将全球环境基金改为独立机构的决定提高了发展中国家参与决策和项目实施的力度。自 1994 年以来,世界银行一直是全球环境基金信托基金的托管机构,并为其提供管理服务。

作为重组的一部分,全球环境基金受托成为《联合国生物多样性公约》和《联合国气候变化框架公约》的资金机制。全球环境基金与《保护臭氧层维也纳公约》的《关于消耗臭氧层物质的蒙特利尔议定书》下的多边基金互为补充,为俄罗斯联邦及东欧和中亚的一些国家的项目提供资助,使其逐步淘汰对臭氧层有消耗的化学物质。随后,全球环境基金又被选定为另外三个国际公约的资金机制。它们分别是:《关于持久性有机污染物的斯德哥尔摩公约》(2001)、《联合国防治荒漠化公约》(2003)和《关于汞的水俣公约》(2013)。

(二) 组织架构

全球环境基金具有独特的治理结构,由全球环境基金大会、理事会、秘书处、18 个机构、科学技术咨询小组(STAP)和独立评估办公室组成。

1. 全球环境基金大会

全球环境基金大会由 183 个成员国或参与者组成。部长级会议每 3～4 年召开 1 次,目的在于审查政策、根据提交理事会的报告审查和评估全球环境基金的运作、审查成员等。

2. 理事会

理事会是全球环境基金的主要理事机构,由全球环境基金成员国任命的 32 名成员组成(发达国家 14 名,发展中国家 16 名,经济转型国家 2 名)。理事会成员每 3 年轮换 1 次,或者直到选区任命新成员为止。该理事会每年举行两次会议,为全球环境基金资助的活动制定、通过和评估业务政策和方案。它还审查并批准工作计划(提交批准的项目),以协商一致的方式做出决定。

3. 秘书处

秘书处负责协调全球环境基金各项活动的全面实施,由首席执行官(CEO)主持。CEO 由理事会任命,任期 4 年(可连任)。秘书处执行大会和理事会的决定。除其他职责外,它还负责如下工作:协调和监督计划;确保与环境基金机构协商执行政策;主持机构间小组会议,以确保全球环境基金机构之间的有效合作;与公约秘书处进行协调等。

4. 机构

全球环境基金机构是其运营部门。他们与项目支持者(政府机构、民间社会组织和其他利益相关者)紧密合作,以设计、开发和实施由全球环境基金资助的项目和计划。

5. 科学技术咨询小组

科学技术咨询小组为全球环境基金提供相关政策、运营策略、计划和项目的科学及技术建议。其小组成员是全球环境基金关键工作领域的国际公认专家。

6．独立评估办公室

独立评估办公室直接向理事会报告。它由理事会任命的 1 名主任领导,该主任协调 1 个专业评估团队。它与秘书处和全球环境基金机构合作,分享经验教训和最佳做法。该办公室对全球环境基金的影响和有效性进行独立评估。

(三) 研究领域

全球环境基金主要关注以下领域:生物多样性、气候变化(适应和减缓)、化学品、国际水域、土地退化、可持续森林管理(减少毁林及森林退化带来的温室气体排放)、臭氧层损耗等方面。

(四) 研究项目及成果

1．研究项目

全球环境基金的资金可用于发展中国家和经济转型国家,以实现国际环境公约和协定的目标。全球环境基金向政府机构、民间社会组织、私营部门公司、研究机构以及众多潜在合作伙伴提供支持,以在受援国实施项目和计划。项目涉及的领域有生物多样性、化学废物处理、气候变化、土地退化、森林治理和水域治理。部分研究项目见表 15.1。

表 15.1　部分研究项目

序号	项目名称(中文)	项目名称(英文)
1	扩大高加索地区的全球森林监测	Upscaling of Global Forest Watch in Caucasus Region
2	汤加生态系统恢复和可持续土地管理	Ecosystem Restoration and Sustainable Land Management in Tonga Island
3	全球环境基金对《2018 年防治荒漠化公约》国家报告进程的支持:保护伞计划 4	GEF Support to UNCCD 2018 National Reporting Process—Umbrella Ⅳ
4	提高生物多样性保护区的管理能力	Enhancing Capacity for Biodiversity Conservation and Protected Area Management
5	落实第纳瑞喀斯特含水层系统的 SAP:改善地下水治理和相关生态系统的可持续性	Implementation of the SAP of the Dinaric Karst Aquifer System: Improving Groundwater Governance and Sustainability of Related Ecosystems
6	在孟加拉国生态关键地区实施基于生态系统的管理	Implementing Ecosystem-Based Management in Ecologically Critical Areas in Bangladesh
7	孟加拉湾大型海洋生态系统可持续管理规划	Sustainable Management of the Bay of Bengal Large Marine Ecosystem Programme
8	西部地区半岛景观可持续综合管理	Sustainable and Integrated Landscape Management of the Western Area Peninsula

续表

序号	项目名称(中文)	项目名称(英文)
9	通过改善地下水治理实现萨赫勒地区的经济增长和水安全	Economic Growth and Water Security in the Sahel Through Improved Groundwater Governance
10	采用综合景观方法保护生物多样性和减少土地退化	Conserving Biodiversity and Reducing Land Degradation Using an Integrated Landscape Approach
11	通过提高生物安全能力在古巴全面执行《卡塔赫纳生物安全议定书》	Creation of Additional Biosafety Capacities that Lead to a Full Implementation of the Cartagena Protocol on Biosafety in Cuba
12	EREPA:确保所罗门群岛具有弹性的生态系统和有代表性的保护区	EREPA—Ensuring Resilient Ecosystems and Representative Protected Areas in the Solomon Islands

2. 全球政策参与

全球环境基金同时也在积极地促进《联合国生物多样性公约》的发展,为发展中国家和经济转型国家实施《联合国生物多样性公约》提供财政资源。全球环境基金生物多样性战略的目标是在全球景观和海洋景观中保持重要的生物多样性,并且将支持全面有效地执行《〈生物多样性公约〉卡塔赫纳生物安全议定书》和《〈生物多样性公约〉关于获取遗传资源和公正公平分享其利用所产生惠益的名古屋议定书》。为此全球环境基金于 2018 年出版了《GEF-7 生物多样性战略》(*GEF-7 Biodiversity Strategy*),阐明了全球环境基金的投资重点和主要支持方面。

3. 追踪工具

追踪工具是全球环境基金开发、提供给各项目小组、用于评估项目实施效果和成果的工具。目前已开发并投入使用的追踪工具共有 12 个。部分追踪工具见表 15.2。

表 15.2 部分追踪工具

序号	追踪工具名称	日期
1	能力发展追踪工具	2011
2	GEF 生物多样性追踪工具(GEF-3-4-5)	2012
3	GEF 生物多样性追踪工具(GEF-6)	2015
4	GEF CBIT 追踪工具	2017
5	GEF 化学品和废物追踪工具	2015
6	GEF 气候变化适应追踪工具	2011
7	全球环境基金减缓气候变化追踪工具	2011

4. 会议文件

从 1998 年开始,每隔 4 年全球环境基金即召开一次全球环境基金大会,截至 2018 年,全球环境基金共召开了 6 次大会。每次大会都会形成报告文件和大会声明,用以说明 4 年来基金的成果绩效和资金使用情况。其中报告文件中涉及地区情况、项目实施、金融、环境保护启示等各方面丰富的内容。表 15.3 为全球环境基金第六次大会的工作文件内容：

表 15.3　全球环境基金第六次大会的工作文件内容

编号	文件标题（中文）	文件标题（英文）
GEF/A.6/01	临时议程	Provisional Agenda
GEF/A.6/02	临时注释议程	Provisional Annotated Agenda
GEF/A.6/03	全球环境基金参与者报告	Report on GEF Participants
GEF/A.6/04	凭证说明	Note on Credentials
GEF/A.6/05/Rev.01	全球环境基金信托基金第七次充资报告	Report on the Seventh Replenishment of the GEF Trust Fund
GEF/A.6/06	GEF-6 资金回顾	GEF-6 Funding Retrospective
GEF/A.6/07	全球环境基金第六次总体绩效研究	Sixth Overall Performance Study of the GEF
GEF/A.6/08	科技咨询小组的报告	Report of the Scientific and Technical Advisory Panel

（五）重点出版物译介

1.《可持续城市的促进解决方案》(Catalyzing Solutions for Sustainable Cities,2018)

《2030 年可持续发展议程》包括 17 个可持续发展目标(SDG),而第 11 个目标尤其与城市相关——致力于让世界实现"具有包容性、安全性、复原性和可持续性的城市和人类住区"。为实现这一目标,全球环境基金认为具有良好的弹性、资源效率和管理的城市,可以成为推动目标实现的驱动力,实现绿色经济和环境效益。

2.《整合：解决复杂的环境问题》(Integration：To Solve Complex Environmental Problems,2018)

环境挑战既复杂又相互联系,这些挑战不仅关系到环境本身,与社会和经济问题也息息相关。文章认为单纯解决一个环境问题可能会导致意想不到的负面后果,可能造成新的环境或社会经济问题。

3.《保护全球公地》(Safeguarding the Global Commons,2019)

全球环境基金认为解决该问题,需要对关键的经济体系进行根本性的改革,其中粮食系统、能源系统、城市系统和全球生产消费系统最为重要。为此,全球环境基金制定了许多项目,重点关注粮食系统、土地利用恢复以及可持续城市。

国际金融公司 (IFC)

归　　属:	世界银行
所 在 地:	美国华盛顿
成立年份:	1956 年
现任 CEO:	菲利普·勒奥鲁 (Philippe LeHouérou)
网　　址:	https://www.ifc.org/wps/wcm/connect/corp_ext_content/ifc_external_corporate_site/home

　　国际金融公司 (IFC) 是世界银行集团的两大附属机构之一,是主要专注于发展中国家私营经济发展的全球最大的发展机构。国际金融公司成立于 1956 年 7 月,宗旨是辅助世界银行通过贷款或投资入股的方式,向成员国特别是发展中国家的私人企业提供资金,帮助他们破解在金融、基础设施、雇员技能和监管环境等领域所面临的制约和难题,以促进成员国经济的发展。国际金融公司投入资金的来源主要有:世界银行成员国认缴的股金、公司积累利润、成员国偿还的款项及国际金融公司投资所得。

(一) 发展历程

　　国际金融公司是 1955 年 9 月世界银行第 10 次全体会议上通过,并于 1956 年 7 月正式成立的国际金融机构,首任执行官是罗伯特·加纳,起始资金 1 亿美元。由于原有国际金融机构缺乏刺激民间投资的手段,其早期主要向发展中国家的民间企业实施投资贷款,因此它又被称为"第三世界银行"。

　　20 世纪五六十年代为启动和运行初期。国际金融公司为促进私营部门的增长,在 1957 年开展了第一笔业务,发放 200 万美元贷款用于帮助西门子巴西子公司制造电气设备。

　　20 世纪 70 年代,国际金融公司开始与金融机构合作,并于 1971 年成立资本市场部门,以加强与当地银行、股票市场和其他金融机构的合作。

20 世纪八九十年代，随着全球市场越来越开放，国际金融公司的影响力也逐渐增强，推动了私有化的前沿业务，并开发了当时最全面的框架来管理项目运营环境和社会风险。

2000 年以后，国际金融公司放弃了以前在华盛顿的原有商业模式，在新兴市场建立独特的运营模式，并创造了新的综合的解决方案，扩大了私营部门的发展范围，以满足当地企业的需求，国际金融公司的工作和规模均得到进一步提升。

（二）组织架构

国际金融公司的组织机构和管理办法与世界银行相同，其最高权力机构是世界银行理事会，理事会下设执行董事会，负责处理日常事务，正副理事、正副执行董事由世界银行的正副理事和正副执行董事兼任。国际金融公司日常运营由首席执行官、总战略官和政策评估总监负责，下设资产管理、外联、财政贷款、财务与风险管控、经济与私营部门发展、企业战略与资源、法律合规与可持续发展、公共服务等部门。国际金融公司在 98 个国家设有办事处，拥有超过 2000 个私营部门客户，员工来自 140 多个国家，其中一半以上位于美国境外。

（三）业务领域

国际金融公司在农业、渔业与林业，可持续发展，气候，制造业，金融服务，自然资源，健康与教育，基础设施等领域开展业务。

——农业、渔业与林业：国际金融公司将农业综合企业作为优先事项，尤其是在减贫方面发挥强大作用。他们将投资和咨询服务结合起来，以环境可持续和社会包容的方式帮助相关行业满足更高的需求，应对不断上涨的食品价格。

——可持续发展：帮助客户了解和管理他们面临的环境、社会和公司治理（ESG）风险，与行业和其他利益相关方合作，寻找创新解决方案，为经济、社会和环境可持续的私人投资创造机会，从而促进就业和包容性增长。

——气候：直接投资于气候智能部门，开发新的降低风险和汇总机制，并通过国际论坛和工作组吸引公共和私营部门的利益相关者。在此过程中，国际金融公司将气候业务纳入高增长领域的主流，在清洁能源、可持续城市、气候智能农业、能源效率、绿色建筑和绿色金融等关键领域开辟新市场。

——自然资源：在石油、天然气和采矿业等领域，帮助发展中国家实现经济效益，同时帮助促进可持续能源发展。还与当地公司合作，确保当地社区从项目中获得具体利益，重点关注透明度、供应链、就业和社区参与。

——健康与教育:扩大获得保健和教育服务的机会是消除贫困和减少不平等的任何战略的核心要素,帮助发展中国家的穷人获得保健和教育服务。

——基础设施:帮助开发能够改善新兴市场人民生活的基础设施项目,满足城市对电力、公用事业和交通运输的需求,还帮助创造条件,吸引更多的私人资本用于基础设施,并帮助建立可以升级水系统、电力网络和道路的公私合作伙伴关系。

(四) 研究项目及成果

可持续性对国际金融公司业务的成功至关重要,公司的 ESG 政策、指导方针和工具被广泛用作市场标准,并被公司、投资者、金融中介机构、证券交易所、监管机构和相关国家纳入运营政策,相关标准规范见表 16.1。

表 16.1　可持续发展相关标准规范

序号	标准规范名称(中文)	标准规范名称(英文)	链接
1	IFC 可持续发展框架	IFC Sustainability Framework	www.ifc.org/sustainabilityframework
2	可持续发展绩效标准	Performance Standards	www.ifc.org/performancestandards
3	环境、健康和安全指南	Environmental, Health, and Safety Guidelines	www.ifc.org/ehsguidelines

为支撑可持续发展业务,国际金融公司在生态环境、自然资源等领域开展了大量专业研究。部分重点出版物见表 16.2。

表 16.2　部分重点出版物

序号	出版物名称(中文)	出版物名称(英文)	出版年度
1	绿色建筑:碳定价的作用	*Greening Construction: The Role of Carbon Pricing*	2019
2	作物收据:非洲的新融资工具	*Crops Receipts—A New Financing Instrument for Africa*	2019
3	城市气候投资机会:国际金融公司分析	*Climate Investment Opportunities in Cities—An IFC Analysis*	2018
4	实践指南:水电项目的环境、健康和安全方法	*Good Practice Note: Environmental, Health, and Safety Approaches for Hydropower Projects*	2018
5	气候风险与金融机构	*Climate Risk and Financial Institutions*	2018
7	为巴基斯坦的可持续发展制定更高标准	*Setting a Higher Standard for Sustainability in Pakistan*	2018
8	液化天然气设施的环境、健康和安全指南	*Environmental, Health, and Safety Guidelines for Liquefied Natural Gas Facilities*	2017
9	共享水资源,共担责任,分享方法:采矿用水	*Shared Water, Shared Responsibility, Shared Approach: Water in the Mining Sector*	2017

续表

序号	出版物名称（中文）	出版物名称（英文）	出版年度
10	为气候业务报告创造市场	*Creating Markets for Climate Business Report*	2017
11	创造农业智能气候：来自南亚的商业视角	*Making Agriculture Climate-Smart：A Business Perspective from South Asia*	2017
12	国际金融公司与气候有关的活动的定义和指标	*IFC's Definitions and Metrics for Climate-Related Activities*	2017
13	银行如何抓住气候和绿色投资机遇	*How Banks Can Seize Opportunities in Climate and Green Investment*	2016
14	改变规则：采矿业的沟通与可持续发展	*Changing the Game：Communications & Sustainability in the Mining Industry*	2015
15	自然资源部门利益分享的艺术与科学	*The Art and Science of Benefit Sharing in the Natural Resource Sector*	2015
16	环境与社会管理系统（ESMS）实施手册：金属制品制造	*Environmental and Social Management System (ESMS) Implementation Handbook—Metal Products Manufacturing*	2015

（五）重点出版物译介

1.《绿色建筑：碳定价的作用》（*Greening Construction：The Role of Carbon Pricing*，2019）

报告认为建筑的建造是一个复杂的价值链，拥有高度分散的建设周期和阶段，现行的建设过程很少考虑气候变化影响，在推动建筑行为改革方面，碳定价潜力较大。报告探讨了如何更好地设计碳定价机制，以更有效地了解建筑碳排放的运行链条。它将原材料生产和使用确定为排放量最高的阶段，并认为该阶段需要进行干预以减少整个生命周期内的排放。

2.《国际金融公司与气候有关的活动的定义和指标》（*IFC's Definitions and Metrics for Climate-Related Activities*，2017）

报告作为2016年世界银行集团《气候变化行动计划》的一部分，提出了气候实施计划的4个目标：一是到2020年，扩大气候投资规模，达到国际金融公司年度融资的8％；二是到2020年，通过动员、整合和降低风险的产品，每年将130亿美元的私营部门资本用于气候部门；三是通过减少温室气体排放和提升恢复力来最大限度地发挥影响；四是在国际金融公司的投资选择中考虑气候风险和气候影响的物理和资产风险。

3.《自然资源部门利益分享的艺术与科学》（*The Art and Science of Benefit Sharing in the Natural Resource Sector*，2015）

本书主要讨论如何在整个社会中分享自然资源开发的成本和收益，它介绍了国际金融公司作为投资者和发展组织如何合理分配利益和成本，以及相关评估如何影响国际金融公司投资特定自然资源项目的决定。通过其在该领域的长期经验，国际金融公司了解到，如果在财政、经济、环境、社会成本和收益的分担方面存在不平衡，投资可能会在其生命周期的某个阶段遇到困难。

世界水理事会 (WWC)

类　　　型	非政府组织
所　在　地	法国马赛
成立年份	1996 年
主　　　席	洛伊克·福雄(Loïc Fauchon)
网　　　址	http://www.worldwatercouncil.org/en

　　世界水理事会(WWC)是依据法国 1901 年颁布的《团体组织法》管理的非营利组织。它于 1996 年成立。该组织的目标是通过激励人们参与讨论、挑战传统思维,来动员各个层面,包括最高决策层在重大水问题上采取行动。理事会重点从政治方面关注水安全、适应性和可持续性。

(一)发展历程

　　世界水理事会大事见表 17.1。

表 17.1　世界水理事会大事记

1977 年	在马德普拉塔召开的联合国水大会是第一次、也是唯一仅围绕"水"举行的政府间会议,在水发展的历史上具有里程碑意义。
1980 年	3 年后,联大领导的联合国水大会发表《国际饮水供应和环境卫生 10 年宣言》。
1992 年	在都柏林举行的联合国环境与发展国际会议和里约热内卢地球峰会上,首次提出了成立世界水理事会的想法。
1994 年	国际水资源协会(IWRA)于 1994 年 11 月在开罗举行的第八次世界水大会上,围绕成立理事会召开了特别会议,以决议的形式决定建立"世界水理事会",并决定为此成立一个委员会以完成相应的筹备工作。与会人员就"成立一个联盟组织以将全球在水管理方面做出的各种不相干、分散化、无效的努力联合起来"这一需要达成了共识。
1995 年	世界水理事会筹备委员会成立,于 1995 年 3 月在加拿大蒙特利尔、9 月在意大利巴里举行了第一次和第二次会议。这两次会议确定了世界水理事会的任务和目标。
1996 年 6 月	世界水理事会合法注册,总部在法国马赛成立。
1996 年 7 月	在西班牙格拉纳达成立第一届临时董事会。

1997 年 3 月	第一届世界水论坛在摩洛哥马拉喀什成功举行,《马拉喀什宣言》的发表牢固确立了理事会在水事务中的领导地位。世界水理事会接受了"为了 21 世纪的生命和环境的水愿景"这一任务。
1997 年 9 月	在举行国际水资源协会第九次世界水大会(蒙特利尔)期间,世界水理事会召开第一次全体会员大会。大会通过了理事会的章程,选举产生了第一届董事会。
1998 年 3 月	世界水理事会与法国政府合作在巴黎举办了水与可持续发展国际会议。
2000 年 3 月	第二届世界水论坛在荷兰成功举行。来自世界各地约 5700 名与会者参加了论坛活动。120 名部长出席了部长级会议,并发表了《21 世纪水安全海牙宣言》。
2000 年	联合国召开"千年首脑会议",提出了千年发展目标,在目标 7"确保环境的可持续能力"下设定了水与卫生方面具体任务。
2003 年 3 月	第三届世界水论坛在日本京都、大阪和滋贺召开。为落实第二届世界水论坛上做出的各项承诺,世界水理事会启动了"世界水行动报告",列出了 3000 多项地方性的水行动。这届世界水论坛是当时最大的水事活动,约有 24 000 人参会。130 名部长出席了同期举行的部长级会议。参会人员做出了数百项要采取行动的承诺,每个议题分会的组织者都要求要明确其议题分会的具体成果。
2006 年 3 月	第四届世界水论坛在墨西哥城召开,主题是"采取地方行动,应对全球挑战"。来自世界各地的约 20 000 名代表参加了 206 场会议。
2009 年 3 月	来自 182 个国家的 30 000 余名代表参加了在土耳其伊斯坦布尔举行的第五届世界水论坛。在"架起沟通水资源问题的桥梁"的主题下,400 多家机构组织了 100 多场会议,形成了六大主题、7 份地区性报告和 5 个高级别小组。部长宣言发表后,本届水论坛首次安排了国家首脑会议。参加水论坛的地方和地区当局形成了《伊斯坦布尔水共识》(IWC)。
2010 年	联合国大会(2010 年 7 月 A/RES/64/292 号决议)和人权理事会(2010 年 10 月 A/HRC/15/L.14 号决议)承认,与享有食物和健康的权利一样,享有饮用水和卫生设施的权利是一项人权。
2012 年 3 月	超过 173 个国家代表参加了在马赛举办的第六届世界水论坛。论坛期间设立的"方案村"展示了全球各地解决水问题的具体行动措施。
2012 年 6 月	联合国可持续发展大会("里约+20"峰会)上,水成为讨论的突出主题。世界水理事会作为其主导的"水的可持续发展对话"的民间团体报告员,在首脑会议上发表了演讲。
2013 年 10 月	世界水理事会参与主办的布达佩斯水峰会确定了与水相关的可持续发展目标,为最紧迫的水问题提供了具体指导。在 2014 年和 2015 年两年里,世界水理事会致力于倡导设立专门的水领域可持续发展目标。
2015 年 4 月	来自 168 个国家的超过 4 万名参会人员参与了本届水论坛的对话和讨论,将水置于我们未来的中心位置。包括 10 位世界领袖、80 位部长和 121 个国家政府的官方代表团出席了第七届世界水论坛。本届水论坛的主要成果包括 16 项宏伟的实施路线图,用以指导和跟踪未来水领域的集体行动。
2015 年 9 月	联合国成员国通过了一整套新的可持续发展目标,以在接下来的 15 年里消除贫困、减少不平等、指导各个国家的人以可持续的方式发展。可持续发展目标是对千年发展目标的延续,这项面向 2030 年的可持续发展议程专门设立了水和卫生目标(目标 6)。
2015 年 10 月	世界水理事会成为"《金融时报》水峰会"的创始合作伙伴。
2015 年 12 月	在巴黎举办的《联合国气候变化框架公约》第 21 次缔约方大会上,水成为议题之一。通过发起"气候即水"倡议,世界水理事会协调各种国际水事活动,以提升水与气候在政治层面的重要性。

（二）组织架构

世界水理事会的最高权力机构是全体会员大会。会员应遵守世界水理事会的章程及其细则。世界水理事会全体会员大会至少每3年召开1次。如有必要，可召开临时会议。根据世界水理事会的章程及其细则，全体会员大会选举并任命董事会的36名成员。2019—2022年董事会成员见表17.2。

此外，作为世界水理事会总部所在地，马赛市是世界水理事会的常任董事。董事会选举产生世界水理事会的主席，主席任命由1名副主席、1名财务主管及其他会员组成的执行局。主席和总干事负责管理世界水理事会的运转，并负责在董事会会议闭会期间做出决策。

表 17.2　2019—2022 年董事会成员

机构名称	机构英文名称及缩写	机构所属地
类别一　政府间组织		
拉丁美洲开发银行	Development Bank of Latin America，CAF	全球性组织
联合国粮食及农业组织	Food and Agriculture Organization of the United Nations，FAO	全球性组织
世界银行	The World Bank，WB	全球性组织
联合国教育、科学及文化组织	United Nations Educational Scientific and Cultural Organisation，UNESCO	全球性组织
类别二　政府和政府推动的组织		
阿塞苏公开股份公司	Azersu Open Joint Stock Company Azersu，OJSC	阿塞拜疆共和国
马赛市永久席位	City of Marseille Permanent Seat	法国
中国水利部国际经济技术合作与交流中心	International Economic & Technical Cooperation and Exchange Center，Ministry of Water Resources，P. R. China，INTCE	中国
法国卢瓦尔河-布列塔尼水务局	Loire-Bretagne Water Agency，France，AELB	法国
韩国环境部	Ministry of Environment，ROK	韩国
摩洛哥设备、运输、物流与水务部——水利部	Ministry of Equipment，Transport，Logistics and Water—Department of Water，Morocco，METLW	摩洛哥
埃及国家水研究中心	National Water Research Center，Egypt，NWRC	埃及
巴西联邦水、能源和基本卫生监管机构	Regulatory Agency for Water，Energy and Basic Sanitation of the Federal District，Brazil，ADASA	巴西
类别三　商业机构		
圣保罗州基本卫生公司	Basic Sanitation Company of the State of Sao Paulo，SABESP	巴西
北京韩建河山管业	Beijing Hanjian Heshan Pipeline Co.，Ltd，BJHS	中国
多而萨尔工程公司	Dolsar Engineering Inc. Co.，DOLSAR	土耳其

机构名称	机构英文名称及缩写	机构所属地
内罗毕城市供水及污水处理有限公司	Nairobi City Water & Sewerage Co. Ltd., NCWSC	肯尼亚
摩洛哥国家电力和饮用水办公室	Office National de l'Electricite et de l'Eau Potable—Marocco, ONEE (Ex ONEP)	摩洛哥
马赛水务公司	Société des Eaux de Marseille, SEM	法国
国际私营水运营商联合会	The International Federation of Private Water Operators, AquaFed	比利时
类别四　民间社会组织		
巴西监管机构协会	Brazilian Association of Regulatory Agencies, ABAR	巴西
法国水伙伴	French Water Partnership, FWP	法国
印度水基金会	India Water Foundation, IWF	印度
韩国水论坛	Korea Water Forum, KWF	韩国
摩洛哥水联盟	Moroccan Coalition for Water, COALMA	摩洛哥
大自然保护协会	The Nature Conservancy, TNC	美国
土耳其水研究所	Turkish Water Institute, SUEN	土耳其
类别五　专业和学术组织		
贝鲁特美国大学	American University of Beirut, AUB	黎巴嫩
亚洲水务理事会	Asia Water Council, AWC	韩国
中国水利工程学会	Chinese Hydraulic Engineering Society, CHES	中国
内布拉斯加大学全球食品用水研究所	Daugherty Water for Food Global Institute at the University of Nebraska, DWFI	美国
国际应用系统分析研究所	International Institute for Applied Systems Analysis, IIASA	澳大利亚
国际水务处	International Office for Water, IOW	法国
国际水资源协会	International Water Resources Association, IWRA	全球性组织
日本国立科学技术研究所	Japan Institute of Country-ology and Engineering, JICE	日本
葡萄牙水和废水服务协会	Portuguese Association of Water and Wastewater Services, APDA	葡萄牙
土耳其基础设施和无沟渠技术协会	Turkish Society for Infrastructure and Trenchless Technology, TSITT	土耳其

(三) 政策举措

——投资水利基础设施:世界水理事会致力于为多用途基础设施推广解决方案、增加投资、动员关键利益相关者、鼓励可持续的融资机制。

——城市水管理:世界水理事会通过帮助地方和地区当局将城市水管理作为可持续的城市发展和规划的核心任务来努力提高城市水安全。

——水与气候变化:世界水理事会与重要伙伴合作,关注提升水在适应气候变化方面的作用,在各个层面提高其恢复力,包括国际峰会和国际进程。

——整合世界水论坛:世界水理事会跟踪第七届世界水论坛实施路线图的相关工作,作为监测在通向第八届世界水论坛及其后的道路上公开承诺过的行动的重要途径。

——关键政治人物的参与:为了加强和深化政治参与,世界水理事会与政府、议会议员及合作伙伴一同提高水在重要多边政治论坛中的地位。

——水资源综合管理:世界水理事会重点关注政治支持,以促使水资源综合管理成为现实,并关注政策进展和创新。

(四)举办或参与活动

世界水理事会2018—2019年举办或参与的活动见表17.3。

表17.3　2018—2019年举办或参与的活动

序号	活动名称(中文)	活动名称(英文)	主办方	举办地
1	第八届世界水论坛	8th World Water Forum	世界水理事会	巴西利亚
2	高水平政策论坛	High Level Political Forum	联合国	纽约
3	世界水周	World Water Week	斯德哥尔摩国际水研究所	斯德哥尔摩
4	韩国世界水周	Korea International Water Week	韩国水论坛	大邱
5	第三届国际水与气候会议	3rd International Conference on Water and Climate	世界水理事会	马赛
6	2018年联合国气候变化大会	COP 24	联合国气候变化框架公约	卡托维斯
7	教科文组织国际水会议	UNESCO International Water Conference	联合国教科文组织	巴黎
8	2019年联合国气候变化大会	COP 25	联合国气候变化框架公约	圣地亚哥

(五)重点出版物译介

世界水理事会的出版物以促进知识创造和交流为目标,支撑世界水理事会的使命,就关键水问题提高认识、构建政治承诺并激发采取行动。

1.《战略:水安全、可持续性和恢复力》(Strategy:Water Security,Sustainability and Resilience,2018)

该报告介绍了世界水理事会年度大会认可的2019—2021年战略方向。报告主要围绕水安全、水和气候变化、具有恢复力的社区和人类住区、水融资和水资源综合管理等倡议展开。

2.《全球水安全：经验教训和长期影响》(*Global Water Security*：*Lessons Learnt and Long-Term Implications*,2018)

本书既面向政策,又面向实践,不受现有水安全定义的束缚,着重强调了水部门与其他各个部门之间的关系,以便加深对水资源作为社会经济发展的重要跨领域载体的重要性的认识。它还讨论了权衡短期和长期影响、经验教训以及前进的方向。本书介绍了有关城市、国家和地区的案例研究,其中包括美国加利福尼亚州,澳大利亚、中国、新加坡、摩洛哥、南非、巴西、法国等国及中亚、拉丁美洲等地区。

 # 世界保护与监测中心（UNEP-WCMC）

归　　　属：联合国环境规划署	
所 在 地：英国剑桥	
成立年份：1988 年	
现任主任：内维尔·阿什（Neville Ash）	
网　　　址：https://www.unep-wcmc.org/	

世界保护与监测中心（UNEP-WCMC）是一个旨在为全球或区域性自然保护和持续发展提供有效信息的非政府组织。该中心于 1988 年由世界自然保护联盟（IUCN）、世界自然基金会（WWF）和联合国环境规划署（UNEP）联合建立，总部设在英国剑桥，是联合国环境规划署为保护世界环境而建立的世界性数据监测中心。世界保护与监测中心非常重视提供人类活动在生态系统和物种两个水平上对全球生物多样性影响的信息。该机构的主要工作包括三个部分：研究和分析、信息服务以及技术服务。中心自成立以来，在全球自然保护方面起到了重要作用。

（一）发展历程

1988 年，世界自然基金会创建了世界保护与监测中心。作为一个独立的组织，该中心是世界自然保护联盟秘书处的一部分，由世界自然保护联盟和联合国环境规划署共同管理。自 2000 年起，世界保护与监测中心成为联合国环境规划署的一部分，负责生物多样性评估和支持政策的制定和实施。

（二）组织架构

世界保护与监测中心拥有一支海洋、淡水和陆地环境生物多样性和生态系统服务方面的高素质专家团队。此外，中心还聘请了众多生态建模师、社会科学家、经济学家、律师、GIS 专家、政策分析师和程序员，以及一个小型行政支持团队。为完成中心工作,该团队分为 12 个项目组,分别负责同区域项目和跨领域项目。通过理事会提供行政支持,首席执行官向董事会主席汇报工作。

（三）研究领域

世界保护与监测中心业务范围包括生物多样性评估和支持国际公约,如《生物多样性公约》(CBD)和《濒危野生动植物种国际贸易公约》(CITES)。同时,还在世界自然保护联盟世界保护区委员会协同下负责管理世界保护区数据库。主要研究领域包括：石油、天然气、采矿、金融、渔业、水产养殖和旅游业等。

（四）研究项目及成果

世界保护与监测中心有众多涉及不同保护领域的项目,比如,生物多样性信息学、商务与生物多样性、气候变化、生态系统评估、食品安全、生物量与生物多样性、海洋决策支持、保护区、物种等。部分研究项目和研究成果见表 18.1 和表 18.2。

表 18.1　部分研究项目

序号	项目名称(中文)	项目名称(英文)
1	爱知生物多样性目标	Aichi Biodiversity Targets
2	构建生物多样性的未来	Framing the Future for Biodiversity
3	保护珊瑚礁	Protecting Coral Reefs
4	海洋保护区	Marine Protected Areas
5	海洋＋图书馆	Ocean＋Library
6	ABNJ 深海项目	ABNJ Deep Seas Project
7	推进环境风险管理	Advancing Environmental Risk Management
8	支持欧盟应对非法木材贸易	Supporting the EU to Address Illegal Timber Trade
9	发展廊道伙伴关系	The Development Corridors Partnership

表 18.2　部分研究成果

序号	成果名称(中文)	成果名称(英文)	成果类型	发布时间
1	2018 年保护地球报告	Protected Planet Report 2018	报告	2019
2	全球综合分析显示,变暖的海洋将容纳更少的动物	Comprehensive Global Analysis Shows a Warmer Ocean Will Hold Fewer Animals	报告	2019
3	国家管辖范围以外区域的海洋空间规划框架	A Marine Spatial Planning Framework for Areas Beyond National Jurisdiction	报告	2019
4	欧盟主管部门木材法规检查概述	Overviews of Competent Authority EU Timber Regulation Checks	报告	2019
5	UNEP-WCMC 2017—2018 年度报告	UNEP-WCMC Annual Review 2017—2018	报告	2018
6	2020 年生物多样性战略规划时间表	The 2020 Biodiversity Strategic Planning Timeline	报告	2019

续表

序号	成果名称（中文）	成果名称（英文）	成果类型	发布时间
7	生物多样性信息系统框架工具	The Biodiversity Information System Framework Tool	报告	2018
8	"物种"对气候变化的反应：对生物多样性管理的适应性的影响	"Species" Responses to Climate Change：Implications for Resilient Biodiversity Management	简报	2018
9	刚果盆地中部泥炭地的碳、生物多样性和土地利用	Carbon，Biodiversity and Land-Use in the Central Congo Basin Peatlands	简报	2018
10	采掘公司的生物多样性指标。对需求、现行做法和潜在指标模型的评估	Biodiversity Indicators for Extractive Companies. An Assessment of Needs，Current Practices and Potential Indicator Models	报告	2018
11	实现变革的协作平台：扩大生物多样性保护行动	A Collaborative Platform for Making Change—Scaling up Actions for Biodiversity Conservation	报告	2017

（五）重点出版物译介

1.《全球综合分析显示，变暖的海洋将容纳更少的动物》（Comprehensive Global Analysis Shows a Warmer Ocean Will Hold Fewer Animals，2019）

研究表明，在温室气体最大排放情景下，由于温度升高，食物网底部的微小海洋植物和其他生物产量下降导致全球海洋生物量——海洋动物（如鱼类、无脊椎动物和海洋哺乳动物）的总量下降。来自12个国家和四大洲的35名研究人员发现，这些预计损失规模可以通过减少温室气体排放来加以控制。

2.《"物种"对气候变化的反应：对生物多样性管理适应性的影响》（"Species" Responses to Climate Change：Implications for Resilient Biodiversity Management，2018）

本技术简报主要概述了物种对气候变化的反应，并提出基于实物数据进行生物多样性管理的方法。

3.《刚果盆地中部泥炭地的碳、生物多样性和土地利用》（Carbon，Biodiversity and Land-Use in the Central Congo Basin Peatlands，2018）

本简报通过地图说明了刚果盆地中部泥炭地泥炭沼泽森林的保护状况、生物多样性价值和潜在压力。

国际资源委员会 （UNEP-IRP）

归　　属	联合国环境规划署
所 在 地	法国巴黎
成立年份	2007 年
现任主席	伊莎贝拉·特谢拉(Izabella Teixeira)
	亚内兹·波托奇尼克(Janez Potočnik)
网　　址	http://www.resourcepanel.org/

国际资源委员会(UNEP-IRP)是联合国环境规划署于 2007 年建立的全球科学政策平台，旨在积累和分享我们对自然资源利用的认知。该委员会包括发达和发展中地区、民间社会、工业和国际组织的科学家和政府。其目标是使人类摆脱过度消费、浪费和生态危害，走向更加繁荣和可持续的未来。

（一）发展历程

1970 年以来，资源开采增加了两倍以上，全球物质使用量增加 1 倍，达到 1900 亿吨，温室气体排放量可能增加 43%，材料、燃料和食品的提取和加工占全球温室气体排放总量的一半，生物多样性丧失和水资源压力超过 90%。材料开采的快速增长是气候变化和生物多样性丧失的罪魁祸首，除非世界加紧对资源利用的系统改革，否则这一严峻形势只会恶化。在此背景下，联合国环境规划署在 2007 年建立了国际资源委员会，致力于通过建立和分享全球资源利用所需的知识，为全球资源的高效利用建言献策。

（二）组织架构

该委员会拥有 1 支由海洋、淡水、空气和能源等方面的高素质专家、科学家以及相关政府人员组成的团队，此外，还聘请了众多生态建模师、社会科学家、政策分析师和程序员等。该委员会设有主席，隶属于联合国环境规划署。

（三）研究领域

国际资源委员会作为联合国环境规划署的隶属机构，研究领域主要包括：气候变化、资源效率、水资源利用与水污染、资源政策评估等。

（四）研究项目及成果

作为联合国统筹全世界资源相关工作的组织，国际资源委员会负责普及全球资源利用所需的知识，并通过发布高质量的报告，对资源利用方面的最新发现和成果进行阐释。部分研究项目和研究成果见表 19.1 和表 19.2。

表 19.1　部分研究项目

序号	项目名称（中文）	项目名称（英文）
1	2030 年可持续发展议程	The 2030 Agenda for Sustainable Development
2	千年发展目标	Millennium Development Goals
3	农村能源企业发展项目	Rural Energy Enterprise Development
4	银行合作者贷款项目	Bank Partner Loan
5	大气褐云项目	Atmospheric Brown Cloud

表 19.2　部分研究成果

序号	成果名称（中文）	成果名称（英文）	成果类型	发布时间
1	国际资源委员会报告：实现可持续发展目标的土地恢复	International Resource Panel Report: Land Restoration for Achieving the SDGs	报告	2019
2	国际资源委员会表示，恢复景观以推动可持续发展	Restore Landscapes to Push Ahead on Sustainable Development, Says International Resource Panel	报告	2019
3	2019 年全球资源展望	Global Resources Outlook 2019	报告	2019
4	资源效率：潜力和经济影响	Resource Efficiency: Potential and Economic Implications	报告	2016
5	经济增长与用水和水污染脱钩的政策选择：执行摘要	Policy Options for Decoupling Economic Growth from Water Use and Water Pollution—Exec Summary	报告	2016
6	经济增长与水资源利用和水污染脱钩的选择	Options for Decoupling Economic Growth from Water Use and Water Pollution	报告	2015
7	国际资源贸易：生物物理评估	International Trade in Resources: A Biophysical Assessment	报告	2015
8	评估全球土地利用：平衡消费与可持续供应	Assessing Global Land Use: Balancing Consumption with Sustainable Supply	报告	2014
9	测量绿色经济中的用水量	Measuring Water Use in a Green Economy	报告	2012

(五) 重点出版物译介

1.《2019 年全球资源展望》(Global Resources Outlook 2019,2019)

报告审查了 20 世纪 70 年代以来自然资源的趋势及其相应的消费模式,以支持政策制定者进行战略决策并向可持续经济过渡。

报告发现,全球年度材料开采量已从 270 亿吨增加到 920 亿吨(到 2017 年),这一数量到 2060 年将再次翻倍。材料、燃料和食品的提取和加工约占全球温室气体排放总量的一半。到 2010 年,土地利用变化导致全球物种损失约 11%。该报告称,如果经济和消费增长继续按目前的速度增长,将需要做出更大的努力来确保积极的经济增长不会对环境产生负面影响。报告认为资源效率至关重要。国际资源小组进行的模拟表明,在适当的资源效率和可持续的生产和消费政策到位的情况下,到 2060 年全球资源使用增长速度可减缓 25%,全球国内产品可增长 8%,与继续保持历史趋势的预测相比,中等收入国家和温室气体排放量可减少 90%。

2.《测量绿色经济中的用水量》(Measuring Water Use in a Green Economy,2012)

从农业、城市化到能源和工业生产,水对人类企业的所有方面几乎都是必不可少的资源。同样,水的大量使用给自然系统造成了压力。在这方面,提高水的生产力和管理不仅是直接的水用户、水管理人员和决策者的重大挑战,而且是企业和最终消费者的重大挑战。但在世界大多数地区,从生产和消费的角度制定一致的用水核算制度还处于起步阶段。本报告分析了在经济(包括环境需求)中对水量和生产力进行量化和核算的不同方法。基于来自文献的数据,报告提供了用于量化水生产力的不同指标和工具的知识现状,并强调了为什么这对于开发保护自然资本的强有力的分配和管理系统很重要。因此,这是一项重要的工作,它为有关将经济增长与用水和影响脱钩的讨论提供了信息,也为超越 GDP 和碳以外的资源生产率指标(支持绿色经济)的辩论提供了信息。该报告侧重于两大要素:一是用水如何对环境造成压力的概念背景和知识;二是量化水的可用性和使用及如何影响生态系统的方法。

3.《评估全球土地利用:平衡消费与可持续供应》(Assessing Global Land Use:Balancing Consumption with Sustainable Supply,2014)

随着全球农田的扩大,陆地产品生产和消费的变化趋势正在加大全球土地资源的压力。本报告讨论了平衡消费与可持续生产之间的需求和选择。它侧重于陆地产品(食品、燃料和纤维),并描述了使各国能够确定其消费水平是否超过可持续供应的方法,概述了战略和措施、可以调整的政策框架,以平衡消费与土地容量之间的关系。

未来地球
（Future Earth）

类　　　型：联合国	
所 在 地：N/A	
成立年份：2012 年	
主　　　席：艾米·鲁尔斯（Amy Luers）	
网　　　址：https://futureearth.org/	

未来地球（Future Earth）是一项强化政策和科学研究之间联系的全球行动，始于联合国在 2012 年发起的一项行动倡议。未来地球通过加深对复杂地球系统和跨学科人类动力学的了解，致力于实现可持续的全球未来。行动密切关注地球主要系统（气候、水、土地、海洋、城市、经济、能源、健康、生物多样性和治理系统）的相互联系，并正在制定基于证据的全球可持续发展战略。

（一）发展历程

2012 年 6 月，联合国可持续发展大会正式宣布了一项旨在加强政策与科学之间联系的"未来地球行动"全球倡议。在此后的 18 个月中，为实施新计划而进行了公开招标，并由一个由 30 多名专家组成的临时团队运营。

2014 年，由 5 个国家组成的财团成功竞标创建了一个临时的未来地球秘书处。2015 年底，未来地球在常设秘书处的领导下开始全面运作。目前，未来地球由国际科学理事会、贝尔蒙特论坛、联合国教科文组织、联合国环境规划署、联合国大学（UNU）、世界气象组织、可持续发展解决方案网络（SDSN）和社会科学技术（STS）论坛等机构联合监管。

（二）组织架构

未来地球理事会由贝尔蒙特论坛、联合国教科文组织、联合国环境规划署、联合国大学、国际科学理事会、世界气象组织和 STS 论坛组成。日常运作由秘书处负责,该秘书处设在 5 个全球中心、4 个区域中心和办事处中。全球中心位于加拿大(蒙特利尔)、法国(巴黎)、日本(东京)、瑞典(斯德哥尔摩)和美国(科罗拉多州的博尔德和柯林斯堡以及弗吉尼亚州的费尔法克斯)。区域中心和办事处分别位于南非及亚洲(日本)、中东、北非和南亚(印度)。

(三) 研究领域及项目

未来地球的工作扎根于 20 个全球研究项目(见表 20.1)。这些研究项目具有悠久的历史,有的甚至可以追溯到几十年前,它们一直处在可持续科学的最前沿。

表 20.1 全球研究项目[①]

序号	项目名称(中文)	项目名称(英文)	缩写
1	地球系统的分析、集成与建模	Analysis, Integration & Modelling of the Earth System	AIMES
2	生物发现	bioDISCOVERY	—
3	生物基因	EvolvES	—
4	气候变化、农业和粮食安全	Climate Change, Agriculture and Food Security	CCAFS
5	生态服务 (2014—2018)	ecoSERVICES (2014—2018)	—
6	地球系统治理	Earth System Governance	ESG
7	未来地球海岸	Future Earth Coasts	FEC
8	全球碳项目	Global Carbon Project	GCP
9	全球环境变化与人类健康 (2006—2014)	Global Environmental Change and Human Health (2006—2014)	GECHH
10	全球土地计划	Global Land Programme	GLP
11	全球山区生物多样性评估	Global Mountain Biodiversity Assessment	GMBA
12	国际全球大气化学	International Global Atmospheric Chemistry	IGAC
13	地球上人类历史与未来的融合	Integrated History and Future of People on Earth	IHOPE
14	综合陆地生态系统-大气过程研究	Integrated Land Ecosystem-Atmosphere Processes Study	iLEAPS
15	综合海洋生物圈研究	Integrated Marine Biosphere Research	IMBeR
16	综合风险治理项目	Integrated Risk Governance Project	IRG
17	季风亚洲可持续发展综合研究	Monsoon Asia Integrated Research for Sustainability	MAIRS-FE
18	大健康	oneHEALTH	—
19	过去的全球变化	Past Global Changes	PAGES
20	生态系统变化与社会计划	Programme on Ecosystem Change and Society	PECS
21	海洋表面-低层大气研究	Surface Ocean-Lower Atmosphere Study	SOLAS
22	城市化与全球环境变化	Urbanization and Global Environmental Change	UGEC
23	可持续水未来计划	Sustainable Water Future Programme	Water Future

① 编者注：23 个项目包含两个已完结项目和一个不再实施的项目。

（四）重点出版物译介

未来地球主要出版物有《人类世》杂志、《事件简报》《科学洞见》《解说员》、年报等。

1.《人类世》(*Anthropocene Magazine*)

该出版物是同类出版物中第一本专门关注人类世的期刊，这是地球地质史上的一个新纪元，以人类对地球的影响命名。它的使命是汇集世界上最有创造力的作家、设计师、科学家和企业家，探索如何创造一个我们真正想要生活的可持续人类时代。

2.《事件简报》(*Issue Briefs*)

未来地球的科学家网络将定期发布《事件简报》，以年度最佳可持续性主题为背景。这些文章将使用图形和文字来解释最新消息。例如，创纪录的干旱或飓风，或者从碳预算到地球系统分析。

生物多样性和生态系统服务政府间科学政策平台(IPBES)

归　　属：联合国环境规划署	
所 在 地：德国波恩	
成立年份：2012 年	
现任主席：安娜·玛利亚·埃尔南德斯·萨尔加(Ana María Hernandez Salgar)	
网　　址：https://www.ipbes.net/	

　　生物多样性和生态系统服务政府间科学政策平台(IPBES)是联合国环境规划署推动成立的第一个生物多样性保护领域科学界和决策者之间的沟通平台,目的在于推动全球生物多样性保护和生态系统服务。IPBES 目前有 130 多个成员国,大批非政府组织、机构和民间社会组织作为观察员参与正式的 IPBES,从科学家、学术代表到研究机构、当地社区和私营部门,数以千计的利益相关者参与贡献并受益于平台工作。

(一) 发展历程

　　随着全球化日渐成熟,环境与发展问题逐渐受到各国政府的瞩目,应对生物多样性丧失和生态系统服务功能退化也已成为继气候变化之后的全球性环境热点。为正面应对生物多样性与生态系统服务功能退化问题,缩小科学界与政治界对此问题的分歧,建立生物多样性和生态系统服务准确、公正、最新的科学信息与政策互动机制,进一步明确生物多样性和生态系统服务与人类福祉之间的联系,促进保护和持续利用生物多样性和生态系统服务功能,确保人类长期福祉和可持续发展,在联合国环境规划署的倡导下,IPBES 于 2012 年在巴拿马正式成立。

(二) 组织架构

　　IPBES 由全体会议、利益相关者、观察员、主席团、多学科专家小组(MEP)、专家组和工作组、秘书处构成。全体会议是 IPBES 的理事机构，由 IPBES 成员国的代表组成，通常每年举行 1 次会议。观察员包括 132 个成员及观察国、多个生物多样性公约（CBD）和其他与生物多样性有关的公约有关机构、联合国有关机构以及其他有关组织和机构。主席团成员来自非洲、亚洲、欧洲、拉美及加勒比地区各国，由 1 名主席、4 名副主席、5 名干事、5 名代理人组成。多学科专家小组（MEP）由来自联合国五大地区的 28 名专家组成，监督 IPBES 的所有科学和技术职能。利益相关者为 IPBES 的所有贡献者和成果的最终用户。专家组和工作组是选定的对 IPBES 活动进行评估并交付成果的科学家和知识拥有者。秘书处的功能为确保平台获得来自全体会议、主席团和欧洲议会环境规划署的充足资助，保证平台的有效运作。目前秘书处由 IPBES 执行秘书安妮·拉里戈德里博士领导、16 名秘书处总部成员、1 名利益相关方参与者、29 名技术支持部门职员组成。秘书处总部设在波恩，由德国联邦政府主办。

（三）研究领域

生物多样性是人类发展的关键支撑要素，是新可持续发展目标取得成功的关键，生物多样性质量有助于生产食物、清洁水源、调节气候和控制疾病。然而，它们正以人类历史上前所未有的速度被消耗和退化。IPBES 利用来自所有科学学科的专业知识，提供与政策相关的知识，促进知识导向政策在政府、私营部门和民间社会的有效实施。其研究工作主要涉及如下领域：

——生物多样性领域：开展专题和工具方法的评估，评估生物界与人类社会的相互关系；开展不同尺度内（全球、区域和次区域）和跨尺度的评估，评估结果将支持不同尺度的生物多样性保护和可持续利用。例如，传粉者、传粉服务和粮食生产快速专题评估，以及包含土地退化和恢复、外来入侵物种、可持续利用和保护生物多样性的 3 项专题评估。

——生态环境领域：通过研究欧洲、拉丁美洲、亚洲等区域生态系统现状与趋势，为决策者制定适当的解决方案及政策、技术支持。

——土地修复领域：通过对土地退化现状、采取行动的紧急性以及相应修复措施进行分析，完成土地退化与修复评估。

（四）研究项目及成果

IPBES 根据生物多样性和生态系统服务领域的关注点，确定评估与评价、政策支持、加强能力建设、沟通与拓展的四大工作领域，并围绕工作目标展开研究活动。部分研究项目见表 21.1。

表 21.1　部分研究项目

序号	项目名称(中文)	项目名称(英文)
1	生物多样性、水、粮食和健康之间相互联系的评估(关系评估)	Assessment of the Interlinkages Among Biodiversity, Water, Food and Health (Nexus Assessment)
2	关于生物多样性价值和包括生态系统服务在内的自然对人类惠益的多样概念化的政策支持工具和方法	Policy Support Tools and Methodologies Regarding the Diverse Conceptualization of Values of Biodiversity and Nature's Benefits to People Including Ecosystem Services
3	野生物种的可持续利用专题评估	Thematic Assessment of the Sustainable Use of Wild Species
4	外来入侵物种及其控制专题评估	Thematic Assessment on Invasive Alien Species and Their Control
5	生物多样性和生态系统服务全球评估	Global Assessment on Biodiversity and Ecosystem Services
6	关于生物多样性和生态系统服务的区域/分区域评估	Regional/Subregional Assessments on Biodiversity and Ecosystem Services
7	基于快速评估和指南的政策支持工具和方法,用于生物多样性和生态系统服务的情景分析和建模	Policy Support Tools and Methodologies for Scenario Analysis and Modelling on Biodiversity and Ecosystem Services Based on a Fast Track Assessment and a Guide
8	土地退化和恢复专题评估	Thematic Assessment on Land Degradation and Restoration
9	传粉者、授粉和粮食生产的专题评估	Thematic Assessment on Pollinators, Pollination and Food Production

　　平台研究范围广泛,成果主要涉及生物多样性、生态系统服务、土地退化及修复、可持续发展等方面。相关研究数据和成果免费向公众开放共享并提供下载,部分研究成果见表 21.2。

表 21.2　部分研究成果

序号	成果名称(中文)	成果名称(英文)	成果类型	发布时间
1	防治荒漠化公约	Memorandum of Cooperation with Convention to Combat Desertification	公约	2019
2	土地退化与恢复评估报告	Assessment Report on Land Degradation and Restoration	报告	2018
3	欧洲和中亚生物多样性和生态系统服务评估报告	Assessment Report on Biodiversity and Ecosystem Services for Europe and Central Asia	报告	2018
4	美洲生物多样性和生态系统服务评估报告	Assessment Report on Biodiversity and Ecosystem Services for the Americas	报告	2018
5	非洲生物多样性和生态系统服务评估报告	Assessment Report on Biodiversity and Ecosystem Services for Africa	报告	2018
6	亚洲及太平洋生物多样性和生态系统服务评估报告	Assessment Report on Biodiversity and Ecosystem Services for Asia and the Pacific	报告	2018

序号	成果名称（中文）	成果名称（英文）	成果类型	发布时间
7	关于传粉者、授粉和粮食生产的评估报告	The Assessment Report on Pollinators，Pollination and Food Production	报告	2017
8	濒危野生动植物种国际贸易公约	Memorandum of Cooperation with Convention on International Trade in Endangered Species of Wild Fauna and Flora	公约	2017
9	保护迁徙野生动物物种公约	Memorandum of Cooperation with Convention on the Conservation of Migratory Species of Wild Animals	公约	2017
10	拉姆萨尔公约	Memorandum of Cooperation with Ramsar Convention	公约	2017
11	未来地球备忘录	Memorandum of Understanding with Future Earth	协议	2017
12	生态集约化以减轻传统集约化土地利用对传粉者和授粉的影响	Ecological Intensification to Mitigate Impacts of Conventional Intensive Land Use on Pollinators and Pollination	论文	2017
13	重视自然对人类的贡献：IPBES 方法	Valuing Nature's Contributions to People：The IPBES Approach	论文	2017

（五）重点出版物译介

1.《欧洲和中亚生物多样性和生态系统服务评估报告》（Assessment Report on Biodiversity and Ecosystem Services for Europe and Central Asia，2018）

评估报告由 111 名选定作者、6 名早期职业研究员，在 149 名特约作者的协助下，在分析了约 4750 本科学著作及其他知识来源的基础上取得的成果。它代表了欧洲和中亚区域和次区域的知识状况。该报告于 2018 年 3 月 18 日至 24 日在哥伦比亚麦德林举行的 IPBES 第六次全体会议上，由 129 个成员国批准出具。该报告对决策者面临的所有问题进行了反思性评估，包括生物多样性的重要性、现状、趋势和威胁、自然对人类的贡献，以及相应的政策和管理应对方案。确定了生物多样性丧失的驱动力与大自然的贡献力，为决策者制定适宜的应对方案、技术、政策、财政激励等提供了必要信息。

2.《美洲生物多样性和生态系统服务评估报告》（Assessment Report on Biodiversity and Ecosystem Services for the Americas，2018）

报告由 104 名选定作者、6 名早期职业研究员，在 76 名特约作者的协助下，在分析约 4100 本科学著作及其他知识来源的基础上最终呈现。它代表了美洲区域和次区域的知识状况。该报告于 2018 年 3 月 18 日至 24 日在哥伦比亚麦德林举行的 IPBES 第六次全体会议上由成员国批准出具。该报告估计大自然对人类的贡献达到 24.3 万亿美元/年的经济价值,认为美洲大多数国家利用自然速度远超自然更新速度。报告进一步评估了粮食、水和能源安全状况。同时,发现美洲生物多样性与生态系统状况有所下降,这将对美洲人民生活产生巨大的负面影响。报告对当前美洲面临的生物多样性及生态系统情况分析有助于政策制定者根据现状制定适当的应对方案。

3.《非洲生物多样性和生态系统服务评估报告》(Assessment Report on Biodiversity and Ecosystem Services for Africa,2018)

该报告于 2018 年 3 月 18 日至 24 日在哥伦比亚麦德林举行的 IPBES 第六次全体会议上由成员国批准出具。该报告从非洲独一无二的自然资产、面临的压力、转型框架、应对措施、未来预测 5 个方面,对非洲在生物多样性与生态系统服务方面的现状、威胁与趋势进行了分析评估,为非洲保护自然资源、维护生物多样性、实现发展愿望提供理论支撑。

4.《亚洲及太平洋生物多样性和生态系统服务评估报告》(Assessment Report on Biodiversity and Ecosystem Services for Asia and the Pacific,2018)

该报告于 2018 年 3 月 18 日至 24 日在哥伦比亚麦德林举行的 IPBES 第六次全体会议上由成员国批准出具,它代表了关于亚洲及太平洋区域和次区域的知识状况。该报告从大自然对人类的贡献、生物多样性和生态系统服务变化趋势、生物多样性下降对人类的影响、实现全球目标的体制框架和治理方案四个方面展开分析评估,为亚太区域决策者就可持续利用生物多样性、保护生态系统等目标提供重要信息。

欧盟
（EU）

类　　　型：区域政府组织
所　在　地：比利时布鲁塞尔
成立年份：1993 年
欧洲议会议议长：大卫·萨索利（David Sassoli）
欧洲理事会主席：夏尔·米歇尔（Charles Michel）
欧盟委员会主席：乌尔苏拉·冯德莱恩（Ursula von der Leyen）
网　　　址：https://europa.eu/

欧洲联盟（EU，简称"欧盟"）是一个集政治实体和经济实体于一身，在世界上具有重要影响的区域一体化组织，成员国包括法国、德国、意大利等 27 个欧洲国家。欧盟通过区域性的政治与经济协同一体化，旨在促进和平，实现基于平等和多样性基础上的可持续发展与科技进步，并加强欧盟各国间的团结协作，以应对国际事务。欧盟价值观包括人的尊严、自由、民主、平等、法治、人权。这些目标与价值观共同构成了欧盟的根基，并列入《里斯本条约》和《欧盟基本权利宪章》中。

（一）发展历程

第二次世界大战之后，为促进欧洲各国经济合作，加强区域和平与和解，先后诞生了欧洲煤钢共同体、欧洲经济共同体、欧洲原子能共同体。1965 年 4 月，德国、法国、意大利、荷兰、比利时、卢森堡 6 国签订《布鲁塞尔条约》，将 3 个共同体整合成 1 个，统称欧洲共同体（简称"欧共体"），这即为欧盟的前身。1991 年 12 月欧共体首脑会议草签了《欧洲联盟条约》（《马斯特里赫特条约》），条约于 1993 年 11 月生效，欧盟正式成立。

发展至今欧盟共有 27 个成员国，它创建了一个无国界的内部市场（单一市场），实现了欧洲半个多世纪的和平、稳定与繁荣，帮助公民提高了生活水平，并推出了单一的欧洲货币:欧元。现在,有 19 个国家或地区超过 3.4 亿欧盟公民使用欧元。现如今,欧盟已形成世界上最大的贸易区,是全球最大的制成品和服务出口国,也是 100 多个国家和地区的最大进口市场,此外,欧盟还致力于促进国际稳定、安全、民主、基本自由和法治,并在国际人道主义救援中发挥重要作用。

(二)组织架构

欧盟共有 14 个官方机构,包括欧洲议会、欧洲理事会、欧盟理事会、欧盟委员会、欧盟法院、欧洲中央银行(欧洲央行)、欧洲审计院(非洲经委会)、欧洲对外行动署(EEAS)、欧洲经济和社会委员会、欧洲区域委员会(CoR)、欧洲投资银行、欧洲监察员、欧洲数据保护主管(EDPS)、欧洲数据保护委员会(EDPB),发挥着欧盟立法、政策制定、执行、监督等作用。

欧洲议会是欧盟的立法机构,共有议员 751 名,由欧盟选民每 5 年直选一次。最近一次选举是在 2019 年 5 月,现任议会主席大卫·萨索利。

欧洲理事会负责确定欧盟的总体政治方向和优先事项,成员由欧盟国家元首或者政府首脑、欧盟理事会主席、欧盟委员会主席组成,现任主席为米歇尔。

欧盟理事会负责讨论、修改和通过法律,并协调政策,成员由欧盟国家的政府部长组成,每届理事会主席轮流由 3 个欧盟国家一组共同担任,任期 6 个月。

欧盟委员会负责提出和执行法律以及实施政策及欧盟预算,以促进欧盟共同利益,成员由每个欧盟国家派 1 名代表组成,现任主席乌尔苏拉·冯德莱恩。

欧盟下设 33 个分权机构、3 个安全防御部门、5 个执行机构、2 个原子能机构、8 个其他组织。其中,欧盟下设各分权机构汇集并研究欧盟机构及各国技术和专业知识资源,以帮助欧盟制定政策和执行决策,包括能源监管合作局(ACER)、欧洲环境署(EEA)、欧洲食品安全局(EFSA)、欧洲渔业控制局(EFCA)等机构。

(三)研究领域

欧盟通过支持"地平线 2020"计划(Horizon 2020),在 2014—2020 年期间提供 800 亿欧元研发资金,以促进欧洲的研究与创新。关注主题涵盖了农业、生物产业、能源、环境与气候等在内的 24 个领域。

——农业与林业:帮助提高农林业生产效率并应对气候变化,同时提供生态系统服务和公益,确保可持续发展。

——环境与气候：确保欧洲未来能够智能、可持续和包容性地增长，形成高效、绿色和更具竞争力的经济模式。

——能源：加强清洁能源利用范围，以促进欧洲向低碳社会过渡，应对全球气候变化。

——海洋：保护海洋环境，可持续开发和管理水生生物资源，促进海洋资源利用最大化。

（四）研究项目及成果

欧盟围绕政治、经济、文化、社会等方方面面开展调查研究、统计分析，并用以制定相关政策，2014—2018 年期间共创立研究项目 25 000 余个。部分研究项目见表 22.1。

表 22.1　部分研究项目

序号	项目名称（中文）	项目名称（英文）
1	第七届环境行动计划（EAP）	The 7th Environment Action Programme（EAP）
2	生物多样性战略	Biodiversity Strategy
3	循环经济行动计划	The Circular Economy Action Plan
4	2020 年气候与能源目标	Climate and Energy Targets 2020
5	沿海水域地球观测门户	Gateway to Earth Observation of Coastal Waters
6	寒冷气候下的油污清理	Cleaning up Oil in a Cold Climate
7	城市河流修复	Urban River Restoration
8	受污染土地管理和控制策略	Effective Contaminated Land Management and Control Strategy
9	认识北极多年冻土融化的威胁	Understanding the Threat of Arctic Permafrost Thaw
10	支持野生淡水鱼类种群	Supporting Wild Freshwater Fish Populations

在上述计划的资助下，大量新的研究发现几乎涵盖了所有科研领域，其中涉及气候、粮食、自然资源、水生资源的项目 625 个。部分研究成果见表 22.2。

表 22.2　部分研究成果

序号	成果名称（中文）	成果名称（英文）	成果类型	发布时间
1	用航空无人摄影测量观测多年冻土海岸线的快速后退	Rapid Retreat of Permafrost Coastline Observed with Aerial Drone Photogrammetry	论文	2019
2	永久冻土层正在全球范围内变暖	Permafrost is Warming at a Global Scale	论文	2019
3	根据可持续发展目标框架对基于自然的解决方案和智慧城市评估方案进行基准测试	Benchmarking Nature-Based Solution and Smart City Assessment Schemes Against the Sustainable Development Goal Indicator Framework	论文	2018

序号	成果名称(中文)	成果名称(英文)	成果类型	发布时间
4	为应对气候变化:合作机构管理城市公共绿地的潜在路线图	NBS for Climate Change Adaptation: The Roadmap Potential to Enable Cooperative Institutions for Managing Urban Green Commons	论文	2018
5	欧洲四国对河鱼生物多样性的公众看法	Public Perception of River Fish Biodiversity in Four European Countries	论文	2018
6	人类传染病和北极气候变化	Human Infectious Diseases and the Changing Climate in the Arctic	论文	2018
7	遥感检测人类存在及其对新热带森林的影响	Detecting Human Presence and Influence on Neotropical Forests with Remote Sensing	论文	2018
8	全球植物的形态和功能谱系	The Global Spectrum of Plant Form and Function	论文	2018
9	从城市废水和污泥废水中去除生物营养素过程中一氧化二氮排放研究进展	A Review on Nitrous Oxide Emissions During Biological Nutrient Removal from Municipal Wastewater and Sludge Reject Water	论文	2017
10	岛屿生物地理学:自然实验室的远景	Island Biogeography: Taking the Long View of Nature's Laboratories	论文	2017

(五)重点出版物译介

1.《精准农业与欧洲农业的未来》(*Precision Agriculture and the Future of Farming in Europe*, 2019)

全书关注精准农业与精准种植业,通过深入分析,得出 4 项基本结论用以指导欧洲农业发展。一是精准农业可以为食品安全与可靠性做出积极贡献,二是精准农业是一种可持续的生产方式,三是随着精准农业的大范围推广会带来社会变革,四是发展精准农业需要学习新技能。同时本书还提到,由于欧洲各国农业产业的多样化,如农场规模、农业类型、耕作模式等的不同,对欧盟制定农业政策形成挑战,因此欧盟在制定相关政策时,需考虑到不同国家或地区实际情况,因地施策。

2.《欧盟针对大型燃烧工厂的政策在减少空气污染物排放方面的有效性评估》(*Assessing the Effectiveness of EU Policy on Large Combustion Plants in Reducing Air Pollutant Emissions*, 2019)

全书是对欧盟颁布的大型燃烧装置指令,规定了使用固体、液体和气体燃料的 50MW 以上机组的排放极限,并对控制空气污染方面有效性进行了回顾性评估。作者通过一系列分析,探讨了 LCPD 对欧盟治理空气污染方面的路径,最终得出结论:LCPD 对 2004—2015 年欧洲空气质量的提高起着至关重要的作用。

# 经济合作与发展组织 （OECD）

类　　　型:	国际组织
所 在 地:	法国巴黎
成立年份:	1961 年
秘 书 长:	安赫尔·古里亚（Angel Gurría）
网　　　址:	https://www.oecd.org/

经济合作与发展组织（OECD，简称"经合组织"）是以研究和协调经济社会发展政策、推动相关国际规则制定为主要职能的政府间国际组织。目前，经合组织共有 36 个成员，其中大部分为发达国家。欧盟派代表参与经合组织及下属专业委员会的活动。经合组织致力于：与政府、政策制定者、公民一起建立国际规范；从改善经济表现和创造就业机会到办好强有力的教育和打击国际逃税，为社会、经济和环境一系列挑战找到解决方案；为数据和分析、经验交流、最佳实践分享以及公共政策和全球标准制定提供独特的平台和知识支撑。

（一）发展历程

经合组织的前身为 1948 年 4 月 16 日西欧十多个国家成立的欧洲经济合作组织。1960 年 12 月 14 日，加拿大、美国及欧洲经济合作组织的成员国等共 20 个国家签署《经济合作与发展组织公约》，决定成立经合组织。在公约获得规定数目的成员国议会批准后，《经济合作与发展组织公约》于 1961 年 9 月 30 日在巴黎生效，经合组织正式成立。经合组织秘书处设在巴黎，在柏林、墨西哥、东京和华盛顿特区设有中心，这些中心是经合组织公共事务和通信团队的一部分。

（二）组织架构

理事会。经合组织最高决策机构为理事会，由每个成员国及欧洲委员会各派 1 名代表组成。理事会每年举行 1 次部长级会议，汇集成员国政府，经济、贸易和外交部长,监督和确定组织的工作重点,讨论全球经济和贸易背景,并进一步深入研究预算、加盟和其他优先事项等问题。

委员会。经合组织通过300多个委员会、专家和工作组开展工作,几乎涵盖了政策制定的所有领域。委员会成员来自成员国和伙伴国,代表国家机构、学术界、企业界和民间社会。委员会提出解决方案、评估数据和政策,并审查成员国之间的政策行动。委员会开展的工作涵盖政府部门共同关注的问题领域,如教育、金融、贸易、环境、发展。

在自然资源、生态、环境等领域,经合组织设立环境理事会(ENV)。环境理事会领导环境政策委员会(EPOC)和化学品委员会两个分委员会,共计25个工作组。其中,环境政策委员会实施经合组织的环境计划,负责监督以下工作:生物多样性,水资源和生态系统,环境与经济政策一体化,气候变化,环境评价,新兴和转型经济体的环境,环境政策工具和评估,环境指标,建模和展望,资源效率和浪费等。

秘书处。经合组织秘书处负责经合组织的日常工作,由秘书长领导,经济学家、律师、科学家、政治分析师、社会学家、数字专家、统计学家和通信专业人士等3300名员工提供专业支持,以便在与委员会密切协调的基础上帮助指导政策制定。

(三)研究领域

经合组织关注领域广泛,涵盖农业和渔业、经济、工业、改革、金融、教育、科学技术、化学安全和食品安全、社会福利、环境、生态、投资、税务、公司治理、移民、贸易、资源、绿色发展和可持续发展、公共治理、数字化、健康、区域发展、农村和城市发展等领域。

在生态环境和自然资源管理研究领域,经合组织专业委员会侧重于政策分析,以帮助确保更加环保、兼具成本效益和公平的结果,具体包括生物多样性和生态系统、水资源、渔业和水产养殖、森林、农业与环境等领域。

在生物多样性和生态系统方面主要研究如下:

——保护生物多样性指标、估值和评估研究:工作评估了生物多样性指标用于政策的最佳做法,并提供对生物多样性趋势的经济和环境分析,模拟政策行动的成本和效益。

——生物多样性政策工具:借鉴文献和国家案例研究,审查一系列现有和新兴的政策工具。

——生物多样性融资:考虑如何扩大资金流动,同时提高现有生物多样性融资的成本效益。审查生物多样性政策的分配影响。

——将生物多样性和发展纳入主流：讨论并审查生物多样性在国家经济和发展政策以及不同部门主流化方面的机遇和挑战。

——生物多样性、土地利用、农业和渔业：关注农业政策、渔业政策对自然资源可持续利用的影响。

——生物多样性和气候变化：研究和推广生物多样性在减缓和适应气候变化战略中的作用，通过碳固存和避免毁林，尽量减少气候变化对生物多样性造成的不利影响。

（四）研究成果

经合组织部分研究成果见表23.1。

表 23.1　部分研究成果

序号	成果名称（中文）	成果名称（英文）	成果类型	发布时间
1	生物多样性：金融与经济和商业行动案例	Biodiversity：Finance and the Economic and Business Case for Action	报告	2019
2	全球物质资源展望2060	Global Material Resources Outlook to 2060	报告	2019
3	生物多样性政策工具的有效性评估	Evaluating the Effectiveness of Policy Instruments for Biodiversity	论文	2018
4	跟踪生物多样性的经济和资金手段	Tracking Economic Instruments and Finance for Biodiversity	手册	2018
5	将生物多样性纳入可持续发展的主流	*Mainstreaming Biodiversity for Sustainable Development*	专著	2018
7	经合组织参加《生物多样性公约》缔约方大会（CBD COP 14）	OECD at the Meeting of the Conference of the Parties to the Convention on Biological Diversity (CBD COP 14)	会议记录	2018
8	陆地和海洋保护区指标	Indicators on Terrestrial and Marine Protected Areas	论文	2018
9	毛里塔尼亚和几内亚比绍海洋生态系统服务的可持续融资	Sustainable Financing for Marine Ecosystem Services in Mauritania and Guinea-Bissau	报告	2018
10	成本效益分析与环境	*Cost-Benefit Analysis and the Environment*	专著	2018
11	生物多样性政策改革的政治经济学	*The Political Economy of Biodiversity Policy Reform*	专著	2017
12	改革农业补贴以支持瑞士的生物多样性	Reforming Agricultural Subsidies to Support Biodiversity in Switzerland	论文	2017
13	海洋保护区的经济、管理和有效的政策组合	Marine Protected Areas Economics，Management and Effective Policy Mixes	报告	2017
14	经合组织关于生物多样性、气候变化和农业研讨会	OECD Workshop on Biodiversity, Climate Change and Agriculture	会议记录	2017
15	生物多样性补偿：有效的设计和实施	*Biodiversity Offsets：Effective Design and Implementation*	专著	2016

(五)重点出版物译介

1.《成本效益分析与环境》(*Cost-Benefit Analysis and the Environment*，2018)

本书探讨了环境成本效益分析(CBA)的最新进展，应用于具有环境改善目标的项目或政策，或者是以某种方式影响自然环境作为间接后果的行动。该著作以 CBA 发展为起点，改变许多经济学家默认的尤其是在具有重大环境影响的政策和项目背景下的 CBA 的运行方式。评估了 CBA 理论的最新进展，确定具体的发展，阐述关键发展主题，以及 CBA 在投资项目政策制定评估中的实际应用。分析了 CBA 在气候经济学评估减缓(或适应)气候变化的政策行动方面的贡献。

2.《生物多样性政策改革的政治经济学》(*The Political Economy of Biodiversity Policy Reform*，2017)

本书提供了有关生物多样性相关政策改革的政治经济学见解。它利用现有文献和 5 个新案例进行研究，包括法国农药税、瑞士农业补贴改革、欧盟向毛里塔尼亚和几内亚比绍支付的款项、通过保护信托基金为海洋保护区提供资金以及冰岛渔业的可转让配额。每个案例研究都集中在改革的驱动因素、遇到的障碍类型、政策改革的主要特征以及从改革经验中汲取的教训等几个方面。

3.《将生物多样性纳入可持续发展的主流》(*Mainstreaming Biodiversity for Sustainable Development*，2018)

将生物多样性纳入经济增长和发展主流的必要性正日益得到认可，现在也已被牢固地纳入可持续发展目标。本书汇集了 2018 年全球环境论坛的成果，总结了 16 个主要生物多样性国家的经验和见解，探讨了生物多样性在① 国家层面，② 农业、林业和渔业部门，③ 发展合作，④ 监测和评估生物多样性主流化以及如何改进这四个关键领域如何纳入主流的问题。

亚洲开发银行（ADB）

类　　　型：区域性金融机构
所　在　地：菲律宾马尼拉
成立年份：1966年
行长兼董事会主席：浅川雅嗣（Masatsugu Asakawa）
网　　　址：https://www.adb.org/

亚洲开发银行（ADB，简称"亚行"）是一个亚洲和太平洋地区的区域性金融机构，总部位于菲律宾首都马尼拉，在中国、日本、印度、北美等31个国家或地区设有办事处，其致力于实现亚洲及太平洋地区的繁荣、包容、有韧性和可持续发展，同时努力消除极端贫困。亚行通过向其成员和合作伙伴提供贷款、技术援助、补助、股权投资，并通过促进政策对话、提供咨询服务、多渠道筹措资金等方式，最大限度地促进亚太地区的发展。

（一）发展历程

1963年，联合国亚洲及远东经济委员会在菲律宾首都马尼拉召开第一届亚洲经济合作部长级会议，会议通过成立亚行的决议。1966年12月19日，亚行在马尼拉成立，成立之初共有31名成员，大部分援助集中于粮食生产和农村发展。此后，亚行逐渐将援助范围扩大到能源、基础建设、扶贫、传染病防治、灾后重建等方面。1997年，亚行成立了亚行研究所（ADBI），总部设立在日本，研究所主要研究目标为影响亚太地区具有战略意义的中长期发展问题。

（二）组织架构

亚行共有68名股东，其中49名来自亚太地区，包括中国、日本、美国等。

治理结构分为理事会、董事会、管理层，其中理事会是亚行的最高决策机构，由每个成员国选派1名代表组成，共有代表67名。

　　董事会由理事会选举产生,共有 12 名董事,负责监督亚行财务报表、批准其行政预算,并审查和批准所有政策文件以及所有贷款、股权投资、技术援助业务。

　　管理层共有 7 人,行长 1 人,副总裁 6 人,其中行长兼任董事会主席,负责监督亚行业务、行政和研究部门工作。

　　亚行共有管理部门 26 个,并在 31 个国家、地区设有办公室。亚行还设有研究所。

(三)研究领域

　　亚行研究所的研究重点集中于 16 个领域,包括农业与粮食安全、气候变化与灾害风险管理、教育、能源、环境、金融、性别与发展、治理与公共管理、健康、信息和通信技术、公私伙伴关系、区域合作与一体化、社会发展与贫困、运输、城市发展、水资源。

(四)研究项目及成果

　　亚行部分研究项目和研究成果见表 24.1。

表 24.1　部分研究项目

序号	项目名称(中文)	项目名称(英文)
1	《中华人民共和国长江保护法》的政策建议	Policy Advice for the Yangtze River Protection Law of the People's Republic of China
2	丝绸之路的生态保护与恢复准备工作:初步贫困与社会分析	Preparing the Silk Road Ecological Protection and Rehabilitation: Initial Poverty and Social Analysis
3	长江绿色生态走廊农业综合开发项目	Yangtze River Green Ecological Corridor Comprehensive Agriculture Development Project
4	支持长江经济带绿色发展的生态保护与农村振兴支持政策研究	Policy Research on Ecological Protection and Rural Vitalization for Supporting Green Development in the Yangtze River Economic Belt
5	哈萨克斯坦:阿斯塔纳综合水资源总体规划	Kazakhstan: Astana Integrated Water Master Plan
6	哈萨克斯坦:建立哈萨克斯坦水资源综合管理知识中心	Kazakhstan: Establishment of the Kazakhstan Knowledge Center on Integrated Water Resources Management
7	吉尔吉斯斯坦共和国、水资源管理中的气候适应力和减灾风险	Kyrgyz Republic: Climate Resilience and Disaster Risk Reduction in Water Resources Management
8	中华人民共和国江西省改善稀土行业生态保护和扶贫成果	Improving Ecological Protection and Poverty Alleviation Outcomes of the Rare-Earth Sector in Jiangxi Province, People's Republic of China
9	湖北黄石城市污染控制与环境管理项目	Hubei Huangshi Urban Pollution Control and Environmental Management Project
10	四川资阳包容性绿色发展项目	Sichuan Ziyang Inclusive Green Development Project

续表

序号	项目名称（中文）	项目名称（英文）
11	江西新余孔木河流域防洪与环境改善项目	Jiangxi Xinyu Kongmu River Watershed Flood Control and Environmental Improvement Project
12	改善大京津冀地区空气质量：区域减排和污染控制设施	Air Quality Improvement in the Greater Beijing-Tianjin-Hebei Region—Regional Emission-Reduction and Pollution-Control Facility
13	黑龙江省绿色城市和经济振兴项目	Heilongjiang Green Urban and Economic Revitalization Project
14	中国山东省绿色发展基金项目	China, People's Republic of：Shandong Green Development Fund Project
15	大京津冀地区农村清洁能源供应研究	Study of Clean Energy Supply for the Rural Areas in the Greater Beijing-Tianjin-Hebei Region

自亚行研究所成立以来，共出版书籍143本，会议论文集70册，发表论文1139篇，报告6篇。其中，2017年亚行研究所共举办会议、专题讨论会和讲习班32次，政策对话和研讨会6次，出版专著8本，发表工作论文170篇，形成文章46篇。部分研究成果见表24.2。

表24.2 部分研究成果

序号	成果名称（中文）	成果名称（英文）	成果类型	发布时间
1	贸易、外商直接投资和减少污染	Trade, Foreign Direct Investment, and Pollution Abatement	论文	2019
2	环境治理与环境绩效	Environmental Governance and Environmental Performance	论文	2019
3	财政金融政策对释放绿色金融和绿色投资的影响	Implications of Fiscal and Financial Policies for Unlocking Green Finance and Green Investment	论文	2018
4	澳大利亚和新西兰的绿色能源金融	Green Energy Finance in Australia and New Zealand	论文	2018
5	北欧国家的绿色债券经验	Green Bond Experience in the Nordic Countries	论文	2018
6	我们如何预防气候变化中的粮食危机？	How Do We Prevent a Food Crisis in the Midst of Climate Change?	论文	2018
7	自然灾害、公共支出和创造性破坏：菲律宾的案例研究	Natural Disasters, Public Spending, and Creative Destruction：A Case Study of the Philippines	论文	2018
8	农村二元经济转型对农村收入不平等的倒U曲线的影响：基于中国天津和山东省的实证研究	Impacts of Rural Dual Economic Transformation on the Inverted-U Curve of Rural Income Inequality：An Empirical Study of Tianjin and Shandong Provinces in the People's Republic of China	论文	2017
9	亚洲的粮食不安全：制度为何如此重要	*Food Insecurity in Asia：Why Institutions Matter*	专著	2017

（五）重点出版物译介

1.《亚洲的粮食不安全：制度为何如此重要》（*Food Insecurity in Asia：Why Institutions Matter*，2017）

本书着力于研究亚洲各国粮食不安全背后的制度问题。书中通过比较研究包括中国、日本、韩国在内的亚洲各国的制度异同得出结论，各国的制度差异是导致粮食安全状况不同的决定性因素。全书分为三部分，第一部分为简介，全面介绍了亚洲食品不安全问题现状；第二部分为国家经验，分别介绍了各国为应对粮食安全问题所采取的对策；第三部分为展望未来，通过近年来各国在粮食安全方面的经验，提出了对亚洲粮食安全方面的政策建议。

2.《绿色金融手册：能源安全与可持续发展》（*Handbook of Green Finance：Energy Security and Sustainable Development*，2017）

该书是第一本解释《2030年可持续发展议程》背景下的绿色项目实施可持续发展目标融资方法的图书。作者通过不同学者在绿色金融方面的研究与各国的经验，说明了如果计划实现可持续发展目标，就需要通过金融为绿色项目创造机会，即扩大对环境亲和型绿色项目投资的融资。绿色金融包括绿色债券、绿色银行、碳市场工具、财政政策、绿色中央银行、金融科技和基于社区的绿色基金。该书亮点在于提出绿色金融概念，并对该金融工具的应用提出了具体经验。

欧洲环境署 （EEA）

归　　属：欧盟	
所 在 地：丹麦哥本哈根	
成立年份：1994 年	
现任主席：汉斯·布鲁尼克斯（Hans Bruyninckx）	
网　　址：https://www.eea.europa.eu/	

欧洲环境署（EEA）又名欧洲环境局或欧洲环境机构，是欧盟的一个子机构。其主要职能是监测和分析欧洲环境，以便及时、有针对性地向决策机构和公众提供科学可靠的信息，从而促进欧洲环境的改善，为可持续发展提供支持。

（一）发展历程

欧盟于 1990 年通过了建立欧洲环境署的条例，同时还建立了欧洲环境信息和观测网络（Eionet）。欧洲环境署于 1994 年正式开始运作。

欧洲环境署目前有英国、法国、德国、奥地利、比利时、挪威等 33 个成员国和 6 个合作国家。其主要客户除了成员国和合作国家，还有欧盟机构，如欧盟委员会、欧洲议会及欧洲理事会等核心机构以及欧洲经济和社会委员会、欧洲区域委员会等其他欧盟机构。此外，欧洲环境署还服务于商业界、学术界、非政府组织以及民间社会的其他组织。

欧洲环境署旨在为其成员国和合作国家在改善环境方面提供明智的决策支持，将环境因素纳入经济政策中，从而走向可持续发展。其运作主要依托于欧洲环境信息和观测网络，通过发展并协调网络活动，建立与其他国家的信息联络点，与其他国家的环境机构或环境部门密切合作。涉及的国家网络约 350 个。

（二）组织架构

欧洲环境署由主席团和管理委员会管理，科学委员会以顾问身份管理，执行董事及其领导的高级管理团队负责定期召开会议，管理委员会实施计划和欧洲经济区的日常运作。其中，主席团由主席、副主席（最多5名）、1名委员会代表和1名欧洲议会指定的成员组成。管理委员会由每个成员国的1名代表、委员会的两名代表和欧洲议会指定的两名科学专家组成。同时，管理委员会通过多年度工作计划、年度工作计划和年度报告，任命执行董事并指定科学委员会成员；科学委员会主要负责为管理委员会和执行董事提供咨询。

欧洲环境署每5年进行一次评估，以确保其高效地开展工作。上一次评估为2008—2012年期间的工作，评估结果与机构的多年度工作方案相吻合。

（三）研究领域

欧洲环境署主要在自然、气候、生态系统、环境、能源、产业经济以及可持续发展等主题领域开展相关研究。

——空气与气候：主要包括空气污染、适应气候变化和减缓气候变化3个研究主题。通过相关研究与最新进展，为人类健康、缓解气候变化以及推动城市发展提供相应的政策建议。

——自然：主要包括生物多样性-生态系统、土地利用、土壤、水和海洋环境4个研究主题。通过相关研究，为保护欧洲生物多样性，探讨构建欧洲绿色生态系统，更好地使用土地资源以及维持地方和全球气候平衡做出努力。

——可持续性：主要包括环境与健康、政策手段、资源效率和浪费以及可持续转型4个研究主题。通过研究环境与人类健康之间的相互作用、自然资源的使用与全球环境问题的内部机理，进行环境政策评估，从而确定政策的运作方式。

——经济：主要包括农业、能源、工业、交通4个研究主题。通过研究工农业及交通运输等产业经济对环境产生的直接及间接影响，为绿化农业政策、减缓工业污染、提升城市环境服务。

（四）研究成果

欧洲环境署在各主题领域开展的部分研究成果见表25.1。

表 25.1 部分研究成果

序号	成果名称(中文)	成果名称(英文)	成果类型	发布时间
1	2017 年欧盟排放清单报告	European Union Emissions Inventory Report 2017	报告	2019
2	1990—2017 年欧盟年度温室气体清单和 2019 年库存报告	Annual European Union Greenhouse Gas Inventory 1990—2017 and Inventory Report 2019	报告	2019
3	可持续性转型：政策与实践	Sustainability Transitions：Policy and Practice	报告	2019
4	欧洲能源系统的适应挑战和机遇	Adaptation Challenges and Opportunities for the European Energy System	报告	2019
5	支持绿色基础设施规划和生态系统恢复的工具	Tools to Support Green Infrastructure Planning and Ecosystem Restoration	简报	2019
6	海洋保护区	Marine Protected Areas	简报	2018
7	2017 年欧洲可再生能源：近期增长和连锁效应	Renewable Energy in Europe 2017—Recent Growth and Knock-on Effects	报告	2018
8	2016 年欧洲的气候变化、影响和脆弱性	Climate Change，Impacts and Vulnerability in Europe 2016	报告	2017
9	欧盟 2010 年生物多样性基线：适应 MAES 类型学(2015)	EU 2010 Biodiversity Baseline—Adapted to the MAES Typology（2015）	报告	2015
10	欧洲环境：2015 年国家和展望综合报告	The European Environment—State and Outlook 2015—Synthesis Report	报告	2015

（五）重点出版物译介

1.《欧盟 2010 年生物多样性基线：适应 MAES 类型学(2015 年)》[EU 2010 Biodiversity Baseline—Adapted to the MAES Typology(2015)，2015]

该报告是欧洲环境署 2010 年生物多样性基线报告的修订概述。修订是必要的，因为 2010 年报告中使用的生态系统类型已在生物多样性专家工作组探索研究下发生了变动。修订后的报告展示了重新测算和评估的不同生物多样性和生态系统组成部分的状况和趋势的相关数据和事实，使其与新的生态系统类型相一致。

2.《欧洲环境：2015 年国家和展望综合报告》(The European Environment—State and Outlook 2015—Synthesis Report，2015)

报告总体上介绍了未来的欧洲环境政策及其在 2015—2020 年期间的实施情况。它包括在全球范围内对欧洲环境的反思，以及对欧洲环境状况趋势和前景的总结分析。

3.《可持续性转型：政策与实践》(Sustainability Transitions：Policy and Practice,2019)

报告确定了应对欧洲和全球系统性环境和气候问题的政策选择,借鉴了国际上对可持续性转型的日益增多的研究,以及与决策者和欧盟机构的互动。文本关注欧洲的食品、能源和交通系统,提出了 10 组信息,概述了政府和其他行为者如何能够实现系统性变革,特别说明了社会实践、商业模式、技术促进等领域创新的重要性,重新定位了创新的社会关键点。

 # 欧洲航天局
（ESA）

类　　　型：区域政府间组织

所　在　地：法国巴黎（总部）

成立年份：1975年

现任主席：扬·沃纳（Jan Woerner）

网　　　址：http://www.esa.int/

　　欧洲航天局（ESA）是一个致力于探索太空的政府间组织，拥有22个成员国，在法国、德国、意大利、西班牙、英国和比利时等国家均设有站点，总部设在法国巴黎。欧洲航天局的工作是制定并实施欧洲太空计划，以推进欧洲太空能力发展，并确保太空投资持续为欧洲和世界公民带来利益。欧洲航天局还与欧洲以外的太空组织紧密合作。

（一）发展历程

　　1958在"旅行者号"发射后仅一个月，西欧科学界最突出的两个科学家爱德华多·阿马尔迪（Edoardo Amaldi）和皮埃尔·奥格（Pierre Auger）在8个国家代表出席的会议中，讨论成立西方欧洲航天局。此后，西欧国家决定设立两个不同的机构，关注发展发射系统的欧洲发射发展组织（ELDO）和欧洲航天局的前身欧洲太空研究组织（ESRO）。后者成立于1964年3月20日。从1968年到1972年，ESRO发射了7颗研究卫星。1975年，ESRO与ELDO合并成立了现在的欧洲航天局，当时有比利时、丹麦、法国、德国、意大利、荷兰、西班牙、瑞典、瑞士和英国10个创始成员国。1975年，欧洲航天局完成了它的第一个重大科技任务——监测宇宙中伽玛射线辐射的太空探测器（COS-B）。

　　欧洲航天局加入了美国航空航天局的IUE项目，于1978年发射世界上第一架高轨望远镜，并成功运营18年。之后在双方合作下完成了许多成功的地球轨道项目和科学任务。欧洲航天局正在与欧洲联盟委员会、欧洲气象卫星应用组

织、用户和产业界等欧洲参与者密切合作,为未来的欧洲航天局地球观测方案制定战略建议。在国际合作上,欧洲航天局计划继续加强特别是与中国、印度、日本、俄罗斯联邦和美国的联系。

(二) 组织架构

欧洲航天局的领导机构是理事会。理事会由各成员国的代表组成,承担了为欧洲航天局制定欧洲太空计划提供基本政策指南的职责。其日常工作由管理局负责,理事长是管理局的常务主任和法律代表,每 4 年由理事会选举 1 次。下属机构主要有设在荷兰的欧洲空间技术研究中心、设在德国的欧洲空间操作监控中心和欧洲航天员中心、设在意大利的欧洲航天研究所等。

其中,空间技术研究中心是欧洲航天局的主要技术机构,大多数项目小组以及空间科学部、技术研究和助理工程师在此工作,它提供有关的试验设施;空间操作监控中心负责所有卫星操作以及相应的地面设施和通信网络;研究所的主要任务是利用来自空间的地球观测数据;航天员中心主要负责协调所有欧洲航天员活动(包括未来欧洲航天员的培训等)。

目前,来自所有成员国的大约 2200 名员工在欧洲航天局工作,其中包括科学家、工程师、信息技术专家和行政人员等。欧洲航天局的空间科学计划和总预算资金主要来源于所有成员国的强制性财政捐款和可选计划方案捐款资助。

(三) 研究领域

欧洲航天局的研究领域主要包括研制运载火箭、发展卫星和载人航天活动 3 个方面。主要项目有: X 射线多镜头飞行任务,于 1999 年发射;Cluster-2,于 2000 年由联盟号火箭发射;国际伽马射线实验室,于 2001 年由质子号火箭发射;Rosetta 是一次与彗星汇合和进行实地臭氧分析的飞行任务,于 2003 年发射;远红外空间望远镜 FIRST,于 2005—2006 年发射。

——地球科学:发射卫星航天器,帮助处理地球科学领域中的一系列问题,包括监测气候和环境、化学、海洋学和冰川学,人类活动如陆地改造过程、沿海改造过程、大气和海洋污染等的影响,意外自然事件如水灾和火山爆发等。

——业务卫星:研制了欧洲通信和海洋通信两个系列的业务卫星,并与欧洲联盟委员会和 Eurocontrol 密切协作研制 EGNOS——一个将补充现有的全球定位系统和全球轨道导航卫星系统的欧洲卫星导航系统。

——发射装置:阿丽亚娜发射装置为欧洲提供了一个进入空间的独立途径,这是欧洲全面战略中的一项主要目标。

——载人空间飞行和微重力：通过 Spacelab 对美国的航天飞机方案做出了贡献，这是一个可以进行生命科学和材料学研究的空间实验室。

（四）研究项目及成果

欧洲航天局的太空飞行及研究计划主要包括载人航天（主要通过参与国际空间站计划）、发射和运行其他行星和月球的无人探测任务、地球观察、科学和通信、设计运载火箭等。部分研究项目和研究成果见表 26.1 和表 26.2。

表 26.1   部分研究项目

序号	项目名称（中文）	项目名称（英文）
1	伽利略定位系统	Galileo Positioning System
2	火星快车号	Mars Express
3	罗塞塔号航天探测器	Rosetta Space Probe
4	哥伦布轨道设备	Columbus Orbital Facility
5	自动转移航天器	Automated Transfer Vehicle
6	用于先进技术研究的小型任务 1 号	Smart 1
7	依巴谷计划	Hipparcos

表 26.2   部分研究成果

序号	成果名称（中文）	成果名称（英文）	成果类型	发布时间
1	ESA BR-344 地球探索者：了解我们不断变化的地球的卫星	*ESA BR-344 Earth Explorers：Satellites to Understand Our Changing Earth*	专著	2019
2	ESA BR-343 从太空了解气候变化	*ESA BR-343 Understanding Climate Change from Space*	专著	2019
3	ESA SP-1335 企业责任与可持续发展：2015—2016 年报告	ESA SP-1335 Corporate Responsibility and Sustainability：2015—16 Report	报告	2017
4	ESA SP-1329 地球观测组织科学战略	*ESA SP-1329 EO Science Strategy*	专著	2015
5	ESA SP-1332 Sentinel-5 前体	*ESA SP-1332 Sentinel-5 Precursor*	专著	2016
6	ESA SP-1326 地球资源卫星飞行任务	*ESA SP-1326 ERS Missions*	专著	2013
7	ESA SP-1325 地球观测手册	*ESA SP-1325 the Earth Observation Handbook*	专著	2012

（五）重点出版物译介

1.《ESA BR-344 地球探索者：了解我们不断变化的地球的卫星》（*ESA BR-344 Earth Explorers：Satellites to Understand Our Changing Earth*，2019）

地球探险者关注大气层、生物圈、水圈、冰冻圈和地球内部的活动。他们通过收集特定科学兴趣领域的数据，从而更多地了解这些组成部分之间的相互作用,以及人类活动对自然地球过程的影响机理,最终将有益于为决策者提供保护环境行动和适应气候变化影响所需的事实依据。该著作概述了目前在轨道上以及正在探索中的关于地球生态系统各方面的数据与信息。

2.《ESA BR-343 从太空了解气候变化》(*ESA BR-343 Understanding Climate Change from Space*,2019)

全球气候变化的速度可以说是人类今天面临的最紧迫的环境挑战。而卫星不仅可以为科学界提供观测数据,提高我们对地球系统的认识和理解,也可以为未来气候预测提供数据支持,并且,这些数据信息也可以为决策者针对适应和减轻气候变化影响而制定有效的战略措施奠定基础。

3.《ESA SP-1335 企业责任与可持续发展:2015—2016 年报告》(*ESA SP-1335 Corporate Responsibility and Sustainability*:2015—16 *Report*,2017)

报告反映了欧洲可持续发展的总体趋势,在提高工作透明度的同时,总结和分析了欧洲航天局在环境、社会、经济和治理领域面临的风险和机遇,明确将企业责任纳入可持续发展,以更好地应对未来的挑战和制定前进的路线。

欧洲复兴开发银行（EBRD）

类　　型：区域金融机构
所 在 地：英国伦敦
成立年份：1991 年
现任总裁：苏玛·查克拉巴蒂（Suma Chakrabarti）
网　　址：https://www.ebrd.com

欧洲复兴开发银行（EBRD）成立于 1991 年，总部设于伦敦。欧洲复兴开发银行的宗旨是：在考虑加强民主、尊重人权、保护环境等因素下，帮助和支持东欧、中欧国家向市场经济转化，以调动欧洲国家中个人及企业的积极性，促使他们向民主政体和市场经济过渡。投资的主要目标是中欧、东欧国家的私营企业和这些国家的基础设施。

（一）发展历程

1989 年 10 月，法国总统密特朗首先提出建立欧洲复兴开发银行的设想，他的设想得到了欧洲共同体各国和其他一些国家的响应。1991 年 4 月 14 日银行正式开业，总部设在伦敦，起初设立 100 亿欧洲货币单位（约合 120 亿美元）的资本，目标是帮助欧洲战后重建和复兴，支持东欧、中欧国家向市场经济转化。2000 年之后，欧洲复兴开发银行将其原有业务地区扩展到欧洲国家之外的新兴发展国家，如蒙古（2006 年）、土耳其（2009 年）、科索沃（2012 年）和黎巴嫩（2017 年）等；2015 年 10 月，中国正式申请加入欧洲复兴开发银行，并于 2016 年 1 月签署股本认购函等函件，正式成为欧洲复兴开发银行成员。

（二）组织架构

欧洲复兴开发银行由来自五大洲的 69 个国家以及欧盟和欧洲投资银行所有，这些股东各自出资形成银行的核心资金，每个股东都在欧洲复兴开发银行理事会中设有单独代表并参与组成理事会。理事会对银行拥有全面的权力,并具有全权负责总体战略方向、银行成员资格的确定、董事和总裁的任命以及利润分配等核心权力。银行总裁由董事会推选,任期 4 年。

(三)业务领域

欧洲复兴开发银行重点关注农业、能源、自然资源、不动产等业务领域,通过提供必要的技术援助和人员培训、帮助受援国政府制定政策及措施、为基本建设项目筹集资金、参加筹建金融机构及金融体系等措施,促进业务所在国实现可持续发展。主要投资领域如下:

——农业:对业务所在国的先进农业企业进行投资,主要目标是通过可持续、负责任和创新的投资方式,实现农业企业的现代化,帮助企业摆脱常规业务。目前已累计投资项目 700 个,投资资金 117.46 亿欧元。

——自然资源:包括矿石、石油和天然气在内的自然资源业务,提高标准、能源效率和能源安全。目前已累计投资项目 179 个,投资资金 72.46 亿欧元。

——能源:能源部门的愿景是构建工业、政府和消费者之间的伙伴关系,以可持续、可靠和尽可能低成本地提供社会和经济的基本能源需求。目前已累计投资项目 348 个,投资资金 155.45 亿欧元。

——股权基金:欧洲复兴开发银行是私募股权基金的最大单一投资者,主要关注地区的资本增长和扩张。目前已累计投资项目 197 个,投资资金 42.88 亿欧元。

——金融机构:旨在通过使用创新产品、支持部门改革以及促进地方监管和立法等举措,在投资国家促进构建有弹性的综合金融体系。目前已累计投资项目 2080 个,投资资金 503.55 亿欧元。

——信息和通信技术:提高整个地区 ICT 服务的质量和可及性,重点关注网络扩展和先进的通信服务,以及基础服务等行业发展。目前已累计投资项目 197 个,投资资金 45.33 亿欧元。

——制造业和服务业:通过支持本地和外国企业客户以及债务和股权融资的中小型企业(SME),在发展制造业和服务业方面发挥作用。目前已累计投资项目 762 个,投资资金 132.07 亿欧元。

——市政和环境基础设施:支持地方政府和私营运营商提供基本城市服务,特别是在应用水、废水、公共交通、城市道路和照明、固体废物管理、区域供热和能源效率等方面。目前已累计投资项目 467 个,投资资金 82.88 亿欧元。

———核安全：欧洲复兴开发银行管理 7 个世行核安全相关的捐助基金，其中一项关键任务是苏联时期退役的核设施管理。目前已累计投资项目 45 个，投资超过 40 亿欧元。

———不动产：通过参与房地产和相关市场开发，欧洲复兴开发银行旨在发展地区现代化，建设高质量、高能效的商业和房地产市场。目前已累计投资项目 192 个，投资资金 33.49 亿欧元。

（四）主要投资项目及成果

欧洲复兴开发银行围绕农业、能源、自然资源、不动产等 12 个主要领域进行投资，其中 2017—2019 年自然资源相关投资项目见表 27.1。

表 27.1　2017—2019 年自然资源相关投资项目

时间	项目编号	地区	项目名称
2019 年	50809	乌克兰	Naftogaz 欧洲债券
2019 年	50978	区域性	DFF 镍铁合金
2019 年	51062	波兰	KGHM PLN 债券
2019 年	51188	乌克兰	NAK 天然气贸易设施
2019 年	51194	土耳其	图马德次级贷款
2019 年	50774	罗马尼亚	黑海石油天然气公司 Midia 天然气开发项目
2019 年	50937	埃及	DFF-荷鲁斯邦德
2018 年	49204	乌克兰	UGV
2018 年	50495	哈萨克斯坦	Beineu-Shymkent 现代化
2018 年	49638	埃及	ADES 国际控股有限公司的银团设施
2018 年	49454	埃及	SOPC 能源效率和升级计划
2017 年	48161	哈萨克斯坦	KazPetrol APG 利用贷款
2017 年	45690	区域性	跨亚得里亚海管道项目
2017 年	49044	土耳其	TPPD 私有化
2017 年	49041	土耳其	图马德金矿开发贷款
2017 年	48181	土耳其	阿拉伯树胶
2017 年	48901	埃及	EGAS 能效项目
2017 年	48811	罗马尼亚	黑海石油和天然气
2017 年	48376	阿塞拜疆	阿塞拜疆南部天然气走廊
2017 年	49149	罗马尼亚	BRUA 管道
2017 年	48839	罗马尼亚	DFF 石油公司
2017 年	48218	哈萨克斯坦	Kyzyl 项目

资源生态经济学在欧洲复兴开发银行中发挥着重要作用，首席经济学家办公室（OCE）等部门会定期发布一些研究报告。部分研究成果见表 27.2。

表 27.2　部分研究成果

序号	成果名称(中文)	成果名称(英文)	成果类型	发布时间
1	被忘记的化石燃料储量？气候政策风险和银行贷款评估	Being Stranded with Fossil Fuel Reserves? Climate Policy Risk and the Pricing of Bank Loans	报告	2019
2	空气污染对迁移的影响：来自中国的证据	The Effect of Air Pollution on Migration: Evidence from China	报告	2019
3	波塞冬定价：极端天气不确定性与企业收益动态	Pricing Poseidon: Extreme Weather Uncertainty and Firm Return Dynamics	报告	2019
4	欧洲复兴开发银行关于温室气体高排放项目的经济评估方法	Methodology for the Economic Assessment of EBRD Projects with High Greenhouse Gas Emissions	报告	2019
5	采矿事务：自然资源开采和当地产业限制	Mining Matters: Natural Resource Extraction and Local Business Constraints	报告	2016
6	绿色电力的强制性与自愿性支付	Mandatory Versus Voluntary Payment for Green Electricity	报告	2013
7	气候投资的投资环境：转型期国家的联合行动	The Investment Climate for Climate Investment: Joint Implementation in Transition Countries	报告	2003
8	转型国家的能源强度	The Energy Intensity of Transition Countries	报告	2002

(五) 重点出版物译介

1.《被忘记的化石燃料储量？气候政策风险和银行贷款评估》(Being Stranded with Fossil Fuel Reserves? Climate Policy Risk and the Pricing of Bank Loans,2019)

报告收集全球化石燃料企业的储量数据,将其与银团贷款相匹配,然后将化石燃料公司的贷款利率与其气候政策风险、非化石燃料公司进行比较分析。发现在 2015 年之前,银行没有对气候政策风险进行评估,而 2015 年之后的结果显示具有平均探明储量的化石燃料公司的信贷成本增加了 16 个基点,这意味着平均贷款的借贷总成本增加了 150 万美元。报告还提供了一些证据,证明"绿色银行"向化石燃料公司收取了略高的贷款利率。

2.《欧洲复兴开发银行关于温室气体高排放项目的经济评估方法》(Methodology for the Economic Assessment of EBRD Projects with High Greenhouse Gas Emissions,2019)

为落实《巴黎协定》的国际承诺,欧洲复兴开发银行于 2019 年 1 月起,将对温室气体高排放项目进行经济评估。本报告详细描述了经济评估方法。报告显示,欧洲复兴开发银行在业务上通过以下方式实现气候目标:一是投资活动。落实世界银行促进气候变化缓解和适应投资的过程和程序,其中最显著的是与绿色经济转型方法相关的程序。二是政策参与活动。在温室气体排放及减排政策等方面,为国家提供决策参考。三是技术援助活动。技术援助可包括市场分析、资产审计的培训。这是一份员工工作文件,后期会进行更新修订,以确保其反映最佳实践。

3.《采矿事务:自然资源开采和当地产业限制》(Mining Matters:Natural Resource Extraction and Local Business Constraints,2016)

本文研究了采矿活动对8个资源国家22 150家公司的影响,对比了采矿活动对矿山附近企业的影响,它还研究了不同部门对企业的影响。发现随着矿业活动的进行,附近(即不到20千米)的商业环境恶化,采矿业对当地的负面影响集中在贸易型和服务型企业,这些企业获得投入和基础设施的机会变得更加有限。当地商业环境的恶化对公司增长产生了不利影响,这与资源诅咒的相关结论一致。

欧洲环境政策研究所（IEEP）

类　　　型：	区域非政府咨询机构
所 在 地：	比利时布鲁塞尔
成立年份：	1976 年
董 事 长：	席琳·夏维里亚(Céline Charveriat)
网　　　址：	https://ieep.eu/

欧洲环境政策研究所(IEEP)是一个可持续发展智库,该机构主要与欧盟机构、国际团体、学术界、民间社会和工业界的相关人员展开合作,其政策专家团队由经济学家、科学家和律师组成,主要开展政策研究。欧洲环境政策研究所的研究范围涵盖了 9 个领域,包括短期政策问题和长期战略研究。作为拥有 40 多年经验的非营利智库组织,欧洲环境政策研究所致力于在整个欧盟和世界范围内推动以影响为导向的可持续发展政策。

（一）发展历程

欧洲环境政策研究所已在多个欧洲国家开展业务,总部位于布鲁塞尔。1976 年,欧洲环境政策研究所由欧洲文化基金会在德国波恩成立。

（二）组织架构

欧洲环境政策研究所的董事会由政府、各行各业、民间社会和学术界的杰出专业人士共 7 人组成,负责规划欧洲环境政策研究所的使命并监督其战略和预算。经济学家、律师和科学家团队来自十几个欧洲国家,共 46 人。

（三）研究领域

——农业与土地管理：促进对土地和自然资源环境的可持续利用。

——气候变化与能源：制定对环境负责、可持续的气候变化和能源政策。

——绿色经济：使人们了解环境的价值，将其整合到政策、评估和经济调控方式中。

——工业污染与化学：提供有效的监督制度和行政结构，以帮助减少工业活动对环境的不利影响。

——水、海洋与渔业：在水、海洋和渔业方面制定和实施可带来环境效益的法规。

——自然资源与废弃物：在自然资源和废弃物政策方面广泛开展工作，包括分析现有政策、审查立法和制定新措施。

——生物多样性与生态系统服务：评估保护生物多样性和相关生态系统服务的成本和社会经济效益，制定有助于保护欧盟生物多样性的政策。

——全球性挑战与可持续发展目标：制定具有全球影响力的环境和与环境相关的政策，并支持相关的国际程序和讨论。旨在确保欧盟在其内部和外部政策方面履行对全球气候和2030年可持续发展目标会议的承诺。

——环境治理：监测欧盟环境政策的发展情况，包括预算的作用，评估环境政策的系统性与协调性，进行环境和政策影响评估研究，评估政策的实施和执行情况，以及从全球维度研究欧洲环境政策。

(四) 研究项目及成果

欧洲环境政策研究所围绕农业与土地管理等9个领域开展研究。部分研究项目见表28.1。

表 28.1　部分研究项目

序号	项目名称(中文)	项目名称(英文)
1	共同农业政策	The Common Agricultural Policy
2	欧盟森林战略	EU Forest Strategy
3	天然气 2000 指示	Natura 2000 Directives
4	欧盟生物多样性战略	EU Biodiversity Strategy
5	欧盟成员国实施缓解法规	Implementation of Mitigation Legislation in EU Member States
6	欧盟排放交易体系	The EU Emissions Trading System
7	碳捕集与封存	Carbon Capture and Storage
8	可再生能源技术和规划	Renewable Energy Technologies and Planning
9	生态系统和生物多样性经济学	The Economics of Ecosystems and Biodiversity
10	超越 GDP 计划	Beyond the GDP Program
11	欧盟开放(欧洲生态星球计划)	Open EU (One Planet Economy Europe)
12	支持水蓝图的开发	Supporting the Development of the Water Blueprint
13	适应性检查和共同实施战略的支持	Fitness Check and Supporting the Common Implementation Strategy
14	思考 2030	Think 2030

欧洲环境政策研究所出版了涵盖农业与土地管理、气候变化与能源、生物多样性与生态系统服务等领域的研究报告。部分研究成果见表 28.2。

表 28.2 部分研究成果

序号	成果名称(中文)	成果名称(英文)	成果类型	发布时间
1	CAP 2021—2027: COMENVI 和 COMAGRI 报告的环境绩效比较分析	CAP 2021—27: Comparative Analysis of Environmental Performance of COMENVI and COMAGRI Reports	报告	2019
2	立场文件:共同设计"地平线欧洲"以实现更大的可持续性	Position Paper: Co-designing Horizon Europe Towards Greater Sustainability	报告	2019
3	世界防治荒漠化和干旱日:对欧洲意味着什么	World Day to Combat Desertification and Drought: What It Means for Europe	报告	2019
4	欧洲在保护生物多样性方面的经验教训	Celebrating Biodiversity and the European Lessons Learnt Protecting It	报告	2019
5	2050 年零能耗农业:如何实现这一目标?	Net-Zero Agriculture in 2050: How to Get There?	报告	2019
6	CAP 2021—2027:利用生态计划最大化环境和气候效益	CAP 2021—27: Using the Eco-Scheme to Maximise Environ-Mental and Climate Benefits	报告	2019
7	为生物多样性保护筹资的创新机制	Innovative Mechanisms for Financing Biodiversity Conservation	报告	2019
8	评估和加快 2019 年欧盟在可持续发展目标(SDGs)方面的进展	Assessing and Accelerating the EU Progress on Sustainable Development Goals (SDGs) in 2019	报告	2019
9	可持续发展目标与欧盟:揭示内外政策之间的联系	Sustainable Development Goals & the EU: Uncovering the Nexus Between External and Internal Policies	报告	2018
10	IEEP 在 COP 24:农业的未来,实现净零排放	IEEP at COP 24—Agriculture's Future, Delivering Net Zero Emissions	报告	2018
11	促进循环,可持续生物经济:满足社会需要的生物经济	Promoting a Circular, Sustainable Bioeconomy—Delivering the Bioeconomy Society Needs	报告	2018
12	联合国气候变化倡议:背景文件	United for Climate Justice: Background Paper	报告	2018

(五)重点出版物译介

1.《为生物多样性保护筹资的创新机制》(Innovative Mechanisms for Financing Biodiversity Conservation,2019)

该报告分享了有关欧盟和墨西哥在生物多样性保护方面的私人投资成功实例、财务和生态保护方面的战略及成果,包括支付生态系统服务、增加生物多样性、绿色市场等方面。另外,还讨论了环境财政改革的潜力,包括环境税、环境收费、环境税激励措施和生态财政转移。最后,对欧盟与墨西哥之间建立双边伙伴关系提供了建议。

2.《评估和加快 2019 年欧盟在可持续发展目标（SDGs）方面的进展》（Assessing and Accelerating the EU Progress on Sustainable Development Goals (SDGs) in 2019,2019)

报告概述了联合国会议面临的关键问题以及欧盟在实施可持续发展目标方面取得的进展。特别关注了在 7 月论坛上深入探讨的环境领域的可持续发展目标（目标 13 和 16）。另外,详细介绍了向联合国高级别政治论坛提交的《2019 年欧盟统计局关于欧盟可持续发展的报告》《2019 年全球可持续发展报告》等报告。

3.《联合国气候变化倡议：背景文件》（United for Climate Justice：Background Paper,2018)

背景文件依次讨论了 3 类主题（国际公平、国内公平、代际公平）,介绍了公平和正义问题对国家和国际层面政策回应的速度和充分性的一些影响,确定了一些现有的用适应政策向前发展的方式解决公平和正义问题的概念和提议。联合国气候公平委员会的筹备过程中的讨论将有助于进一步充实这些想法。

欧洲政策研究中心 (CEPS)

类　　　型：区域非政府咨询机构
所 在 地：比利时布鲁塞尔
成立年份：1983 年
中心主任：卡雷尔·兰诺(Karel Lannoo)
网　　　址：https://www.ceps.eu/

欧洲政策研究中心(CEPS)是一个研究欧盟事务的智库,位于非美国前十大智库之列。该机构凭借其强大的研究能力和遍布全球的合作机构网络,充分展示了对政治趋势的超前预测力。欧洲政策研究中心的研究团队由来自 23 个国家(地区)的 60 多名研究人员组成,这些研究人员的政策研究领域很广泛,涵盖了经济与金融监管、互联网经济与贸易、能源与气候、教育与创新、外交政策与欧洲一体化进程以及司法与内政。作为一个独立的研究组织,欧洲政策研究中心致力于:① 对最新的政策进行研究,以应对欧洲面临的挑战;② 不断提高学术水平,并保持独立与公正;③ 为制定欧洲政策的相关者提供一个讨论的论坛;④ 促进欧洲的研究人员、政策制定者和其他相关人员团结协作。

(一) 发展历程

欧洲政策研究中心成立于 1983 年,在发展过程中吸引了遍布欧洲及其他地区的研究机构加入。庞大的会员团体大大提高了欧洲政策研究中心的研究水平并扩展了其研究范围。欧洲政策研究中心拥有来自 120 个企业和 100 多个研究机构的团体会员,他们提供专业知识和实践经验,并成为欧洲政策研究中心政策分析咨询委员会成员。中心资金有多种来源,包括公司和机构会员费、研究项目、基金会赠款和会议费等。

(二) 组织架构

欧洲政策研究中心拥有约 80 名员工,涉及农业政策与粮食安全、经济政策、能源资源与气候变化、金融市场与机构、外交政策、司法与民政等领域。其最高决策层是董事会,由商界精英、知名学者、前政府官员等组成。领导层由知名学者组成,负责机构的科研工作。

业务部门包括九大部门,分别为农业政策与粮食安全部、经济政策部、能源资源与气候变化部、金融市场与机构部、外交政策部、系统网络部、组织与机构部、工作与技能部、司法与民政部。

(三) 研究领域

欧洲政策研究中心的研究领域主要涉及以下几方面:

——农业政策与粮食安全:分析相关农业政策,确保粮食安全。

——经济政策:研究欧盟的经济政策,分析欧洲和世界所面临的经济问题。

——能源资源与气候变化:关注能源领域的技术革新,分析全球气候问题的解决方案。

——金融市场与机构:分析当前金融市场存在的问题,并提出可行的解决方案。

——外交政策:分析当前的国际局势,对欧盟的外交政策提供建议。

——系统网络:研究网络信息安全、互联网大数据应用等课题。

——组织与机构:对欧盟当前的组织架构展开研究。

——工作与技能:对优化人力资源、提高工作效率等议题提供建议。

——司法与民政:分析欧盟当前存在的社会问题,推动司法公正,改善民生。

(四) 研究项目及成果

欧洲政策研究中心围绕农业、粮食、能源、气候、市场、法律等领域展开研究。部分研究项目见表 29.1。

表 29.1　部分研究项目

序号	项目名称(中文)	项目名称(英文)
1	全球治理趋势和欧洲的作用	Trends in Global Governance and Europe's Role
2	清洁节能的地中海城市	Cleaner Energy Saving Mediterranean Cities
3	产品和服务生命周期的循环经济方法	A Circular Economy Approach for Lifecycles of Products and Services
4	能源价格和成本的构成驱动因素	Composition and Divers of Energy Prices and Costs-Follow-up
5	可再生能源行业的竞争力	Competitiveness of the Renewable Energy Sector
6	支持气候减缓行动的研究与创新的协调与评估	Coordination and Assessment of Research and Innovation in Support of Climate Mitigation Actions
7	欧洲优先发展战略议程的循环经济平台	Circular Economy Platform for European Priorities Strategic Agenda
8	调整欧洲低碳系统创新政策	Aligning Policies for Low-Carbon Systemic Innovation in Europe

研究所成果主要涵盖了农业政策与粮食安全、经济政策、能源资源与气候变化、金融市场与机构、外交政策、司法与民政等领域。部分研究成果见表 29.2。

表 29.2 部分研究成果

序号	成果名称(中文)	成果名称(英文)	成果类型	发布时间
1	欧盟的北极政策能找到真正的北方吗?	Can the EU's Arctic Policy Find True North?	报告	2019
2	IPCC 关于 1.5℃全球变暖的特别报告有哪些内容	What Can the IPCC Special Report on Global Warming of 1.5℃	报告	2019
3	欧洲的碳捕集与封存(CCS)的有利框架	An Enabling Framework for Carbon Capture and Storage (CCS) in Europe	报告	2019
4	欧盟贸易政策如何增强气候行动	How EU Trade Policy Can Enhance Climate Action	报告	2019
5	可再生能源行业的竞争力	Competitiveness of the Renewable Energy Sector	报告	2019
7	电力部门是欧盟低碳经济的关键	Electricity Sector Holds the Key for the EU's Low-Carbon Economy	报告	2019
8	欧洲天然气的未来	The Future of Gas in Europe	报告	2019
9	欧盟钢铁行业:能源价格和成本的构成和驱动因素	The Steel Industry in the European Union: Composition and Drivers of Energy Prices and Costs	报告	2019
10	地中海地区的搜救、下船和搬迁安排	Search and Rescue, Disembarkation and Relocation Arrangements in the Mediterranean	报告	2019
11	中欧和东欧的能源转型中现代化基金的机会	The Opportunities of the Modernisation Fund for the Energy Transition in Central and Eastern Europe	报告	2019
12	循环经济:定义、过程和影响综述	The Circular Economy: A Review of Definitions, Processes and Impacts	文章	2017

(五)重点出版物译介

1.《欧洲的碳捕集与封存(CCS)的有利框架》(An Enabling Framework for Carbon Capture and Storage (CCS) in Europe,2019)

本报告阐述了碳捕集与封存技术使用的现状,并为大力推行这项技术提供了建议。在没有大规模推广碳捕集与封存技术的情况下,很少有可靠的方案可以实现欧盟的长期气候政策目标,例如,2050 年实现净零排放。碳捕集与封存技术是高能耗行业脱碳的先决条件,在欧盟,这些行业约占所有温室气体排放量的1/5。同时,碳捕集技术仅在较小的规模上进行了测试,尚未在高能耗行业中大规模使用。为实现 2030 年之后大规模使用碳捕集与封存技术,现阶段应该先解决经济和政治问题,从而支持关键基础设施和技术的发展。

2.《欧盟贸易政策如何增强气候行动》(How EU Trade Policy Can Enhance Climate Action,2019)

在乌尔苏拉·冯德莱恩制定的政治指南中,"气候中立"被作为《欧洲绿色协议》(拟)的主要目标之一。在欧盟成员国当前讨论 2050 年气候中立目标是否达成的背景下,引发了欧盟对"什么政策最有执行力"的思考,尤其是低碳技术创新、市场化投资和解决碳泄漏的问题。此外,委员会主席提出了"碳边界税"的政策建议。

本报告对欧盟低碳投资框架战略提出了建议:① 调查边境碳价格调整政策的经济效益、法律建设、可行性和推进时间表;② 将欧盟排放交易体系扩展到"碳密集材料"的消耗;③ 支持合作国家推进气候行动,应准备双边和多边措施。

3.《循环经济:定义、过程和影响综述》(The Circular Economy:A Review of Definitions,Processes and Impacts,2017)

本文回顾了循环经济的研究工作,力图增进公众对相关概念的理解。报告梳理了散落在各学科中"循环经济",对不同话语体系下的"概念"做了系统归纳和解释,并认为当前循环经济对经济增长与社会转型的影响尚且有限。

欧洲海洋局 (EMB)

类　　　型：区域非政府咨询机构
所　在　地：比利时奥斯坦德
成立年份：1995 年
现任局长：吉勒·莱瑞克雷斯（Gilles Lericolais）
网　　　址：http://www.marineboard.eu/

　　欧洲海洋局(EMB)是欧洲领先的海洋科学政策智库，也是欧盟为促进成员国在海洋研究方面的合作建立的平台，旨在促进海洋研究和技术开发，为欧洲海洋科学战略及相关合作提供支持。作为一个独立的非政府咨询机构，欧洲海洋局在科研机构和决策者之间架起了桥梁，促进欧洲在海洋科学研究和技术方面的领先地位。为了实现其目标，海洋局发起了一系列顶尖的调查分析工作，并将所得到的成果转化成为清晰明确的政治建议，供国家学术机构、政府和欧盟委员会参考借鉴。海洋局的活动及秘书处的管理经费主要来源于成员部门的年费与外部赞助。

（一）发展历程

　　欧洲海洋局成立于 1995 年，其起源可追溯到欧洲海洋和极地科学委员会(ECOPS)。1989 年，ECOPS 由欧洲科学基金会和欧洲委员会建立，旨在确定海洋和极地科学的"重大挑战"。1995 年，欧洲委员会根据欧盟 FP MAST 计划提出共同资助筹备行动的提议，成员组织提供配套资金，在欧洲科学基金会的赞助下，成立了欧洲海洋和极地科学委员会。1998 年，该委员会的独立审查导致欧洲极地委员会和海洋委员会成为两个独立实体。其中，海洋委员会稳步发展，并在欧洲科学基金会办公室设立了独立秘书处。2007 年，将其秘书处从法国斯特拉斯堡迁至比利时奥斯坦德市，并于 2013 年正式更名为欧洲海洋局，其成员范围扩大至具有强大海洋研究能力的国立大学联盟。从 2016 年起，欧洲海洋局成为一个完全独立的非营利组织。

除当地合作伙伴外，欧洲海洋局与英国、瑞典、西班牙、葡萄牙、波兰、挪威、德国、法国等国家的海洋研究所、研究资助机构及大学联盟都建立了合作。

（二）组织架构

欧洲海洋局是一个泛欧洲的国家组织合作平台，它包括科研管理机构（执行委员会或部门）、科研机构（如国家海洋科学研究所）和在全欧范围内建立的合作机构（如大学联盟）。

执行委员会负责监督海洋局的工作。委员会由1名主席、6名副主席和1名执行科学秘书组成；这名秘书依据职权，成为执行委员会的一员。执行委员会成员由海洋局成员选举而来，任期3年，可进行为期两届的连任。

海洋局和执行委员会提出的策略、决策和活动由秘书处负责实施。秘书处由5名职员组成，受海洋局的执行科学秘书领导。

秘书处负责海洋局的日常工作，推进海洋局目标的实现，促进其活动力和产出。

（三）研究领域

欧洲海洋局就欧洲海洋科学具有战略重要性的主题和尚未正确处理或缺乏可见性的主题开展前景研究。围绕海洋治理、海洋经济、海洋可持续发展及海洋与人类社会关系等主题进行深入研究，推动未来欧洲及其成员国海洋研究的进程和策略实施。

——海洋观测和基础设施：进行海洋观测，以监测和了解海洋环境及其变化方式。这些数据和知识可用于科学研究，以制定评估基线和支持海洋生物及非生物资源的可持续管理，推动海洋产业的可持续发展。

——海洋与人类健康：通过研究海洋与人类健康的相互作用机理及联系，为海洋和人类社会的协调发展提供政策支持，同时为新兴学科"海洋与人类健康"的发展提供支撑。

——生物多样性：通过研究海洋生物多样性的起源、组成、在生态系统功能中的作用，以及在新的自然和人类社会压力下的变化，探讨可能进一步导致的环境、经济和社会问题，推进新的生物技术应用，以更好地保护和利用海洋生物多样性。

——海洋治理：旨在以健康、高效、安全和有弹性的方式管理和利用世界海洋及其资源。寻求和推动国家以及国家管辖范围内海洋以外的地区的合作。

——蓝色经济：通过了解经济活动与生态系统之间的复杂关系，发掘海洋的创新和增长潜力,推动整个海洋和海洋部门的可持续增长。

——人类的影响:研究人类活动对海洋环境产生的影响,包括人类的陆地活动,探索和寻求海洋生态系统的可持续性。

(四) 研究项目及成果

欧洲海洋局提供了一个平台,汇集了广泛的海洋科学利益相关者,如科学家、欧洲和国家政策制定者、泛欧和区域网络等,实际上涵盖了海洋和海洋研究的所有专业知识,形成了丰富的研究成果。部分研究项目和研究成果见表30.1和表30.2。

表 30.1　部分研究项目

序号	项目名称(中文)	项目名称(英文)
1	SOPHIE:欧洲的海洋和公共卫生	SOPHIE—Seas, Oceans and Public Health in Europe
2	EOOS:欧洲海洋观测系统	EOOS—European Ocean Observing System
3	海洋变化:我们的海洋,我们的健康	Sea Change—Our Ocean, Our Health
4	阶段:科学技术推进良好环境治理	STAGES—Science and Technology Advancing Governance of Good Environmental Status
5	SEAS-ERA:迈向综合海洋研究战略和计划	SEAS-ERA—Towards Integrated Marine Research Strategy and Programmes
6	CSA Marine Biotech:海洋生物技术协调支持行动	CSA Marine Biotech—Coordination Support Action in Marine Biotechnology
7	CLAMER:气候变化对海洋环境的影响:研究结果和公众认知	CLAMER—Climate Change Impacts on the Marine Environment: Research Results and Public Perception

表 30.2　部分研究成果

序号	成果名称(中文)	成果名称(英文)	成果类型	发布时间
1	海洋生态系统服务价值:考虑蓝色经济中生态系统效益的价值	Valuing Marine Ecosystem Services: Taking into Account the Value of Ecosystem Benefits in the Blue Economy	简报	2019
2	驾驭未来 V	Navigating the Future V	文章	2019
3	增强欧洲在海洋生态系统建模中的社会效益	Enhancing Europe's Capability in Marine Ecosystem Modelling for Societal Benefit	简报	2018
4	加强欧洲的生物海洋观测能力	Strengthening Europe's Capability in Biological Ocean Observations	简报	2018
5	海洋生物技术:推动欧洲生物经济的创新	Marine Biotechnology: Advancing Innovation in Europe's Bioeconomy	简报	2017
6	深入研究:21世纪深海研究的关键挑战	Delving Deeper: Critical Challenges for 21st Century Deep-Sea Research	文章	2015
7	将海洋与人类健康联系起来:欧洲的战略研究重点	Linking Oceans and Human Health: A Strategic Research Priority for Europe	文章	2014

序号	成果名称(中文)	成果名称(英文)	成果类型	发布时间
8	海洋微生物多样性及其在生态系统功能和环境变化中的作用	Marine Microbial Diversity and Its Role in Ecosystem Functioning and Environmental Change	文章	2012
9	生态海洋资源管理生态系统方法的科学维度(SEAMBOR)	Science Dimensions of an Ecosystem Approach to Management of Biotic Ocean Resources (SEAMBOR)	文章	2010

(五) 重点出版物译介

1.《海洋生态系统服务价值：考虑蓝色经济中生态系统效益的价值》(Valuing Marine Ecosystem Services：Taking into Account the Value of Ecosystem Benefits in the Blue Economy,2019)

该简报突出了当前对海洋环境生态系统服务价值评估的见地。认为生态系统评估的目的不是为了标记性质,而是为了帮助解决确定的海洋政策问题,从而帮助可视化和量化(以货币或非货币形式)海洋生态系统服务的各种直接和间接贡献,以增进人类福祉。该简报就如何将海洋评估研究的产出纳入资源和环境经济学中并予以使用进行了探索,还为欧洲海洋政策优化提供了建议。

2.《海洋生物技术：推动欧洲生物经济的创新》(Marine Biotechnology：Advancing Innovation in Europe's Bioeconomy,2017)

海洋生物技术正在迅速发展,对新型环保技术和新型药物的需求也在迅速增长。在此背景下,海洋生物技术工作组评估了目前与欧洲和成员国政策相关的海洋生物技术的科学认识,并确定了该领域需进一步研究的内容,包括对海洋生物社会经济背景的分析等。简报总结了 2016 年欧洲海洋生物技术的发展,评估了相关主题领域海洋生物技术的最新进展和挑战,并强调基础海洋研究和海洋生态系统知识体系对生物技术研发具有重要意义。政策简报还介绍了海洋生物技术的商业应用实例,及由此产生的高价值产品和服务。

3.《海洋微生物多样性及其在生态系统功能和环境变化中的作用》(Marine Microbial Diversity and Its Role in Ecosystem Functioning and Environmental Change,2012)

论文强调了微生物在海洋环境中的重要性和作用,确定了欧洲在海洋微生物多样性生态系统功能、生物地球化学循环和环境变化等方面的战略领域。基于提升欧洲竞争力的研究目的,提出了具体建议和未来研究计划。研究大幅提高了人类对海洋微生物多样性及其影响环境变化机理的认识。

英国自然环境研究理事会（NERC）

类　　型：英国政府智库

所 在 地：英国斯文顿

成立年份：1965 年

执行主席：邓肯·温纳姆（Duncan Wingham）

网　　址：https://nerc.ukri.org/

英国自然环境研究理事会（NERC）是英国 7 个研究理事会之一，是英国领先的环境科学公共基金。该机构致力于促进和支持环境科学领域高质量的基础性、战略性应用研究和调查，主要开展长期环境观察监测与环境科学领域的研究生培养，进而促进知识技术发展和成果利用。它为用户及受益方输送训练有素的科学家和工程师，提供满足其需求的服务，进而提高英国经济竞争力、公共服务与政策的实效性以及民众的生活质量。除此之外，英国自然环境研究理事会还负责提高公众在环境科学领域的参与意识，鼓励公众参与和传播知识并为有关活动提供咨询意见。

（一）发展历程

英国自然环境研究理事会成立于 1965 年，当时许多环境研究组织和调查都是由皇家宪章组织的。2018 年 4 月 1 日，英国自然环境研究理事会成为英国研究与创新署（UK Research & Innovation）的一部分，后者是一个新组织，将英国的 7 个研究委员会、创新英国（Innovation UK）和英格兰研究（Research England）联合起来，成员们最大限度地发挥各自的特长，为研究和创新的蓬勃发展创造最佳环境。英国自然环境研究理事会的愿景是确保英国在研究和创新方面保持世界领先地位。

英国自然环境研究理事会设有专门的基金资助模块，为不同类型研究提供资金支持。主要资助针对特定领域或问题开展的战略性研究和紧急问题对策研究,或将资金用于研究人员面向世界一流科学所需的技能和经验培训。基金类型包括国家能力基金、战略研究基金、发现科学(响应模式)基金、创新基金以及研究生培训及奖学金基金。理事会还在全球寻求建立合作伙伴关系,并提供动态环境(RIDE)论坛,促进成员更有效地利用公共资金,以增强英国公共资助项目在环境变化研究、实践和创新领域的影响。

(二) 组织架构

英国自然环境研究理事会拥有大约200名员工,管理体系包括总部、董事会和委员会以及咨询机构三个层面。

理事会的基金、行政和组织活动都由总部运行。执行主席和运营总监均位于斯文顿,负责为理事会提供企业领导,协调整个理事会的战略、规划、绩效管理、报告和对外关系。理事会对大学和公共部门研究机构的资助项目由总部制定政策并管理,并提供支援服务,包括财务、IT、人事、场所及通信支持。

董事会和委员会是英国自然环境研究理事会的顶级决策和管理机构,委员会由5个部分组成。根据英国研究与创新署的授权,董事会负责就科学、研究和创新事务提供建议并做出决定。委员会职权方面,科学委员会主要就制定综合科学战略、资助新方案和倡议提供咨询意见;董事会负责监督会计主管履行公共资金管理的职责;管理委员会,作为专员就规划和决策以及战略、计划的实施为执行主席提供咨询和支持;薪酬委员会则负责员工基本薪俸变动及年度奖金的厘定,通常每年在6月和9月理事会会议期间举行两次会议。

(三) 研究领域

英国自然环境研究理事会的研究属于英国研究与创新研究领域中高层次的主题研究,包括研究和监测地球和生命本身所依赖的物理、化学和生物过程,领域涵盖陆地、海洋、淡水、大气和极地科学、科学考古学以及地球观测等。

——大气物理与化学:包括大气动力学、边界层气象学、土地-大气相互作用、大尺度大气动力学和输运、海洋-大气相互作用、辐射过程和效应、平流层过程、对流层过程、上层大气过程和地球空间、大气中的水研究。

——气候与气候变化:包括所有时间尺度上当前和过去气候变异性和变化原因的建模和分析,了解和模拟未来的气候变化,探究和归因过去的变化,并预测气候变化对环境的影响。

——生态、生物多样性与系统学:包括行为生态学、群落生态学、保护生态学、种群生态学、系统学和分类学研究。

——海洋环境：包括生物地球化学循环、生态系统规模的过程和土地利用、陆地-海洋相互作用、海洋-大气相互作用、耦合海洋-大气模型、海洋环流研究。

——植物与作物科学：研究植物和动物对环境的生理反应、体内平衡、压力、行为反应及其生存策略。

——污染、浪费与资源：研究与自然和人为有毒物质有关的诊断、耐受和适应，了解污染物和废物的长期可用性和发展趋势。

——陆地和淡水环境：包括生物地球化学循环、地球表面过程、生态系统尺度的过程和土地利用、生态与土地利用模式的相互作用、陆地-海洋相互作用、土壤科学、水质研究。

(四) 研究项目及成果

英国自然环境研究理事会围绕陆地、海洋、淡水、大气和极地科学、科学考古学以及地球观测等主要领域开展研究。部分研究项目见表 31.1。

表 31.1　部分研究项目

序号	项目名称(中文)	项目名称(英文)
1	一个发展中的大城市的大气污染与人类健康	Atmospheric Pollution & Human Health in a Developing Megacity
2	环境中化学物的新风险	Emerging Risks of Chemicals in the Environment
3	生物圈演化、变迁与弹性(BETR)	Biosphere Evolution, Transitions & Resilience (BETR)
4	增强应对环境危害的能力	Building Resilience to Environmental Hazards
5	北大西洋的变化及其对气候的影响	The Changing North Atlantic Ocean and Its Impact on Climate
6	清洁空气：分析和解决方案	Clean Air: Analysis & Solutions
7	扶贫生态系统服务(ESPA)	Ecosystem Services for Poverty Alleviation (ESPA)
8	探索和了解哥伦比亚的生物资源	Exploring & Understanding Colombian Bio Resources
9	生物多样性与生态系统服务可持续(BESS)	Biodiversity & Ecosystem Service Sustainability (BESS)
10	英国干旱与缺水	UK Droughts & Water Scarcity

英国自然环境研究理事会拥有全面的环境科学相关信息资料，这些资料可以在网上、图书馆和档案馆查阅，并对研究人员和公众开放。理事会的开放研究档案(NORA)由英国南极调查局、英国地质调查局、生态与水文研究中心和国家海洋学中心 4 个储存库组成。部分研究成果见表 31.2。

表 31.2　部分研究成果

序号	成果名称（中文）	成果名称（英文）	成果类型	发布时间
1	北极地区土壤细菌群落的生物地理格局	Biogeographical Patterns in Soil Bacterial Communities Across the Arctic Region.	文章	2019
2	风驱动过程控制海洋热量向南极洲阿蒙森海的输送	Wind-Driven Processes Controlling Oceanic Heat Delivery to the Amundsen Sea, Antarctica	文章	2019
3	玄武岩单元的自然剩余磁化强度如何主导磁极值的降低：以法罗群岛为例	How Natural Remanent Magnetization of Basaltic Units Can Dominate the Reduced to Pole Magnetic Value: A Case Study from the Faroe Islands	文章	2019
4	南大洋鱿鱼体内汞含量：过去十年的变化	Mercury Levels in Southern Ocean Squid: Variability Over the Last Decade	文章	2019
5	泥炭地 CO_2 和 CH_4 的时间积分通量建模：综述	Modelling Time-Integrated Fluxes of CO_2 and CH_4 in Peatlands: A Review	文章	2019
6	欧洲水框架指令下的地表水营养标准：当前的最新水平、挑战和未来展望	Nutrient Criteria for Surface Waters Under the European Water Framework Directive: Current State-of-the-Art, Challenges and Future Outlook	文章	2019
7	亚马孙森林对 CO_2 施肥的响应依赖于植物磷的吸收	Amazon Forest Response to CO_2 Fertilization Dependent on Plant Phosphorus Acquisition	文章	2019
8	拉文河流域倡议：综合现有知识，帮助确定改善水环境的环境管理优先事项	River Leven Catchment Initiative: Synthesis of Current Knowledge to Help Identify Environmental Management Priorities to Improve the Water Environment	报告	2018

（五）重点出版物译介

1.《钋的环境行为》(*The Environmental Behavior of Polonium*, 2017)

本书涵盖了陆地、淡水和海洋环境中的钋行为、剂量考虑以及减轻和补救措施，还提供了案例研究。

2.《树木与作物的相互作用：气候变化下的农林复合经营（第二版）》(*Tree-Crop Interactions: Agroforestry in a Changing Climate*, 2nd Edition, 2015)

本书主要分析了农林复合系统作用的内在机理，如一年生和多年生木本植物混合种植的生产力和管理，光、水资源的捕获和利用原则，农林业与微观气候变化，农林业竞争与物候学等，并探讨了未来农林业面临的主要挑战。

3.《极端事件对淡水生态系统的影响》(*The Impact of Extreme Events on Freshwater Ecosystems*, 2014)

本书主要说明了极端天气对淡水生态系统的环境影响以及对淡水生境和生物的影响，提出了理解和预测极端天气影响的方法，并给出了管理建议。

德国亥姆霍兹环境研究中心（UFZ）

类　　型：	德国政府智库
所 在 地：	德国莱比锡
成立年份：	1991 年
科技总监：	格奥尔格·托伊奇（Georg Teutsch）
行政总监：	扎比内·柯尼希（Sabine König）
网　　址：	https://www.ufz.de/

德国亥姆霍兹环境研究中心（UFZ）是世界领先的环境研究中心之一，享有很高的社会认可度。中心支持政治领域、经济和一般公众更好地了解人类行动对环境产生的后果，并为社会决策进程给出各种选择。其使命是展示如何将社会发展与健康的环境相结合，通过可持续利用自然资源造福人类和环境。

（一）发展历程

UFZ 成立于 1991 年 12 月 12 日，研究启动时间为 1992 年 1 月 2 日。中心资金主要来源于德国联邦政府（联邦教育和研究部）、萨克森自由州和萨克森-安哈尔特州，其中德国联邦政府占比 90％、萨克森自由州占比 5％、萨克森-安哈尔特州占比 5％。

（二）组织架构

UFZ 在德国莱比锡、哈雷、马格德堡、巴德劳施塔特、法肯伯格等地均有研究所。UFZ 治理层由董事会、监事会、科学咨询委员会及科学技术理事会构成。其中：① 董事会是中心的最高决策机构，它由代表联邦政府和萨克森自由州和萨克森-安哈尔特州的股东大会成员组成。② 监事会监督行政管理人员的合法、适当和有效行为，并对 UFZ 的一般研究目标、有关研究政策问题和财政事项作出决策,人员由 1 名监事会主席和 12 名知名学者、政府官员、机构研究者组成。③ 科学咨询委员会由 1 名主席和 8 名成员组成。④ 科学技术理事会由各部门主管和当选的中心科学工作人员组成。

（三）研究领域

UFZ 包括六大专题的研究单位,具有较强的综合环境研究能力。主要通过利用科学的基础设施与国际间广泛合作,在最高层次上解决实际问题,并将社会发展与环境健康结合起来。

——生态系统:通过制定战略和方法,确保各种生态系统服务的持久性,以及在全球变化和压力日益增加的时代中生态系统的抵抗力,使未来的生态系统满足人类和社会的不同需要。

——水资源环境:通过观察、探索和分析水循环的各个区域,定性和定量地确定水生态系统和陆地生态系统对水和物质平衡的功能,分析生物的多样性,确保水资源在未来保有足够数量与必要的质量以满足人类与自然环境的安全需求。

——化学环境:通过研究现实环境中多种形式的化学污染对不同生态系统、物种社区和生物体的影响,评估化学品危害,保证化学制品未来将以一种不再对人类健康或环境构成威胁的方式被开发出来。

——环境工程与生物技术:通过认识和理解、充分利用隐藏在自然界中的生物化学潜力和生态原理,借助创新环境和生物技术来满足人类的需求。

——智能化:利用智能模型和监测可以对复杂的环境系统进行分析,并对环境系统如何对人为干扰做出反应得出可靠的预测。通过将模型降低到所需的绝对最低复杂度,并对模型进行参数最优化,实现智能模型与其监测功能。

——环境社会:通过更好地理解政治、经济和社会行动者在地方、区域和全球范围内与复杂环境关系的相互作用,采用创新战略和手段,将生态过程和社会需求结合起来,为人类的自然资源可持续利用制定建议和解决方案。

（四）研究项目及成果

为应对全球气候变化、土地使用变化、人口增长以及不断提升的粮食与能量需求,UFZ 围绕生态系统、水资源环境、化学环境、环境工程与生物技术、智能模型、环境社会 6 个主要领域展开研究,部分研究项目见表 32.1。

表 32.1　部分研究项目

序号	项目名称(中文)	项目名称(英文)
1	新型生态系统	Emerging Ecosystems
2	土地利用冲突	Land Use Conflicts
3	集水动力学	Catchment Dynamics
4	水生生态系统	Aquatic Ecosystems
5	暴露体	Exposome
6	化学品的命运	Chemicals' Fate
7	可持续生物技术与生物经济	Sustainable Biotechnology & Bioeconomy
8	从模型到预测	From Models to Predictions
9	城市化转型	Urban Transformations
10	能源土地利用	Energy Land Use
11	气候研究	Climate Research
12	生物经济	Bioeconomy
13	能源研究	Energy Research

UFZ 自成立以来,出版了系列著作、论文、研究报告,主要涵盖生态、环境、水资源、生物技术、化学等。部分研究成果见表 32.2。

表 32.2　部分研究成果

序号	成果名称(中文)	成果名称(英文)	成果类型	发布时间
1	可再生能源项目	Renewable Energy Programme	报告	2019
2	科技、创新、社会项目	Technology, Innovation, Society Programme	报告	2019
3	地球环境计划	Terrestrial Environment Programme	报告	2019
4	人工湿地中的抗生素可导致植物失调	Antimicrobials in Constructed Wetlands Can Cause in Planta Dysbiosis	论文	2019
5	利用指标化合物对湿地处理中的微污染物去除效果进行评价,并对安赛蜜的生物降解性进行重新评估	Assessment of Micropollutants Removal in Treatment Wetlands Using Indicator Compounds and Re-evaluation of Acesulfame Biodegradability	论文	2019
7	森林遥感:基于经验数据和模拟的生物量存量、流量与可变性分析	Remote Sensing of Forests: Analyzing Biomass Stocks, Changes and Variability with Empirical Data and Simulations	论文	2019
8	环境化学品及其混合物毒性基因组效应的建模和预测:用于环境监测的非目标生物分析	Modeling and Predicting Toxicogenomic Effect Profiles of Environmental Chemicals and Their Mixtures: Towards Non-target Bioanalytics for Environmental Monitoring	论文	2019
9	欧盟联合协议下乌克兰绿色金融政策路线图	Roadmap for a Green Financial Policy in Ukraine Under the EU Association Agreement	讨论稿	2019
10	通过建模实现的结果导向的农业环境支付	Implementing Result-Based Agri-Environmental Payments by Means of Modelling	讨论稿	2019

续表

序号	成果名称（中文）	成果名称（英文）	成果类型	发布时间
11	健康城市：城市概念简介	Healthy City—Introduction to a City Concept	讨论稿	2019
12	为适应气候变化的基础设施融资：政治经济框架	Financing Climate-Resilient Infrastructure：A Political-Economy Framework	讨论稿	2019
13	连接自然森林的模式和过程：跨尺度的创新建模方法	Linking Pattern and Processes in Natural Forests：Innovative Modelling Methods Across Scales	论文	2018
14	生物燃料系统评估：未来成本和生物燃料之间的温室气体减排竞争力建模——以德国为例	Systems Assessment of Biofuels：Modelling of Future Cost and Greenhouse Gas Abatement Competitiveness Between Biofuels for Transport on the Case of Germany	论文	2018
15	自来水中农药的暴露及效果评估	Exposure and Effect Assessment of Pesticides in Running Waters	论文	2018
16	全球变暖对大型河流浮游植物及其生物控制的影响：来自模型分析的见解	Effects of Global Warming on Phytoplankton and Its Biocontrol in Large Rivers：Insights from a Model Analysis	论文	2018
17	序列灾难取证：在格里马市洪水中的应用	Sequential Disaster Forensics：An Application to Floods in the City of Grimma	讨论稿	2018
18	风力发电部署的区域异质性：德国和瑞典土地利用政策的实证研究	The Regional Heterogeneity of Wind Power Deployment：An Empirical Investigation of Land-Use Policies in Germany and Sweden	讨论稿	2018
19	捍卫未来：环境研究	Safeguarding the Future—Research for the Environment	报告	2017
20	在转型中的德国资源开采与技术发展：社会科学的观点	Commodity Extraction and Technology Development in Germany in Transition：Social Science Perspectives	论文	2017
21	温带森林动力学：利用森林模型和库存对若干驱动因素的量化	On the Dynamics of Temperate Forests：Quantification of Several Drivers Using Forest Models and Inventories	论文	2017
22	在时空上的森林破碎：森林模型和遥感的新视角	Forest Fragmentation in Space and Time—New Perspectives from Forest Modelling and Remote Sensing	论文	2017
23	全球变化下基于主体建模的资源使用决策分析	Analyzing Resource Use Decisions Under Global Change by Agent-Based Modeling	论文	2017
24	西弗莱明地区土壤与景观水分管理的测量与模型研究	Measurement and Model-Based Investigations on Soil and Landscape Water Management in West Flaming	论文	2017
25	能源系统可持续空间配置的经济学分析：基于主体建模的可再生能源系统的理论检验	Economic Analysis of Sustainable Spatial Allocations of Energy Systems—A Theoretical Examination and an Agent-Based Model of Renewable Energy Systems	论文	2017

序号	成果名称(中文)	成果名称(英文)	成果类型	发布时间
26	模拟亚马孙雨林的碳储量和流量：跨越时空尺度的旅程	Simulating Carbon Stocks and Fluxes of the Amazon Rainforest：A Journey Across Temporal and Spatial Scales	论文	2017
27	欧盟公共可再生能源研发的知识积累：趋同还是分化趋势？	Knowledge Accumulation from Public Renewable Energy R&D in the European Union：Converging or Diverging Trends?	讨论稿	2017
28	生态财政转移中的分权效应：以葡萄牙为例	Decentralization Effects in Ecological Fiscal Transfers—The Case of Portugal	讨论稿	2017
29	存在价值、生物多样性与功利主义困境	Existence Value，Biodiversity，and the Utilitarian Dilemma	讨论稿	2017
30	生物多样性保护的可持续融资：德国发展合作经验回顾	Sustainable Financing for Biodiversity Conservation—A Review of Experiences in German Development Cooperation	讨论稿	2017

(五) 重点出版物译介

《捍卫未来：环境研究》(Safeguarding the Future—Research for the Environment，2017)

该报告围绕未来生态系统、水资源与环境、化学环境、环境工程与生物技术、智能模型/监控、环境与社会六大领域展开论述。

报告亮点在于对中心的详细介绍,并对中心六大研究领域做了详细叙述。具体包括：生态系统必须满足人类社会需求；地球必须保持足够数量的水资源；化学品的使用将不再对人类健康或环境构成威胁；自然将是人类生产与转化能源、化学品取之不竭的原材料；智能模型与监控功能可满足人类分析、预测环境系统的技术需要；社会变革是实现人类福祉与自然资源可持续利用的必经之路。

德国国际合作机构（GIZ）

类　　　型：德国政府智库

所 在 地：德国波恩、埃施伯恩

成立年份：1981 年

现任主席：坦贾·戈纳（Tanja Gönner）

网　　　址：http://www.giz.de/

德国国际合作机构（GIZ）是一个在全世界范围内致力于可持续发展的国际合作企业，它为发展中国家、工业化及新兴工业化国家的合作伙伴提供科学高效的解决方案，倾力塑造一个适宜全人类生活的未来。除德国经济合作与发展部（BMZ）这一主要委托方外，GIZ 也接受当地或其他国家的政府、国际组织（如欧盟、世界银行等）以及私营企业的委托，其始终秉持德国和欧盟的核心价值观，即在全世界范围内推动可持续发展，并充分保障人权。GIZ 至今已有 50 多年的国际可持续发展合作经验，在与多方合作的过程中，注重协助各相关利益主体逐步落实政策理念，将其转化为实际的经济、社会和环境效益。

（一）发展历程

GIZ 于 1981 年成立，在德国波恩和埃施伯恩注册办事处，为各种合作方提供财政支持或发展建议。2017 年，其营业额约为 30 亿欧元，在大约 120 个国家和地区拥有员工 20 726 名；2018 年，由 GIZ 和联邦就业局共同运营的国际移民与发展中心（CIM）将 317 名综合专家、518 名回国专家与 GIZ 合作方的本地雇主安置在一起，向他们提供专门的咨询决策支持或服务。GIZ 的工作遍及世界 130 多个国家，在全球约 90 个办事处开展业务，合作领域覆盖可持续经济发展、环境和气候保护等诸多方面。

（二）组织架构

GIZ 的主要组织架构包括股东、管理委员会和监督委员会三个层级。其唯一股东是德意志联邦共和国,由联邦经济合作与发展部和联邦财政部(BMF)代表。管理委员会由管理委员会主席和管理委员会副主席组成。监督委员会由 10 名股东代表和 10 名员工代表组成。监督委员会负责监督管理委员会的行为,以确保其符合相关的法律法规,并与机构的宗旨及业务原则相一致。

自 2011 年以来,GIZ 还设有董事会和私营部门咨询委员会。董事由公司和商业协会的代表组成(最多 40 名成员),由股东任命,任期 5 年。主要就与 GIZ 宗旨有关的事项进行讨论交流,并对其发展提供重要建议,以促进 GIZ 和德国各州、民间社会、私营部门以及其他从事类似领域工作的机构之间的联系。私营部门咨询委员会则为 GIZ 和私营部门之间的定期对话提供平台,它每年至少召开两次会议,以确定合作双方共同的活动领域和未来发展的可能途径,以确保在私营部门与 GIZ 之间建立更牢固的联系。

(三)研究领域

GIZ 在全球范围内为个人和组织提供有关学习和变革过程的建议,支持人们获得专业知识和技能,帮助组织、公共机构和私营企业优化其组织、管理和生产流程。它在全球范围内加强合作伙伴关系,并促进世界各国和地区在政策和活动领域之间的成功互动。GIZ 在经济发展、环境卫生、法律事务、公共财政等可持续发展领域有着广泛的知识和经验。

——经济发展与就业:经济增长是一个国家发展的根本要求,GIZ 帮助其伙伴国家改善其经济结构条件,消除官僚障碍因素并为其经济可持续建立适当的发展框架。

——环境与气候变化:保护自然资源是可持续发展和改善人类生活质量的基本要求,GIZ 帮助其合作伙伴确定各种环境风险原因,就区域环境合作提供建议,并制定将环境保护纳入政策等其他领域的战略。

——乡村发展:为合作伙伴提供农业和农村发展政策方面的建议,通过与学术机构和私营部门的合作,制定在不改变环境和减少生物多样性的情况下,以不断变化的农业和渔业条件增加产量和收入的战略。

——可持续基础设施:水、能源、运输等基础设施可促进经济发展,是生活条件改善的重要基础,水、能源与运输是发展的来源、载体和动力。研究最终为可持续目标服务。

(四)研究项目及成果

针对复杂的挑战,定制针对性的解决方案,是 GIZ 的研究内容。无论是缓解国际贸易摩擦、适应气候变化、追求可持续的城市交通，还是适应劳动力市场需求的职业培训、资金管理等，GIZ 为全球的客户提供了广泛的方法论和服务，推动了利益相关者之间的对话。部分研究项目见表 33.1。

表 33.1　部分研究项目

序号	项目名称（中文）	项目名称（英文）	合作伙伴	时间
1	安第斯国家可持续采矿区域合作	Regional Cooperation on Sustainable Mining in the Andean Countries	美国	2019—2021
2	拉美及加勒比地区在《2030 年可持续发展议程》框架下中等收入国家的可持续发展道路	Sustainable Development Paths for Middle Income Countries in the Framework of Agenda 2030 for Sustainable Development in Latin America & the Caribbean	拉美及加勒比地区	2018—2020
3	通过太平洋沿岸碳汇的保护和恢复奖励措施加强沿海生物多样性保护和管理	Strengthening Coastal Biodiversity Conservation and Management Through Protection and Rehabilitation Incentives for Coastal Carbon Sinks in Pacific Is	亚洲	2018—2023
4	生物多样性融资咨询和《生物多样性公约》2011—2020 年战略计划的实施咨询	Consultancy for Financing Biodiversity and Implementation of the CBD's Strategic Plan 2011—2020	全球	2018—2020
5	可持续发展目标实施	SDG Implementation	全球	2017—2022
6	在塞尔瓦玛雅地区促进生物多样性和气候变化监测系统	Promotion of a Biodiversity and Climate Change Monitoring System in the Selva Maya	中美洲一体化（伯利兹、危地马拉、墨西哥等）	2016—2021
7	毛里塔尼亚采矿业的综合经济发展	Integrated Economic Development in the Extractive Sector of Mauritania	毛里塔尼亚	2015—2021
8	实施《生物多样性公约》名古屋议定书》的方案（获取和惠益分享倡议）	Programm Implementing the Nagoya-Protocol of the Convention on Biological Diversity（ABS Initiative）	全球	2015—2022
9	尼罗河流域重要跨境湿地的生物多样性保护和生态系统服务的价值评估	Biodiversity Conservation and Valorizing of Ecosytem Services in Significant Cross-Border Wetlands of the Nile Basin	刚果、肯尼亚、卢旺达、苏丹、坦桑尼亚等	2015—2021
10	提高多米尼加共和国边界附近生物圈保护区中生态系统的适应性	Increasing the Adaptability of the Ecological Sistems in Border of the Biosphere Reserves und der Dominikanischen Republik	美国、多米尼加、海地	2014—2022
11	本格拉当前大型海洋生态系统的保护和可持续利用	Conservation and Sustainable Use of the Benguela Current Large Marine Ecosystem	纳米比亚、安哥拉、南非	2014—2020

序号	项目名称(中文)	项目名称(英文)	合作伙伴	时间
12	开放区域基金:实施生物多样性协议	Open Regional Fund—Implementation Biodiversity Agreements	阿尔巴尼亚、塞尔维亚、科索沃等	2014—2020
13	普雷斯帕湖、奥赫里德河和斯库台湖的生物多样性保护和可持续利用	Conservation and Sustainable Use of Biodiversity at Lakes Prespa, Ohrid and Shkoder	阿尔巴尼亚、黑山、北马其顿	2011—2020
14	东盟(东南亚国家联盟)生物多样性部门的体制建设	Institutional Strengthening of the Biodiversity Sector in ASEAN (Association of Southeast Asian Nations)	东南亚国家联盟(文莱、印度尼西亚、柬埔寨、菲律宾等)	2009—2021
15	非洲生态标签机制	African Eco-Labelling Mechanism	博茨瓦纳、刚果、马达加斯加、毛里求斯、索马里、坦桑尼亚等	2009—2019

(五)重点项目简介

1.《可持续发展目标实施》(SDG Implementation,2017—2022)

该项目是一个全球项目,在全球各个国家逐步开展了部门合作和项目试点工作。项目主要针对环境保护和资源保护,旨在加强关于可持续发展目标的国家审查、对话和实施进程,注重国家与地区之间气候和生物多样性战略进程的协同作用。它促进了在高级别政治论坛(HLPF)中国家和国际一级就报告机制进行的交流和共同学习,为在全球针对可持续发展目标建立一个框架做出了努力。目前项目正在进行中。

2.《尼罗河流域重要跨境湿地的生物多样性保护和生态系统服务的价值评估》(Biodiversity Conservation and Valorizing of Ecosytem Services in Significant Cross-Border Wetlands of the Nile Basin,2015—2021)

该项目目标是加强尼罗河集水区重要跨境湿地可持续管理的技术和机构能力,通过开展评估工作为目标区域提供生物多样性保护和生态系统服务。项目时间跨度为2015年7月—2021年3月。

3. 拉美及加勒比地区在《2030年可持续发展议程》框架下中等收入国家的可持续发展道路(Sustainable Development Paths for Middle Income Countries in the Framework of Agenda 2030 for Sustainable Development in Latin America & the Caribbean,2018—2020)

该项目基于拉美及加勒比地区的部分国家及地区已有《2030年可持续发展

议程》的实施战略,目标在于支持拉美及加勒比地区执行《2030 年可持续发展议程》,并为选定的试点国家制定了长期发展的战略和措施。工作重点在于确定试点国家的发展潜力,并将其转化为政策动力,推行包容性和渐进式的结构变革,以促进区域环境友好和推动社会经济可持续增长。该项目时间跨度为 2018 年 6 月—2020 年 6 月。

斯德哥尔摩国际水研究所 (SIWI)

类　　型	瑞典政府智库
所 在 地	瑞典斯德哥尔摩
成立年份	1991 年
现任主任	简·彼得·博格韦斯特(Jan Peter Bergkvist)
网　　址	https://www.siwi.org/

斯德哥尔摩国际水研究所(SIWI)是一个关于水资源利用的研究机构,通过探索水相关科学,发掘水的价值,确保水资源的可持续利用与人类的基本需求,为世界各地的决策者提供支持。研究所总体目标是消除贫困。研究所为决策者和水用户提供各种服务,包括科学研究、政策咨询、培训或能力建设、倡导支持和商业服务等。除此之外,它还举办有关水和发展相关问题的领先年度活动,如"世界水周"。研究所还设立了诸多国际奖项如斯德哥尔摩水奖、斯德哥尔摩青少年水奖、斯德哥尔摩工业水奖等,这些奖项于每年的世界水周期间在斯德哥尔摩颁发。

(一) 发展历程

1991 年,斯德哥尔摩邀请公众在斯德哥尔摩街头庆祝水节,在此期间召开的水研讨会聚集了约 200 名科学家讨论全球水资源。在瑞典国王的赞助下,首次颁发了斯德哥尔摩水奖,以表彰在与水有关的活动方面取得的杰出成就。斯德哥尔摩国际水研究所同年正式成立。

斯德哥尔摩国际水研究所从瑞典国际合作发展局(Sida)获得核心资金,以支持相关研究和发展。在国际合作方面,研究所采取战略性项目合作伙伴关系形式,与政府、国际组织以及当地企业部门合作,将政策与实践联系起来。虽然项目范围各不相同,但大体包括科学研究、政策咨询、项目管理、国际培训或能力建设等方面。斯德哥尔摩国际水研究所主要的合作伙伴有美洲开发银行(IDB)、亚洲开发银行、联合国水机制(UN-Water)、中华人民共和国生态环境部对外合作与交流中心、哥德堡大学、EAT 基金会等。除此之外,还与各种媒体合作,分享有关水和发展问题的重要信息,并扩大"世界水周"范围。

(二) 组织架构

斯德哥尔摩国际水研究所最高领导层即董事会,由首席执行官和 10 名董事会成员组成。成员每年选举 1 次。在组织管理上,研究所采用灵活的矩阵组织模式,将工作区域与主题结构相结合,针对研究所承担的每个短期或长期项目和计划,定期组建专门的工作组。目前,研究所在瑞典斯德哥尔摩和南非比勒陀利亚等约 20 个国家拥有 60 多名员工。

(三) 研究领域

斯德哥尔摩国际水研究所专注于水和水周围的一系列研究和开发主题,主要在水治理、跨界水资源管理、水和气候变化、水利经济学等领域进行研究,构建制度和提供咨询服务。

——改善水治理:推动制定和实施科学的关于水资源的法律和政策,建立水机构,并明确各机构组织在水资源利用和服务方面的作用和责任,以促进综合、透明的水治理进程,确保水资源使用的公平和可持续。

——共享水域的合作:研究促进水资源共享的合作方法,以推动世界水资源安全和环境保护,为沿岸国家水资源可持续开发开辟新的机会。

——知情国际政策:通过合作和建立伙伴关系,为减缓和适应气候变化制定公平、包容和具有前瞻性的协议和战略,以促进更加科学、合理地利用世界水资源。

——跨领域问题:研究包括性别、人权和青年赋权 3 个贯穿工作的跨领域问题。通过致力于全球水治理,将水治理理念渗透到整个社会层面,为消除贫困、实现水资源管理中的性别平等及人权赋予助力,改善社会所有成员的生活。

(四) 研究项目及成果

斯德哥尔摩国际水研究所围绕水资源及其使用在全球开展相关研究,并定期出版报告、文章、杂志和政策简报等。部分研究项目和研究成果见表 34.1 和表 34.2。

表 34.1 部分研究项目

序号	项目名称(中文)	项目名称(英文)
1	国际水合作中心(ICWC)	International Centre for Water Cooperation
2	源到海	Source-to-Sea
3	转变非洲旱作农业投资(TIARA)	Transforming Investments in African Rainfed Agriculture
4	城市水弹性方法	City Water Resilience Approach

表34.2 部分研究成果

序号	成果名称(中文)	成果名称(英文)	成果类型	发布时间
1	生产和多功能景观用水	Water for Productive and Multifunctional Landscapes	简报	2019
2	替代服务交付如何改善供水服务?	How Can Alternative Service Delivery Improve Water Services?	报告	2019
3	通过弹性水管理连接SDG	Connecting the SDGs Through Resilient Water Management	简报	2019
4	水管理是应对气候变化的关键	Water Management Key to Tackling Climate Change	简报	2018
5	跨界水域:从源头到海洋的合作	Transboundary Waters: Cooperation from Source to Sea	简报	2018
6	蓝色三位一体:淡水、海洋和气候变化	The Blue Trinity: Freshwater, Oceans and Climate Change	简报	2018
7	淡水和海洋:共同应对气候变化	Freshwater and Oceans—Working Together to Face Climate Change	简报	2017
8	为实施《巴黎协定》注入成功因素	Water a Success Factor for Implementing the Paris Agreement	简报	2017
9	SIWI战略2018—2021	SIWI Strategy 2018—2021	报告	2017
10	建立湄公河流域的多利益相关方平台	Towards a Multi-Stakeholder Platform in the Mekong Basin	文章	2017

(五)重点出版物译介

1.《水基础设施融资约束:非洲和欧洲的共同经验教训》(Water Infrastructure Finance Constraints: Shared Lessons from Africa and Europe,2019)

文章以非洲-欧盟水伙伴关系项目(AEWPP)为基础,探讨了水基础设施建设项目开发和实施的问题和挑战,包括长期资本规划、资金配置及人力资源管理方面存在的不足和经验教训。在此基础上,提供相关建议,以指导项目顺利实施,为全球水基础设施提供可持续的融资解决方案。其中,非洲-欧盟水伙伴关系项目旨在为非洲与水有关的基础设施项目提供更多的公共和私人资本,并鼓励和支持非洲各国政府自主建设和投资水资源治理。

2.《SIWI战略2018—2021》(SIWI Strategy 2018—2021,2017)

报告认为,解决水危机和实现持久变革的最佳方式和最终目标是消除贫困,关键是加强政府及社会部门之间的水治理。其工作重点是加强全球、区域、国家和地方的淡水治理。该报告确定了研究所2018—2021年的研究方向,指出在2018—2021年战略期间,将把在水治理方面的专业知识与其号召力相结合,通过建立对话来进一步改进和改善水治理的政策及实践。

3.《水外交：促进对话》(Water Diplomacy：Facilitating Dialogues,2019)

水外交是一种方法,使各种利益相关者能够评估和思考如何为共享水资源的联合管理寻找解决方案。它是一个动态过程,旨在为水资源管理制定合理、可持续的和平解决方案,同时促进沿岸利益相关者之间的合作与协作。文章认为,有效和可持续的水资源管理方案产生的关键是促进利益相关者之间更好地合作,不断加强跨界水管理政治和技术的联系;而水外交缺乏的区域则迫切需要进一步将科学的政策和实践观点纳入多边水外交进程,以改善地区所必需的跨界水合作。文章指出,目前水外交面临的挑战是如何确保现有的技术知识能够为水外交提供灵活信息,以应对不断变化的政治格局和气候变化,以及如何有效建立信任机制以确保水合作进程的可持续。

荷兰环境评估署 (PBL)

类　　型：荷兰政府智库

所 在 地：荷兰海牙

成立年份：2008 年

现任署长：汉斯·玛玛（Hans Mommaas）

网　　址：https：//www.pbl.nl/

　　荷兰环境评估署（PBL）是国家环境、自然和空间战略政策分析的自主研究机构。它是荷兰政府组织的一部分，隶属于基础设施和水管理部。经济事务与气候政策部，内政及王国关系部，农业、自然和食品质量部以及外交部等政府部门也可委托荷兰环境评估署对与环境、自然和空间规划有关问题进行研究。该机构通过开展前景研究、分析和评估来提高政治和行政决策的质量，政策相关性是其所有研究的主要关注点。

（一）发展历程

　　荷兰环境评估署成立于 2008 年，依托政府改革计划由荷兰空间研究所（RPB）与荷兰环境评估机构（MNP）合并而成。研究所与阿姆斯特丹大学、蒂尔堡大学、格罗宁根大学等多所高校，荷兰统计局、荷兰能源研究中心、荷兰皇家气象研究所、国家公共卫生与环境研究所等多所科研机构，达美计划专员、荷兰皇家艺术与科学院、荷兰科学研究组织等多个专业组织，欧盟委员会、DG 气候行动、DG 环境、欧盟委员会联合研究中心、欧洲空间规划观测网、欧洲环境署、芬兰环境研究所等欧洲伙伴，以及经济合作与发展组织、联合国环境规划署、政府间气候变化专门委员会等国际组织建立了合作关系。

(二) 组织架构

荷兰环境署由 7 个研究部门、2 个行政办公室和咨询委员会组成,拥有约 240 名员工,其中 80% 的员工为生物学家、经济学家、物理学家、空间规划师、数学家、社会学家、社会地理学家以及 MSA 和农业工程师等。咨询委员会组织定期审核,负责监督机构研究的科学质量和社会相关性。咨询委员会由 8 名学者组成,任期为 3 年,可以连任。

(三) 研究领域

荷兰环境评估署主要在能源、气候、模型和数据、自然、风景和生物多样性、区域经济以及可持续发展等主题领域展开相关研究。

——能源与气候变化研究:通过对全球能源使用数据及气候变化问题进行研究,预测和分析潜在趋势,为国家提供战略选择与支持。

——积分氮研究:对欧洲和全球由于活性氮积累导致的当代环境问题,如富营养化、臭氧形成和酸化等进行研究,运用全球环境评估综合模型,形成"全球综合氮"档案。

——模型和数据研究:包含环境研究工作中使用的各种模型和方法的概述。这些模型方法学科之间各不相同,范围从自然科学到政策研究都有涉及。

——自然、风景和生物多样性研究:针对自然、风景和生物多样性领域进行前景研究,为自然、景观和生态系统政策服务,并进一步评估分析政策进展和结果。

——区域经济学研究:研究分析区域性经济问题,利用区域数据的可视化分析区域的竞争地位及其在全球经济网络中的地位。主要致力于推动提升荷兰地区和集聚区的竞争力。

——可持续发展研究:以"21 世纪议程"和"千年发展目标"为基础,在全球政策中实施可持续发展理念,以提升城市生活质量。

(四) 研究成果

荷兰环境评估署围绕自然、风景和生物多样性、气候、水、能源、农业、可持续发展、空气污染和方法模型 8 个主要领域开展研究。部分研究成果见表 35.1。

表 35.1 部分研究成果

序号	成果名称(中文)	成果名称(英文)	成果类型	发布时间
1	"自然与人类行动议程"的机会	Opportunities for the Action Agenda for Nature and People	报告	2019
2	与全球 2℃目标相关的日本中世纪排放途径:基于碳预算的国家和全球模型评估	Mid-Century Emission Pathways in Japan Associated with the Global 2℃ Goal: National and Global Models' Assessments Based on Carbon Budgets	报告	2019
3	绿色城市化与环境改善	Green Urbanization and Environmental Improvement	报告	2019
4	农业用地和粮食生产对未来水资源短缺的脆弱性	The Vulnerabilities of Agricultural Land and Food Production to Future Water Scarcity	文章	2019
5	气候变化减缓情景中生物量供需的综合评估	Integrated Assessment of Biomass Supply and Demand in Climate Change Mitigation Scenarios	文章	2018
6	河流破碎化对欧洲溯河鱼类的物种和河流特异性影响	Species and River Specific Effects of River Fragmentation on European Anadromous Fish Species	文章	2018
7	将生物多样性纳入公共政策主流的自然资本核算	Natural Capital Accounting for Mainstreaming Biodiversity in Public Policy	文件	2018
8	全球环境治理的新动力	New Dynamics in Global Environmental Governance	报告	2018
9	新的城市议程:包容性和绿色城市化的机遇	The New Urban Agenda—Opportunities for Inclusive and Green Urbanisation	报告	2017
10	国际合作倡议对生物多样性的影响	The Impact of International Cooperative Initiatives on Biodiversity	报告	2017
11	透视欧洲自然的未来:可视化	Perspectives on the Future of Nature in Europe: Visualisation	文章	2017

(五)重点出版物译介

1.《ICLEI 的多重角色:创新城市生物多样性治理的中介》(The Multiple Roles of ICLEI: Intermediating to Innovate Urban Biodiversity Governance, 2019)

文章在国际城市相关性日益增强的背景下,以 5 个城市为例,阐述了 ICLEI 在协调跨层次信息流和汇总的作用,介绍了以知识共享和聚合为城市生物多样性议程和计划提供支持的运作方式,强调了其城市中介角色及活动在推进城市生物多样性议程中的重要性。通过研究确定 ICLEI 实现的 3 种角色模式,提出了未来城市生物多样性治理应着眼于跨区域治理的主张。

2.《可持续性研究中的原型分析：意义、动机和基于证据的政策制定》(Archetype Analysis in Sustainability Research：Meanings，Motivations，and Evidence-Based Policy Making，2019)

基于系统评价方法，文章阐释了原型分析在可持续性研究中的核心概念和不同含义，展示了原型分析用于综合案例研究的结果，并对其背后动机及政策相关性进行了探讨，批判地分析了原型分析在支持基于证据的政策制定方面具有的潜力和局限性。研究为充分发挥原型分析的潜力，支持可持续发展做出了有益探索。

3.《农业和林业促进陆地生物多样性保护的途径：全球情景研究》(Pathways for Agriculture and Forestry to Contribute to Terrestrial Biodiversity Conservation：A Global Scenario-Study，2018)

文章基于保护生物多样性 3 种替代模型途径分析，对农业和林业部门保护生物多样性可能产生的贡献进行了评估。结果表明，农业和林业的选择将在未来几十年为实现生物多样性目标做出实质性贡献，进一步强调了农业和林业部门生物多样性变革的潜力。

美国长期生态研究 (LTER)

类　　　型：美国政府智库
所 在 地：美国加利福尼亚
成立年份：1980 年
现任主任：彼得・M. 格罗夫曼（Peter M. Groffman）
网　　　址：https://lternet.edu/

美国长期生态研究（LTER）由美国国家科学基金会（NSF）资助，旨在为保护和治理国家生态系统、生物多样性提供技术支持和战略咨询。LTER 自启动以来，在理论研究、开发技术和服务社会方面都取得了举世瞩目的成就。LTER 是世界上第一个国家层面的长期生态研究网络，它的建成和完善，不仅是美国生态学界的一件大事，而且对推动全球生态学发展有深远意义。

（一）发展历程

20 世纪 70 年代，当国际生物学计划（IBP）结束以后，美国生态学界面临着再启动怎样的大型研究计划，以及美国生态学应当向何方向发展的问题。为了回应这些问题，在 NSF 的支持下，组建了一个由杰瑞・富兰克林（Jerry Franklin）等著名生态学家组成的专家小组。该小组基于为期数年的调查和研讨工作，向 NSF 提出了启动美国长期生态研究的动议。随后该动议得到了 NSF 的批准，于 1980 年正式启动。LTER 启动初期，只在安德鲁斯等 5 个野外站点上实施。经近 10 年的努力，所有参加 LTER 的各个站点在各自的研究领域中都积累了系统的观测数据，取得了系列研究成果，同时为解决美国一系列资源环境问题提供了服务。

目前，LTER 已拥有对大规模生态影响现象进行观测的 28 个站点。站点覆盖美国重要的森林、草地、荒漠、湿地、极地、农田和城市等生态系统类型，每个站点都有几十名研究人员，包括微生物、社区和景观生态学家，也包括水文学家、地球化学家、社会科学家、经济学家,甚至还有艺术家、历史学家或哲学家等。

(二) 组织架构

LTER 形成了一个完整的组织网络,并通过 3 个全网络常设委员会(科学委员会、协调委员会、信息管理委员会)和一系列小规模指定委员会和项目小组,来稳定强大的自治传统。2017 年,LTER 站点还新增了出版委员会、美国 LTER 委员会、通信委员会、多样性委员会、研究生委员会和项目团队。

(三) 研究领域

LTER 各站点既有独立研究任务,也有共同的 5 个核心主题。这些核心主题涉及多学科,研究内容时间跨度长、地理范围广。

——初级生产:研究生态系统中植物生长的数量和类型,以确定能够在同一生态系统中生存的动物数量和种类。

——人口:将生物种群变化作为环境变化的重要指标进行具体研究。

——有机物运动:研究有机物与营养物质的再循环过程,包括有机物分解及其在生态系统中的运动。

——无机物运动:研究氮、磷和其他矿物营养素在生态系统中的循环过程(包括自然腐烂和受到自然灾害的影响),以及上述过程对环境产生的影响。

——干扰模式:研究生态系统在受干扰模式下的定期重组特征,分析生态系统内部动植物种群和群落发生的重大变化。

——土地利用和土地覆盖变化:研究人类对城市系统中土地利用和土地覆被变化的影响,并将这些影响与生态系统动力学联系起来。

——人与环境的互动:监测城市系统中人与环境的交互影响,开发适当的工具(如地理信息系统)来收集和分析社会经济和生态系统数据,研制城市生态系统环境中人与自然系统建立耦合的方法。

(四) 研究项目及成果

作为一个公共资助的研究项目,LTER 站点尽可能面向公众提供在线数据。许多数据可以通过 LTER 学科或区域储存库获得,如生物和化学海洋学数据管理办公室、北极数据中心、得律阿德斯数字资源库等。目前公共数据可通过数据联盟、LTER 成员网站获取。部分研究项目和研究成果见表 36.1 和表 36.2。

表 36.1　部分研究项目

序号	项目名称(中文)	项目名称(英文)
1	提高生产力应对生物多样性变化	Scaling-up Productivity Responses to Changes in Biodiversity
2	综合人口和社区的同步性,了解 LTER 地区生态稳定的驱动因素	Synthesizing Population and Community Synchrony to Understand Drivers of Ecological Stability Across LTER Sites
3	整合植物群落和生态系统对长期全球变化驱动因素的响应	Integrating Plant Community and Ecosystem Responses to Chronic Global Change Drivers
4	河流能量和营养循环的全球模式	Global Patterns in Stream Energy and Nutrient Cycling
5	城市水生生态系统:综合工作组提案	Urban Aquatic Ecosystems:A Synthesis Working Group Proposal
6	LTER 网络中软沉积物海岸生态系统对海平面上升和海岸挤压的响应	Responses of Soft Sediment Coastal Ecosystems to Sea Level Rise and Coastal Squeeze in the LTER Network
7	生态系统特性对冬季气候异常的敏感性	Sensitivity of Ecosystem Properties to Winter Climate Anomalies
8	多营养级河流生态系统对养分富集的响应合成	Synthesis of Stream Ecosystem Responses to Nutrient Enrichment at Multiple Trophic Levels
9	沿海湿地生态与地貌	Coastal Wetland Ecology and Geomorphology

表 36.2　部分研究成果

序号	成果名称(中文)	成果名称(英文)	成果类型	发布时间
1	走向城市海洋生态:沿海城市海洋生态系统的驱动力、模式和过程	Towards an Urban Marine Ecology:Characterizing the Drivers,Patterns and Processes of Marine Ecosystems in Coastal Cities	文献	2019
2	降雨量和事件大小相互作用,在干旱年份降低了草原的生态系统功能	Precipitation Amount and Event Size Interact to Reduce Ecosystem Functioning During Dry Years in a Mesic Grassland	文献	2019
3	农业景观生态学:可持续发展道路的长期研究	*The Ecology of Agricultural Landscapes:Long-Term Research on the Path to Sustainability*	专著	2015
4	阿拉斯加变化中的北极:苔原、溪流和湖泊的生态后果	*Alaska's Changing Arctic:Ecological Consequences for Tundra,Streams,and Lakes*	专著	2014
5	森林流域生态系统的长期响应:阿巴拉契亚山脉南部的砍伐	*Long-Term Response of a Forest Watershed Ecosystem:Clearcutting in the Southern Appalachians*	专著	2014
6	国家科学基金"长期生态研究的发现"	NSF "*Discoveries in Long-Term Ecological Research*"	手册	2013
7	矮草草原生态学	*Ecology of the Shortgrass Steppe*	专著	2007
8	LTER10 年计划	The Decadal Plan For LTER	报告	2007
9	旱地生物多样性	*Biodiversity in Drylands*	专著	2003
10	国际长期生态研究网络	The International Long Term Ecological Research Network	报告	2000

(五) 重点出版物译介

1.《农业景观生态学：可持续发展道路的长期研究》(*The Ecology of Agri-cultural Landscapes*：*Long-Term Research on the Path to Sustainability*, 2015)

该著作讨论了作物生产力的生物基础、作物生态系统与其所在水文和生物多样性间的相互作用、农民看法、生态系统服务经济价值等，探讨了关于农业生态系统和景观内在组成部分的作用机理，提出应将景观生态学纳入可持续发展体系，以促进农业可持续，并减少负面影响。

2.《阿拉斯加变化中的北极：苔原、溪流和湖泊的生态后果》(*Alaska's Changing Arctic*：*Ecological Consequences for Tundra*，*Streams*，*and Lakes*，2014)

该著作基于美国国家科学基金资助的北极 LTER 项目，对阿拉斯加无树北极地区气候变化的科学核心问题进行了研究。研究主题包括冰川历史、气候学、陆水作用、阿拉斯加北极发现的汞，以及这些栖息地对环境变化的反应。

3.《矮草草原生态学》(*Ecology of the Shortgrass Steppe*, 2007)

该著作涵盖了半干旱草原结构和功能研究领域的研究前沿，总结与汇集了北美矮草地区 60 多年的研究成果，对历史、人口变化、土地利用以及人类对矮草草原的反应等领域研究都极具参考价值。

世界农用林业中心（ICRAF）

类　　　型：	政府间组织
所 在 地：	肯尼亚内罗毕
成立年份：	1978 年（2002 年更名）
总 干 事：	托尼·西蒙斯（Tony Simons）
网　　　址：	http://www.worldagroforestry.org/

世界农用林业中心（ICRAF）是唯一在全球热带森林区域进行重要农林业研究，并为地区发展服务的机构。ICRAF 为政府、发展机构和农民提供知识更新，使其能够更加经济、环保、充分地利用林业资源。ICRAF 总部位于肯尼亚内罗毕，在撒哈拉以南非洲、亚洲和拉丁美洲实施 6 个地区计划，并在其他 30 多个发展中国家和地区开展研究。

（一）发展历程

ICRAF 前身为国际农林综合研究委员会。1978 年为呼吁全球认可林业在农场中的关键作用，成立了国际农林综合研究委员会，促进发展中国家农林业的研究。20 世纪 80 年代，该机构作为一个信息理事会，致力于研究非洲农林业。1991 年，它与国际农业研究磋商组织（前国际农业研究咨询小组）一起参加了整个热带地区农林业的战略研究，并将其名称从理事会更改为中心。自 1991 年开始，ICRAF 通过两种方式将其工作与国际农业研究磋商组织的目标明确联系在一起：减少贫困、增加粮食安全和改善环境。在执行该战略时，该中心扩展到了南美和东南亚，同时加强了在非洲的活动。

20 世纪 90 年代后，随着人力和财力扩展，机构不断更新扩建。2002 年，ICRAF 获得了"世界农用林业中心"的商标名称。但是，"国际农林业研究中心"仍然是其法定名称。ICRAF 现已成为公认的农林业研究与开发的全球领导者。

（二）组织架构

ICRAF 总干事在董事会的授权下开展日常管理工作。2019 年 1 月，ICRAF 与国际林业研究中心（CIFOR）合并，共享同一董事会。董事会由具有多种技能的成员组成，学科领域涵盖了农业和林业科学、自然资源管理、审计、财务和风险管理、政策和治理等。共同董事会的主要任务是提供监督管理，以高标准执行任务。联合委员会将 ICRAF 日常管理授权给总干事，总干事在高级管理团队的协助下，努力建立单一的领导团队及统一的政策、流程和系统。

（三）研究领域

ICRAF 重点关注 4 个优先研发主题。通过将高产林木与更具韧性和盈利能力的农业系统相结合，为企业提供有价值的及时知识产品和服务。各优先研发主题并不孤立，主题计划之间相互联系，其中包括林木商品和土地恢复、营养、生物能源、水利用、社会包容和需求驱动的互动。

（四）研究项目及成果

世界农林中心围绕林业生产力和多样性、恢复力系统、土地健康决策、绿色植被景观 4 个方面开展研究。部分研究项目见表 37.1。

表 37.1　部分研究项目

序号	项目名称（中文）	项目名称（英文）
1	雷约索流域的可持续低碳排放农业和水资源共同投资	Sustainable, Low Carbon Emission Agriculture and Water Resource Co-investment of Rejoso Watershed
2	气候变化，农业和粮食安全第二阶段	Climate Change, Agriculture and Food Security Phase Ⅱ
3	建设农林业树木种质的能力，以提高科特迪瓦的民生及可可生产系统的可持续生产力	Building Capacity for Agroforestry Tree Germplasm Delivery to Enhance Livelihoods and Sustainable Productivity of Cocoa Production Systems in Côte d'Ivoire
4	旱地开发计划	Drylands Development Programe
5	森林和农林业景观	Forest and Agroforestry Landscapes
6	自然资源与环境综合管理方案	Integrated Natural Resource and Environmental Management Program
7	农业生物多样性和景观修复，促进东部非洲的粮食安全和营养	Agro-Biodiversity and Landscape Restoration for Food Security and Nutrition in Eastern Africa
8	修复退化土地以实现东非和萨赫勒地区的粮食安全和减贫：扩大土地修复的成功规模	Restoration of Degraded Land for Food Security and Poverty Reduction in East Africa and the Sahel: Taking Successes in Land Restoration to Scale

（五）重点出版物译介

1.《移民与环境联结：难民涌入乌干达西北部》(*The Migration-Environment Nexus：Refugee Influx into Northwest Uganda* ,2019)

本书介绍了过去 40 年中,乌干达、苏丹、南苏丹和刚果民主共和国(DRC)发生了许多跨境人口迁移。在此背景下,本书旨在通过检查乌干达西北雷约索营和易万培难民定居点的移民与环境间联系,缩小需求与供给之间的差距。其主要结论是：有计划地植树以供应难民和移民国居民急需用来做饭、遮阴和建设的木材。

2.《商业案例：在雷约索流域联合投资以提供生态系统服务和当地生计》(A Business Case：Co-investing for Ecosystem Service Provisions and Local Livelihoods in Rejoso Watershed,2018)

雷约索商业案例基于生态系统服务付费(PES)试行计划的信息,以激励多个利益相关方共同投资,用于修复和保护水资源。该书案例展示了在设置生态系统服务付费试点项目中应用创新的好处,该试点项目可增强小农户对计划的参与和包容性,将科学方法与实际行动联系起来,最终确保该计划具有实效。

国际采矿与金属委员会（ICMM）

ICMM
International Council
on Mining & Metals

类　　　型：国际行业组织
所 在 地：英国伦敦
成立年份：2001 年
现任主席：汤姆·巴特勒（Tom Butler）
网　　　址：http://www.icmm.com

国际采矿与金属委员会（ICMM）是一个致力于安全、公平、可持续采矿的采矿和金属行业国际组织，汇集了 ARM、英美资源集团、必和必拓集团等 26 家矿业公司以及 35 个国家（地区）协会，在促进全球金属和采矿业可持续发展实践过程中具有领导地位。ICMM 成立的愿景是使采矿和金属工业成为一个受人尊敬的行业，企业应负责任地运营并为可持续发展做贡献。

（一）发展历程

ICMM 成立于 2001 年，并与 14 家原始成员公司签署了《可持续发展框架》。2006 年，ICMM 与中国国际矿业企业工作组（CIMG）共同宣布建立同盟，就环境、健康和安全等问题与中国政府对话，以提高中国国内采矿业可持续发展意识。

（二）组织架构

ICMM 设理事会、联络委员会、协会协调小组、通信监督委员会、计划委员会。理事会是最高决策机构，理事会理事由 26 家矿业公司和 35 个国家（地区）协会代表组成，其中每个公司成员产生理事 1 名、每个协会成员提名理事 2 名。联络委员会成员由成员公司代表和协会协调组的两名代表组成，一般与理事会成员相同，联络委员会负责实施 ICMM 战略。协会协调小组由会员协会组成，每年举行两次会议，讨论共同的战略问题，并向理事会和联络委员会提供信息意见。计划委员会提供 ICMM 的优先计划，每个委员会都得到了下属工作组的支持。

通信监督委员会负责执行 ICMM 的通信战略,并确保各优先方案之间的通信一体化。

ICMM 日常工作由位于伦敦的长职员工负责,长职员工由高级管理人员、项目专家,以及信息、财务等行政部门的人员组成。目前,长职员工中包括常务首席执行官、首席运营官兼董事各 1 人。

(三) 工作领域

ICMM 通过与政府、国际组织、社区代表及学术界人士合作,加强采矿和金属行业的绩效管理,推动社会和行业的可持续发展。

——环境:涵盖水、气候变化、生物多样性、矿井关闭、尾矿管理、可持续地管理金属等内容,如生物多样性方面,积极与保护组织和其他部门合作,以分享经验和专业知识,并制定生物多样性管理的主要方法。

——社会和经济:采矿和金属部门具有促进社会和经济发展的巨大潜力,特别是在有良好政策和治理框架的地方。委员会与政府、公司和民间团体合作协同行动,实现矿业对经济和社会可持续发展的需要。

——健康和安全:健康和安全必须是所有运营和流程的核心。通过有效的风险管理策略,尽力避免安全事故和职业病的发生,促使委员会成员朝着零职业病和零事故发展,使职工每天安全、健康地回家。

——金属和矿物管理:金属和矿物几乎在生活的各个方面都是必不可少的,它是日常生活的一部分。通过计算和管理金属价值、生产技术革新、金属流程管理等,为可持续目标做出贡献。

(四) 工作成果

ICMM 制定了一系列立场声明和原则,以加强可持续发展和生态保护,这些声明和原则得到理事会的认可,并包含了成员必须实施的一些强制性要求。部分强制性声明见表 38.1。

表 38.1　部分强制性声明

序号	声明名称(中文)	声明名称(英文)	发布年度	是否有效
1	可持续发展框架:ICMM 原则	Sustainable Development Framework:ICMM Principles	2015	是
2	关于水资源管理立场声明	Position Statement on Water Stewardship	2017	是
3	关于防止尾矿库设施灾难性故障立场声明	Position Statement on Preventing Catastrophic Failure of Tailings Storage Facilities	2016	是

续表

序号	声明名称（中文）	声明名称（英文）	发布年度	是否有效
4	关于原住民和采矿立场声明	Indigenous Peoples and Mining Position Statement	2013	是
5	关于气候变化政策ICMM原则设计立场声明	ICMM Principles for Climate Change Policy Design Position Statement	2011	是
6	关于汞风险管理立场声明	Mercury Risk Management Position Statement	2009	是
7	关于采矿和保护区立场声明	Position Statement on Mining and Protected Areas	2003	是

ICMM 遵循可持续发展理念,结合采矿和金属行业发展需求,在矿山环境、生态恢复、循环经济等方面取得了一些研究成果。部分研究成果见表38.2。

表38.2　部分研究成果

序号	成果名称（中文）	成果名称（英文）	成果类型	发布时间
1	矿山关闭指南	Integrated Mine Closure	指南	2019
2	矿山关闭的金融概念	Financial Concepts for Mine Closure	报告	2019
3	尾矿管理	Tailings Management	指南	2018
4	矿业和金属与循环经济	Mining and Metals and the Circular Economy	报告	2016
5	收集生物多样性基线数据的良好做法	Good Practices for the Collection of Biodiversity Baseline Data	报告	2015
6	采矿和生物多样性良好做法指南	Good Practice Guidance for Mining and Biodiversity	指南	2006

（五）重点出版物译介

1.《矿山关闭指南（第二版）》(*Integrated Mine Closure*,2nd Edition,2019)

本书涉及融入矿山规划、闭坑的原则和目标、矿区土地使用、闭坑计划的约定、风险评估、闭坑标准、渐进式关闭、闭坑成本、计划执行、监测维护和管理等,从矿山规划等全过程、全方位规范了矿山关闭的要求细节,为矿山关闭规划和实施关键要素提供了具体指导。

2.《采矿和生物多样性良好做法指南》(Good Practice Guidance for Mining and Biodiversity,2006)

该指南可以分为集成、管理和评估、修复3个部分,能够帮助矿业公司完成以下工作:一是识别和评估生物多样性;二是了解他们的活动与生物多样性之间的联系;三是评估其活动对生物多样性产生的负面影响;四是减轻对生物多样性的潜在影响;五是为受损地区制定修复策略;六是促进生物多样性保护。

3.《关于采矿和保护区立场的声明》(*Position Statement on Mining and Protected Areas*,2003)

本书主要内容在于处理采矿活动与保护区的关系。一是继续改善环境绩效问题,如水资源管理、能源使用和气候变化;二是促进生物多样性的保护和土地利用规划的综合方法。

国际野生生物保护学会（WCS）

类　　　型：非政府组织
所　在　地：美国纽约
成立年份：1895 年
现任主席：克里斯蒂安·桑佩尔（Cristián Samper）
网　　　址：https://www.wcs.org/

　　国际野生生物保护学会（WCS）总部设在美国纽约，目前在亚洲、非洲、拉丁美洲、南美洲及北美洲的 64 个国家开展工作。WCS 致力于野生生物及其自然栖息地的保护工作。本着严谨的科学态度，WCS 在全球范围内进行长期、深入的野外研究、培训专业人员、宣传教育等活动，为保护野生生物种群提供技术支持，改善人们对自然的态度，促进人与自然和谐共处。

（一）发展历程

　　WCS 的历史要追溯至 1895 年 4 月 26 日，其前身为纽约市动物学会（New York Zoological Society）。华盛顿国家动物园的奠基人、自然学家威廉·霍纳迪（William Hornaday）挑选纽约的布朗克斯区为动物园原址，并于 1899 年 11 月 8 日开工建设布朗克斯动物园。此后，纽约市政府将中央公园动物园、景观公园动物园、皇后区动物园及纽约水族馆交由 WCS 负责管理。每年有超过 400 万名游客参观这些动物园与水族馆，WCS 鼓励游客了解野生动物，关心自然界的未来。除动物园管理之外，WCS 还致力于野生生物及其自然栖息地的先锋性保护研究。

　　20 世纪 50 年代末，WCS 在肯尼亚、坦噶尼喀（今坦桑尼亚）、乌干达、埃塞俄比亚、苏丹、缅甸、马来半岛等地开展了一系列野生动物调查研究项目。1959 年，WCS 资助乔治·夏勒博士对刚果的山地大猩猩进行前沿性研究，此后，乔治·夏勒博士先后在非洲、亚洲、南美洲开展前瞻性野生动物研究，并成为世界上最杰出的野生生物学家。1962 年,威廉·康韦(William Conway)担任布朗克斯动物园园长,并于 1992 年开始担任 WCS 主席。现任主席为克里斯蒂安·桑佩尔。目前,WCS 正在全球 64 个国家开展保护工作。

(二)组织架构

WCS 在全球共有 48 个办事处,有近 4000 名员工。该机构的高层组织有董事会、理事会和高级管理层。其中董事会干事为 4 人;理事会汇集了机构的核心支持者,其作用是帮助推进学会的使命并在扩展计划时提供领导支持;WCS 的高级管理层由专家人士组成。

(三)研究领域

WCS 专注于保护野生动植物和野外环境,研究领域涉及自然保护区、社区、健康、海洋与渔业、商业、野生动物管理与气候变化等。

(四)研究项目及成果

1. 研究成果

自 1895 年成立纽约市动物学会以来,WCS 的核心优势之一就是其研究质量。WCS 有遍布世界各地的动物园、水族馆和在自然保护计划中开展研究工作的一流科研人员,他们每年都会发表数百篇研究论文或出版物。为及时同社区共享信息,WCS 还会共享工作文件(The WCS Working Paper),提供保护自然资源相关的数据、分析结论、新方法和新观点。部分研究成果见表 39.1。

表 39.1 部分研究成果

序号	成果名称(中文)	成果名称(英文)	成果类型	发布时间
1	为发展 IUCN 物种绿色清单量化物种恢复和保护的成果	Quantifying Species Recovery and Conservation Success to Develop an IUCN Green List of Species	论文	2018
2	自然保护的全球缓解等级	A Global Mitigation Hierarchy for Nature Conservation	论文	2018
3	阿尔贝丁裂谷地方性物种的生物多样性调查程度和范围	Extent of Biodiversity Surveys and Ranges for Endemic Species in the Albertine Rift	论文	2018
4	气候退化和极端结冰事件限制了寒冷地区的哺乳动物的生存	Climate Degradation and Extreme Icing Events Constrain Life in Cold-Adapted Mammals	论文	2018

序号	成果名称（中文）	成果名称（英文）	成果类型	发布时间
5	阿尔伯丁裂谷两种灌木伯劳鸟(*Laniarius*)的生态位比较模型研究与中海拔非洲山地森林的保护	Comparative Niche Modeling of Two Bush-Shrikes (*Laniarius*) and the Conservation of Mid-Elevation Afromontane Forests of the Albertine Rift	论文	2018
6	城市适应气候变化带来生物多样性保护的机遇	Opportunities for Biodiversity Conservation as Cities Adapt to Climate Change	论文	2018
7	生物多样性-碳相关性的程度和可预测性	The Extent and Predictability of the Biodiversity-Carbon Correlation	论文	2017
8	定期关闭捕捞渔场的多重好处	Demonstrating Multiple Benefits from Periodically Harvested Fisheries Closures	论文	2017
9	野生动物陷阱危机：对东南亚生物多样性的潜在而普遍的威胁	The Wildlife Snaring Crisis：An Insidious and Pervasive Threat to Biodiversity in Southeast Asia	论文	2017
10	印度拉贾斯坦邦人与野生动物的相互作用以及对野生动植物和野生动植物保护区的态度	Human-Wildlife Interactions and Attitudes Towards Wildlife and Wildlife Reserves in Rajasthan, India	论文	2017
11	机会成本之外：谁承担森林砍伐和退化造成的减少排放的实施成本？	Beyond Opportunity Costs：Who Bears the Implementation Costs of Reducing Emissions from Deforestation and Degradation?	论文	2017
12	使用相机陷阱检查马达加斯加东北部地居雨林鸟类的分布和存在趋势	Using Camera Traps to Examine Distribution and Occupancy Trends of Ground-Dwelling Rainforest Birds in North-Eastern Madagascar	论文	2017
13	野生动植物状况评估中与占用率有关的指标	Occupancy-Related Metrics for Wildlife Status Assessment	文件	2015
14	关键的土地、神圣的土地：蒙大拿州野生动植物和文化价值的创新保护	Vital Lands，Sacred Lands：Innovative Conservation of Wildlife and Cultural Values Badger-Two Medicine Area，Montana	文件	2015
15	旗舰林的保护遗产：蒙大拿州弗拉特黑德国家森林的野生动植物和荒野	Conservation Legacy on a Flagship Forest：Wildlife and Wildlands on the Flathead National Forest，Montana	文件	2014
16	监测野生动植物以评估保护措施有效性的决策树	A Decision Tree for Monitoring Wildlife to Assess the Effectiveness of Conservation Interventions	文件	2012

2. 科学数据

WCS 收集的海量科学数据主要可分为两类：亚马孙指标（Amazon Measures）和相机陷阱数据（Camera Trap Data）。亚马孙指标是指 WCS 的亚马孙计划参与国为其景观保护行动制定的一套有效的指标，共有 31 个。WCS 每年对其进行系统化和汇编,目前已经报告了包括委内瑞拉的 Caura 景观等 6 个景观中确定的 31 种指标的追溯分析结果。WCS 的相机陷阱数据是指利用相机陷阱记录的野生动植物的影像资料,在 WCS 的相机数据库中共拥有包含 14 个国家的超过 200 万条数据记录。

(五) 重点出版物译介

1.《自然保护区、治理和规模》(*Protected Areas*, *Overance and Scale*, 2008)

本书认为建立自然保护区需要: ① 建立治理机制;② 解决自然保护区的外来威胁;③ 开发工具和方法,并采取保护行动。本书为在保护区之外开展生物多样性保护,提出了用以分析和整合影响保护区外推进生物多样性保护的社区力量、市场因素、法律保障等要素的理论模型。

2.《使用系统监测对老挝北部老虎保护区的评估和适应性管理》(Using Systematic Monitoring to Evaluate and Adapt Management of a Tiger Reserve in Northern LAO PDR,2013)

面对生物多样性保护效果不明显的问题,本文提供了适应性管理的详细案例研究。WCS 在长达 7 年的时间里,在老挝使用该方法评估并调整一个项目——恢复野生老虎及其猎物。在项目管理周期的几次迭代之后,研究人员评估了该框架在多大程度上可以支持用于通知、调整和管理的严格监测和评估方法,以及目前需要什么条件来克服在自然保育方面实施适应性管理的限制。

3.《野生动植物状况评估中与占用率有关的指标》(Occupancy-Related Metrics for Wildlife Status Assessment,2015)

研究人员提出了栖息地、威胁程度、执法效力、自然资源治理和谋生方式 5 个指标来跟踪保护目标(野生生物)。文章认为,将占用率作为监控指标的优势在于:科学家可以利用占用率、定居、灭绝和检测进行建模,以评估管理类型对目标物种的影响。此外,随着时间的推移,还可以使用多年模型来评估保护措施的有效性。

世界资源研究所（WRI）

类　　型：非政府组织
所 在 地：美国华盛顿
成立年份：1982 年
现任所长：安德鲁·斯蒂尔（Andrew Steer）
网　　址：http://www.wri.org/

　　世界资源研究所（WRI）是一个全球性环境与发展智库，研究工作涉及全球 50 多个国家，在巴西、中国、印度、印度尼西亚、墨西哥、美国及欧洲设有办事处。WRI 致力于研究环境与社会经济的共同发展，共同为保护地球和改善民生提供革新性的解决方案。WRI 将研究成果转化为实际行动，在全球范围内与政府、企业和民间社会合作，消除贫困，通过对自然资源的良好管理以建设公平和繁荣的地球，为全人类维护自然环境。WRI 的使命是改变人类社会的生活方式，保护地球环境，以满足当前和未来人类的需求和愿望。

（一）发展历程

　　20 世纪五六十年代，由于森林砍伐、土地沙漠化和气候变化引发的环境问题，带来了前所未有的政策和政治挑战。为了解决这些问题，WRI 创始人决定建立一个能够解决人类和自然相互依存的组织，对全球环境和资源问题及其与人类社会和发展的关系进行严格的政策研究和分析。

　　WRI 为了确保研究的质量和独立性，坚持独立、诚信、创新、紧迫和尊重的价值观，资金主要来源于私人基金会、政府、国际机构、公司、个人和非政府组织等，其中政府和国际机构占 57%，各类基金会占 30%，公司占 10%，个人占 2%，其他收入占 1%。研究所与彭博慈善基金会、卡特彼勒基金会、气候工作基金会、多恩基金会、戈登和贝蒂摩尔基金会、皇家壳牌基金会、谷歌公司、欧洲委员会、德国联邦经济合作与发展部、德国联邦环境保护部和核安全部、荷兰外交部、丹麦外交部、瑞典国际发展合作署、美国国际开发署、联合国环境规划署等建立合作。

(二) 组织架构

WRI 拥有近 700 名专家和工作人员,涉及气候、能源、食品、森林、水、城市和交通、治理、商业、经济和金融等领域。其最高决策层是董事会,由 32 名杰出的商界精英、知名学者、前政府官员等组成。领导层由 26 名知名学者组成,负责机构的科研工作。

研究部门包括六大计划组、四大中心及非洲、巴西、中国、欧洲、印度、印度尼西亚、墨西哥和美国办事处,分别为气候计划组、全球能源计划组、粮食计划组、森林计划组、水资源计划组和可持续城市计划组,商业中心、经济中心、金融中心和治理中心。

管理部门包括行政办公室、通信部、发展部、科研部和运营部。

(三) 研究领域

WRI 从数据入手,进行独立研究,通过严谨的分析,识别风险,利用最新技术提出新的观点和建议。

——气候:保护社区和自然生态系统免受温室气体排放所造成的破坏,并通过推动全球向低碳经济转型创造机会。

——能源:推动全球范围内清洁、可负担的电力系统的发展,以实现可持续的社会经济发展。

——粮食:确保世界粮食系统对环境影响降低,推动经济发展,到 2050 年可持续地养活 96 亿人。

——森林:减少贫困,加强粮食安全,保护生物多样性,并通过减少森林损失和恢复森林退化土地的生产力来减缓气候变化。

——水资源:借助地理信息技术服务水资源风险防范,实现未来的水资源安全。

——可持续城市:通过发展和扩大环境、社会和经济可持续的城市和交通解决方案,提高城市生活质量。

(四) 研究项目及成果

WRI 围绕气候、能源、粮食、森林、水、可持续城市 6 个主要领域开展研究,部分研究项目和研究成果见表 40.1 和表 40.2。

表 40.1　部分研究项目

序号	项目名称（中文）	项目名称（英文）
1	测量、测绘和了解全球水资源危机	Measuring, Mapping and Understanding Water Risks Around the Globe
2	水自然基础设施	Natural Infrastructure for Water
3	珊瑚危机	Reefs at Risk
4	建筑节能计划	Building Efficiency Initiative
5	海岸资本：加勒比海沿岸生态系统经济评估	Coastal Capital: Economic Valuation of Coastal Ecosystems in the Caribbean
6	非洲森林景观恢复计划（AFR100）	African Forest Landscape Restoration Initiative (AFR100)
7	森林合法性倡议	Forest Legality Initiative
8	印度尼西亚的森林和风景	Forests and Landscapes in Indonesia

表 40.2　部分研究成果

序号	成果名称（中文）	成果名称（英文）	成果类型	发布时间
1	植树的商机：不断增长的投资机会	The Business of Planting Trees: A Growing Investment Opportunity	报告	2018
2	枯竭的电力：印度电力部门用水需求、风险和机遇	Parched Power: Water Demands, Risks, and Opportunities for India's Power Sector	报告	2018
3	利用卫星图像数据对匮乏地区热电厂的水需求进行评估的方法	A Methodology to Estimate Water Demand for Thermal Power Plants in Data-Scarce Regions Using Satellite Images	报告	2018
4	中国气候行动的绩效跟踪	Performance Tracking of China's Climate Actions	报告	2017
5	应对全球南方的城市住房危机：充足、安全和廉价的住房	Confronting the Urban Housing Crisis in the Global South: Adequate, Secure, and Affordable Housing	报告	2017
7	绿色投资机构：发展绿色金融的国际经验	Green Investment Institutions: International Experience in Developing Green Finance	报告	2017
8	国际惯例对中国CCS法律监管框架的借鉴与启示	Lessons from International Practices for the Development of CCS Legal & Regulatory Framework in China	报告	2017
9	水资源短缺带来的电力危机	No Water, No Power	论文	2017
10	中国污泥处理的主要问题与国外实践启示	The Main Problems of Sludge Treatment in China and the Foreign Experience	报告	2016
11	加强中国非二氧化碳温室气体减排的机遇	Opportunitiesto Enhance Non-carbon Dioxide Greenhouse Gas Mitigation in China	报告	2016
12	中国煤炭工业的水资源管理：政策综述	Water Management in China's Coal Sector: Policy Review	报告	2016
13	饮用水的源头保护	*Protecting Drinking Water at the Source*	专著	2016

（五）重点出版物译介

《粮食-能源-水冲突耦合研究》(Examining the Food-Energy-Water and Conflict Nexus,2017)

该文指出国内和国际冲突与粮食、能源和水（很少）资源及服务之间存在着紧密的联系,并论证了两种措施（少数安全措施和政治稳定措施）之间存在正相关和显著相关,回顾了这3种资源安全隐患影响政治和社会稳定的证据,介绍了已知的少数冲突关系本身的情况。

 # 全球未来研究所
（GIFT）

类　　　型：非政府组织	
所 在 地：中国香港	
成立年份：2004 年	
现任所长：钱德兰·纳伊尔（Chandran Nair）	
网　　　址：http://www.global-inst.com/	

全球未来研究所（GIFT）是一个独立的、国际认可的智库，总部位于中国香港，在吉隆坡和东京设有办事处，致力于提供高管教育，以加深对影响力从西方向亚洲转移，企业、社会和国家之间动态关系以及全球资本主义规则重塑的理解，旨在促进商业领袖及政策制定者认清国际接轨带来的挑战与机遇。

（一）发展历程

全球未来研究所成立于 2004 年，最初的高管学习和领导力培养方法将坦率的讨论和辩论与以产出为导向的项目结合起来，解决重塑 21 世纪的问题。目前，全球未来研究所的专有学习方法已经改进了 50 多个方案，与内地以及印度、缅甸、伊朗等国家的 1500 多名参与者合作。个人、客户和合作伙伴所实现的实际利益使全球未来研究所在高管教育领域赢得了处于领先地位的声誉。

（二）组织架构

全球未来研究所团队由 14 名主要成员构成，包括创始人兼首席执行官、办公室主任、项目经理、总经理、东盟总经理、业务主管、项目总监、东盟行动负责人、东盟方案协理、资深研究员等。

全球未来研究所还设有全球咨询委员会，这是一个由来自世界各地的商界和学术领袖组成的精选团体，为全球未来研究所提供支持，其使命是通过独特的高管学习和发展方法，加深对全球问题的理解。

通过为全球未来研究所的管理团队提供咨询,并作为主旨演讲人和导师参与其领导课程,进而提高了全球未来研究所的形象、资源和效率,以支持该组织下一阶段的战略发展。

(三)核心产品

全球未来研究所致力于提供高管发展、高管教育、商业模式生成、社会投资、影响力投资、领导力发展、思想领导力等产品。

——全球领导人方案:自 2006 年以来,旗舰体验式领导力课程每年提供 3~4 次,包括在香港的动态课堂教学和亚洲各地的现场项目,这些课程作为领导力发展的一项创新提交给联合国,并刊登在《金融时报》和《华尔街日报》上。

——青年领袖计划:改编自 GLP,是针对特定国家和地区(包括我国粤港澳大湾区和东盟各国及马来西亚、日本)本地化的内容和方法。

——定制项目:为管理培训生定制的解决方案,最高可达最高管理层,与外部合作伙伴或与客户共同设计,专注于内部挑战和机遇。

即将推出的项目有:

——中国全球领袖计划:模块一,在香港以互动式课堂为基础,全球未来研究所的专有课程教学超过 1 周。模块二,在山东进行为期 1 周的沉浸式现场访问、与利益相关者接触和商业报告制作。参与者将与“百村计划”合作,探索创新模式,创建一个智能村庄平台,赋予农民组织权力。

——东盟青年领袖方案:模块一,来自东盟地区的学员将在吉隆坡参加开放、互动的课堂教学。模块二,学员将在为期 1 周的沉浸式学习中与柬埔寨王国政府、商界和民间社会利益攸关方密切合作。他们将面临挑战,在未来 20 年内为所有柬埔寨人提出可持续发展的愿景。

——越南全球领导人计划:模块一,参与者将在香港的课堂环境中通过辩论和角色扮演进行为期 1 周的激烈讨论。模块二,在为期 1 周的商业计划课程中,通过严格的行动学习延长学员的学习时间,学员将与河内的非营利组织 Reach 合作。Reach 专注于越南年轻劳动力的技能发展和就业。

(四)项目研究及成果

全球未来研究所的部分研究项目和研究成果见表 41.1 和表 41.2。

表 41.1　部分研究项目

序号	项目名称（中文）	项目名称（英文）
1	缅甸无银行金融的未来	The Future of Finance for Myanmar's Unbanked
2	印度扩大普惠性住房融资	Scaling up Inclusive Housing Finance in India
3	保护弱势群体：扩大斯里兰卡的小额保险	Protecting the Vulnerable：Expanding Microinsurance in Sri Lanka
4	加强价值链，实现可持续和经济上可行的农业	Enhancing Value Chains Towards Sustainable and Economically Viable Agriculture
5	中国苹果产业与农业的可持续发展	Sustainability for China's Apple Industry & Farming Community
6	大湾区提升生活品质的创新模式	Innovation Model to Drive Quality of Life in the Greater Bay Area
7	推动沙巴的持续繁荣	Powering Sabah's Sustainable Prosperity
8	全球供应链的健康与福祉	Health & Well-Being for the Global Supply Chain

表 41.2　部分研究成果

序号	成果名称（中文）	成果名称（英文）	成果类型	发布时间
1	可持续的国家：政府、经济和社会的未来	*The Sustainable State：The Future of Government，Economy and Society*	专著	2018
2	消费经济学：亚洲在经济重塑和拯救地球中的作用	*Consumptionomics：Asia's Role in Reshaping Capitalism and Saving the Planet*	专著	2012

（五）重点出版物译介

1.《可持续的国家：政府、经济和社会的未来》(*The Sustainable State：The Future of Government，Economy and Society*,2018)

作者一直热衷于在首脑会议和主流出版物上讨论国家在可持续性中的作用。他提出自由民主和资本主义市场并没有帮助人类实现可持续发展,反而在发展中经济体中出现了相互竞争的观点。纳伊尔给公众提供了一个有深度的叙述,这场有关起始点的关键辩论发人深省。

2.《消费经济学：亚洲在经济重塑和拯救地球中的作用》(*Consumptionomics：Asia's Role in Reshaping Capitalism and Saving the Planet*,2012)

该书强调,加快转变经济发展方式,把经济发展与消除贫困、改善民生、节约能源结合起来,是中国社会发展的必然选择,保护环境,应对气候变化,建设资源节约型、环境友好型社会。

保护国际基金会 (CI)

类　　　型：非政府组织
所　在　地：美国华盛顿
成　立　年　份：1987 年
首席执行官：M. 森杨（M. Sanjayan）
网　　　址：https://www.conservation.org/

保护国际基金会(CI，简称"保护国际")致力于保护全球重要的自然生态系统，机构的使命是"以科学、合作和野外示范为基石，为人类谋福祉，持久负责任地关爱自然、保护全球范围内的生物多样性"，愿景是"渴望一个健康、繁荣的世界：为了人类及地球上所有生命的长久利益，持续致力于关心和保护大自然"。保护国际在全球 30 多个国家和地区开展保护工作，拥有 2000 多个合作伙伴。30 多年来，保护国际通过科学研究、项目示范、政策倡导等方式与政府、社区和企业合作，帮助并支持了 77 个国家的 1200 多个自然保护地及保护项目，保护了超过 6.01 亿公顷的土地、海洋和沿海地区。保护国际不断致力于推动在基于自然的解决方案应对气候变化方面的创新及资金投入、支持保护关键栖息地、促进实现建立在生态保护基础上的经济可持续发展。

(一) 发展历程

保护国际成立于 1987 年，是一个国际非营利组织，总部设在美国华盛顿，目前在全球四大洲 30 多个国家开展保护工作。如今，保护国际的全球保护战略主要聚焦四大领域：可持续的陆地与海洋景观区、大规模海洋保护、自然应对气候变化、科学与金融创新。保护国际在全球建立了四大海洋景观区，即苏禄—苏拉威西海洋景观区、鸟首海洋景观区、东赤道太平洋海洋景观区、阿布洛耶斯海洋景观区；与合作伙伴一起建立蓝色自然联盟(Blue Nature Alliance)，致力于更大规模的海洋生态环境保护，倡导各国到 2030 年保护全球 30% 的海洋；自然应对气候变化中心关注通过保护和恢复完整的自然生态系统缓解全球气候变化、有效应对气候危机；通过科学与金融创新，研发淡水健康指数、海洋健康指数、Trends. Earth、Wildlife Insight 等重要科学工具及协议保护（Conservation Agreement）、保护国际创投（CI Ventures）等金融机制来撬动更多资源，以更加注重科学及野外示范的方式保护人类赖以生存的大自然。2002 年，保护国际开始在中国开展项目，设立保护国际基金会（美国）北京代表处，业务主管单位为国家林业局（今为国家林业和草原局），目前在北京、成都、南昌、广州设有野外项目工作团队。中国项目隶属于保护国际亚太地区野外项目部，项目团队秉承科学，注重与各级政府、企业、科研院校以及社区开展合作，在生物多样性热点地区实施具有示范意义的项目，同时致力于推动政策倡导和"一带一路"沿线国家的可持续发展。主要业务涉及有关水源地保护、国家公园管理模式探索、应对气候变化、森林及湿地碳汇、淡水和湿地资源保护、海洋生态系统保护、生物多样性保护及规划、生态系统功能及其补偿机制等示范项目和宣传教育活动。

（二）组织架构

保护国际现任董事会主席为彼得·泽利希曼（Peter Seligmann），首席执行官为森杨博士。首席执行官直接领导全球项目、野外项目。全球项目部包括全球政策中心、可持续陆地及水域中心、社区及保护中心、摩尔科学中心、自然应对气候变化中心；野外项目部包括海洋中心、美洲地区野外项目部、非洲地区野外项目部、亚太地区野外项目部等团队。

（三）研究领域

保护国际重点关注全球生物多样性热点地区的生态系统、生物多样性和人类福祉相关的广泛主题。主要包括如下研究：

——气候：保护国际倡导保护和恢复自然生态系统是应对气候变化方面科学、有效的解决方案，最大限度地发挥自然在缓解及适应气候影响方面的作用。机构通过科学研究、政策措施及国际资金引入，划定并努力保护全球"无法恢复的高碳生态系统"，包括泥炭地、红树林、原始森林，确保其固存 200 亿吨碳。同时，保护国际引领全球蓝色碳汇研究，深度参与第一个蓝色碳汇方法学开发，推动并发起蓝碳倡议（Blue Carbon Initiative）。

——大规模海洋保护：保护国际海洋中心及全球野外项目团队，以蓝色资本（Blue Capital）、蓝色生产（Blue Production）、蓝色气候（Blue Climate）、蓝色视野

(Blue Horizon)为主线,致力于大规模海洋保护,关注海洋生物多样性、海洋保护区及海洋景观区建设及管理能力提升、海洋资源的可持续利用等方面。

——野外项目示范:通过生物多样性保护、促进自然资源可持续利用、推动社区参与保护和政策倡导等方式,帮助并支持了 77 个国家的 1200 多个自然保护地及保护项目,保护了超过 6.01 亿公顷的土地、海洋和沿海地区。

——食品、农业和渔业:致力于促进可持续农业和渔业发展及产业链的可持续发展,并促进相关利益主体增强责任感。

——森林研究:与当地社区直接合作,努力保护全球的热带森林。通过科学研究、政策倡导、伙伴关系和社区合作等方式,倡导保护森林生态系统。

——淡水资源研究:致力于保护和恢复提供关键生态系统服务的淡水生态系统。使用基于科学的创新解决方案,形成可推广、可复制的保护模式。

——创新生态保护融资模式:致力于寻找创新、有效和持久的方式资助保护工作。与合作伙伴一起,建立碳基金、关键生态系统合作基金、CI 创投基金、蓝色自然联盟基金等资金机制,聚焦重点生态保护领域。率先推行"自然与债务互换"(debt for nature swap)机制,帮助发展中国家对重要生态系统的投资。

——关注原住民社区参与自然保护:保护国际在涉及和实施项目过程中注重与依赖自然生态系统的当地原住民社区合作,推行以人为本的保护方法,遵循"尊重原住民权利、兼容并蓄及社区赋权、治理、人类福祉、透明度、保障可持续性及社会稳定"的原则。主要研究领域包括原住民及当地社区(IPLCs)参与保护、环境和平建设及冲突解决(environmental peacebuilding and conflict resolution)机制与方法、自然保护领域女性领导力、社区主导的自然保护与发展规划。

——生物多样性保护及非法野生动植物交易:保护国际通过摩尔科学中心与全球领先的科研机构合作开展政策研究和开发科学工具,通过全球的野外项目团队实施物种及栖息地保护项目,致力于保护生物多样性、打击非法野生动植物交易。

(四) 研究项目及成果

保护国际围绕气候变化、食物、森林、淡水、全球稳定、社区生计、海洋、当地社区合作、海洋景观区、自然保护领域科学创新和非法野生动植物交易等主要领域开展研究。部分研究项目和研究成果见表 42.1 和表 42.2。

表 42.1　部分研究项目

序号	项目名称（中文）	项目名称（英文）
1	柬埔寨中央豆蔻山国家公园	Cambodia's Central Cardamom Mountains National Park
2	哥伦比亚气候变化适应研究	Adapting to a Changing Climate in Colombia
3	Marae Moana：库克群岛海洋公园	Marae Moana：Cook Islands Marine Park
4	利比里亚宁巴山区的负责任采矿	Responsible Mining in Liberia's Nimba Mountains
5	避免马达加斯加的森林砍伐	Avoiding Deforestation in Madagascar
6	哈博罗内非洲可持续发展宣言	The Gaborone Declaration for Sustainability in Africa
7	大象保护宣言	The Elephant Protection Initiative
8	肯尼亚 Chyulu Hills REDD＋项目	Chyulu Hills REDD＋Project
9	哥斯达黎加珊瑚礁修复	Restoring Costa Rica's Coral Reefs
10	淡水健康指数应用研究	Application and Study on Freshwater Health Index
11	海洋健康指数应用研究	Application and Study on Ocean Health Index
12	全球海洋景观区建设及能力提升	Construction and Capacity Building for Seascapes Worldwide
13	菲律宾绿色-灰色自然基础设施应对气候变化项目	The Green-Gray Infrastructure Approach to Build Coastal Resilience Against Climate Change
14	无价星球联盟植树计划	Priceless Planet Coalition Tree Planting Program
15	Vital Signs：推动人与自然可持续的农业发展	Vital Signs：Guiding Agricultural Development that is Sustainable for People and Nature
16	中国国家公园管理机制探索	Exploring China National Park Management Model
17	四川省淡水湿地保护及湿地保护网络建设	Freshwater and Wetland Conservation and Wetland Conservation Network Building in Sichuan Province
18	江西省淡水健康和湿地保护及湿地保护网络建设	Freshwater Health and Wetland Conservation and Wetland Conservation Network Building in Jiangxi Province
19	中国沿海湿地(红树林)碳汇项目	China Coastal Wetland（Mangroves）Carbon Project

表 42.2　部分研究成果

序号	成果名称（中文）	成果名称（英文）	成果类型	发布时间
1	不可挽回的碳	Irrecoverable Carbon	报告	2020
2	将自然纳入国家自主贡献指南	Guide to Including Nature in Nationally Determined Contributions	报告	2020
3	淡水健康指数	Freshwater Health Index	工具和报告	2019
4	海洋健康指数	Ocean Health Index	工具和报告	2019
5	野生动物及栖息地大数据云平台	Wildlife Insight	工具	2019
6	绘制自然资本	Mapping Natural Capital	报告	2018
7	生态弹性地图	Resilience Atlas	工具	2018
8	全球生态系统和物种评估	Global Ecosystem and Species Assessments	报告	2018
9	趋势与地球	Trends. Earth	工具	2018

（五）重点出版物译介

1.《滨海蓝碳》(*Coastal Blue Carbon*, 2019)

主要介绍了包括红树林、盐沼及海草床在内的滨海湿地生态系统碳储量及排放测量及评估方法。

2.《生物多样性和气候变化：改变生物圈》(*Biodiversity and Climate Change: Transforming the Biosphere*, 2019)

保护国际摩尔科学中心科学家 Lee Hannah 所著，该书展示了野生动物与气候间相互影响的科学依据，指出了为防止全球气候崩溃人类应该采取的行动。

3.《适合生命的气候，迎接全球挑战》(*A Climate for Life, Meeting the Global Challenge*, 2019)

保护国际气候专家团队合著，主要聚焦全球面临的气候变化挑战，以及可采取的应对气候变化措施，关注气候变化对生物多样性及人类生存及社会经济发展带来的威胁，倡导推行基于自然的气候解决方案。

全球基因组生物多样性联盟（GGBN）

类　　　型：非政府组织
所 在 地：美国华盛顿
成立年份：2011 年
网　　　址：http://www.ggbn.org/ggbn_portal/

　　全球基因组生物多样性联盟（GGBN）是一个连接全球生物多样性库、序列数据库和众多研究成果的网络门户，是由多家世界顶级或较大规模的生物资源样本库、研究机构等组成的大规模生物多样性联盟。联盟成立于 2011 年，主要目标是高质量收集储存 DNA 和生物多样性组织样本，并利用国际网络为全球生物多样性资源库提供合作平台，建立有信誉并且公开透明地获得基因组样本的通路，从而服务于生物多样性组员的研究、发展和保存。

（一）发展历程

　　为了建立一个实用、标准、易获取的全球性生物基因库，2011 年 10 月，来自非洲、大洋洲、欧洲、北美洲、中美洲和拉丁美洲的 32 个组织在华盛顿召开会议。会议提出了建立全球合作的生物多样性基因银行的初步计划。

　　筹备期间，筹备组织成立了国际指导委员会，为制定和实施战略计划和工作方案举行了一系列会议，并成立了 3 个工作组。2013 年 3 月成员合作备忘录发布，2014 年 1 月发布了全球基因组生物多样性联盟白皮书，并于 2014 年 6 月举行了首次国际会议。从 2013 年 3 月到 2015 年 6 月，在征集了多方意见的基础上形成了机构监管草案，以进一步促进生物多样性基因组织参与其中。

（二）组织架构

　　全球基因组生物多样性联盟设置秘书处、技术部门，并招募会员。自 2011 年联盟概念提出以来，全球基因组生物多样性联盟已吸纳来自 32 个国家的 92 个成员机构,其中 23 个成员机构为联盟提供数据。

(三)研究领域

建立一个覆盖"生命之树"的全球基因组样本网络,通过生物多样性的研究、开发和保护使社会受益。提供对全球数据管理系统的开放访问,该系统托管所有成员机构汇总的原始标本数据和关联的元数据。

制定共享 DNA 和组织信息的通用标准。制定与基因组样本及其衍生物的管理,和管理有关的最佳实践,包括适当的获取和利益共享(ABS)制度。

鼓励有针对性地采样和保存代表地球生命的概要样本的基因组样本。招募具有不同区域和生物分类重点的合作伙伴,以共同努力保护全球遗传多样性。

(四)研究项目及成果

全球基因组生物多样性联盟数据门户的新版本已于 2016 年 10 月启动,现在可用于 BioCASe/ABCD 和 IPT/DarwinCore 存档。全球基因组生物多样性联盟数据标准已于 2016 年发布。

未来资源研究所 (RFF)

类　　型：非政府组织	
所 在 地：美国华盛顿	
成立年份：1952 年	
现任所长：理查德·纽厄尔(Richard Newell)	
网　　址：https://www.rff.org	

　　未来资源研究所(RFF)是一个非营利的无党派组织,主要从事经济学和其他社会科学领域的独立研究,研究环境、能源、自然资源和环境健康问题。使命是通过公正的经济研究和政策参与,改善环境、能源和自然资源决策。愿景是致力于形成最值得信赖的研究见解和政策解决方案的来源,从而带来健康的环境和繁荣的经济。未来资源研究所旨在提供研究和成本效益高的解决方案,以应对世界上最重要的环境和自然资源挑战。未来资源研究所得到了众多捐助者的支持,超过 70% 的资金来自个人、公司、私人基金会和政府机构,直接用于研究所的研究和公共教育活动。

(一) 发展历程

　　1952 年,美国总统委员会授权成立一个智囊机构,专门研究美国对自然资源的利用以及对美国经济和国家未来安全的影响,由此该机构也成为美国第一个专门研究自然资源和环境问题的智囊团。未来资源研究所的显著贡献包括开拓和发展环境和资源经济学领域,创造广泛应用于经济和政策分析的分析技术,对美国能源和资源的未来进行里程碑式的调查,以及体现在世界各地的环境、能源和自然资源监管制度中的政策创新。

(二) 组织架构

　　未来资源研究所汇集了世界上最大规模的经济学家和其他关注环境和自然

资源问题的专家群体。该机构的最高决策层是董事会;领导层由知名学者组成,负责机构的科研工作。

管理部门包括总裁办公室、总裁委员会、通信部、发展部和财务与行政部。研究部门有能源与气候项目组,土地、水和自然项目组。

(三) 研究领域

未来资源研究所围绕能源、气候、土地、水和自然 5 个主要领域开展研究。主要涉及:

——能源与气候:致力于发展可靠的清洁能源和减少碳排放,同时平衡经济发展的需要。研究领域包括空气质量、碳定价、未来电力、油气、碳的社会成本和交通运输。

——土地、水和自然:建立健康和生产性的自然系统,以适应不断变化的气候,支持繁荣的经济。研究领域包括生物多样性、灾害、恢复力和适应、地球观测和空间、生态系统服务、渔业、森林资源、公共及私人的土地和水利。

——环境经济学专题:对环境经济学领域的重大贡献落地于美国当前使用的政策工具。比如,效益成本分析、贴现、绿色会计、政策设计与评估、风险分析与不确定性、价值评估和统计寿命值。

——地区:各国都面临着因政治、社会和经济等因素影响而生成的环境挑战。未来资源研究所专家正在分析非洲、亚洲、欧洲和拉丁美洲等地的气候、能源和环境政策,以帮助相关国家分析各自政策的优缺点。

(四) 研究项目及成果

未来资源研究所的部分研究项目和研究成果见表 44.1 和表 44.2。

表 44.1　部分研究项目

序号	项目名称(中文)	项目名称(英文)
1	中国地铁建设与空气质量改善	Building Subway Systems and Improving Air Quality in China
2	看似竞争激烈的行业中的能源悖论:重型拖车节能设备的使用	The Energy Paradox in Seemingly Competitive Industries: The Use of Energy-Efficient Equipment on Heavy-Duty Tractor Trailers
3	温室气体总量与贸易:俄勒冈州有效和高效气候政策的影响	GHG Cap-and-Trade: Implications for Effective and Efficient Climate Policy in Oregon
4	《清洁空气法》下的政策演变	Policy Evolution Under the Clean Air Act
5	卫星地球观测为野火响应的成本效益	The Cost-Effectiveness of Satellite Earth Observations to Inform a Post-Wildfire Response
6	气候变化时代的人类迁徙	Human Migration in the Era of Climate Change

表 44.2　部分研究成果

序号	成果名称（中文）	成果名称（英文）	成果类型	发布时间
1	碳定价 102：收入使用选择	*Carbon Pricing 102：Revenue Use Options*	专著	2019
2	碳捕获利用和储存补贴：45Q 问题	Subsidizing Carbon Capture Utilization and Storage：Issues with 45Q	报告	2019
3	城市环境项目：支持工程师项目规划和预算的分析	Environmental Projects in Urban Areas：Analysis to Support Corps of Engineers Project Planning and Budgeting	报告	2019
4	减少食物损失和浪费的影响	Reducing Impacts of Food Loss and Waste	报告	2019
5	濒危物种恢复：资源配置问题	Endangered Species Recovery：A Resource Allocation Problem	论文	2018
7	基于自然的娱乐：了解国家公园的露营保留地	Nature-Based Recreation：Understanding Campsite Reservations in National Parks	报告	2018
8	整合资源规划是否有效整合需求侧资源？	Does Integrated Resource Planning Effectively Integrate Demand-Side Resources?	报告	2018
9	低边际成本世界中电力市场的未来：研讨会总结	The Future of Power Markets in a Low Marginal Cost World：Workshop Summary	报告	2017

（五）重点出版物译介

1.《为污染买单：为什么碳税对美国有利》（*Paying for Pollution：Why a Carbon Tax is Good for America*，2019）

美国作为世界第二大碳排放国，应该在全球减排努力中发挥关键作用。作者梅特卡夫提出，碳排放税增加了财政灵活性，为所得税改革提供了新的收入，从而改善了税法的公平性，有助于经济增长。没有哪一项能像碳税那样有效、高效和公平。

2.《环境和资源价值的衡量（第三版）》（*The Measurement of Environmental and Resource Values*，3rd Edition，2014）

这部著作的第一版获得了环境与资源经济学家协会 2002 年出版的"持久质量奖"。该书对环境和自然资源服务的经济价值的估计对于有效的决策至关重要。与以前的版本一样，第三版（包括另外两位合著者）介绍了评估环境效益所涉及的理论和方法的综合处理。

3.《全球林业经济》（*The Global Economics of Forestry*，2012）

这部著作解释了林业对区域发展和环境保护的作用，以及其他部门和宏观经济的外部政策对林业的作用。

公海联盟
（HSA）

类　　　型	非政府组织
所　在　地	美国纽约
成　立　年　份	2011 年
现任协调员	佩姬·罗杰斯·考洛什（Peggy Rodgers Kalas）
网　　　址	http://www.highseasalliance.org/

公海联盟（HSA）目前由 40 多个非政府组织以及世界自然保护联盟（IUCN）组成，各组织和团体之间为合作伙伴关系，旨在支持维护公海并为此发出强有力的共同声音。联盟目标是促进国际合作以建立公海保护区并加强公海治理。联盟成员共享并促进信息的获取，以提高透明度，鼓励与联盟的使命和目标有关的知情公开演讲。公海联盟成员既可以作为通过联盟进行协作的成员，也可以作为联盟支持或附属的单个组织，并承诺共同努力实现联盟的目标。公海联盟正在努力确保条约谈判能够采取有力而有效的保护措施，以解决当前海洋治理中的空白。

（一）发展历程

2011 年成立以来，公海联盟及 40 多个非政府组织和国际自然保护联盟一直致力于公海（50％的星球）保护。公海作为全球海洋，不在各国家的管辖范围之内，它包括世界上一些生物学上最重要、保护程度最低和威胁最大的生态系统。

公海联盟成员共同努力，激发、告知和吸引公众支持，加强公海的治理和养护，并合作建立公海保护区。

（二）组织架构

公海联盟建议根据《联合国海洋法公约》制定具有法律约束力的国际文书，为保护和可持续利用国家管辖范围以外地区（ABNJ）的海洋生物建立一个健全的体制框架。

研究部门包括缔约方大会、科学委员会、秘书处、遵约委员会、实况调查委员会、财务及行政委员会6个主要机构。缔约方大会是联盟的决策机构，主要职能是标准制定、审查和决策，指定海洋保护区（MPA），进行评估（EIA）和战略环境评估（SEA）。

科学委员会由来自不同地区的独立专家组成，包括现有科学机构的专家和非国家提名的专家，主要职能是向缔约方大会提出相关科学建议。秘书处提供行政和后勤支持。财务及行政委员会确保相关海洋技术的能力建设和转让，以及支持评估、规划、管理、研究和长期监控ILBI关注的海域，如生态或生物意义重大的海域（EBSA）。

（三）研究领域

公海联盟领域聚焦海洋生态系统和生物多样性的保护和恢复、海洋保护区（MPA）系统、海洋保护义务以及规则、公海海洋资源和物种（包括渔业）的养护等领域。

（四）研究成果

公海联盟部分研究成果见表45.1。

表45.1 部分研究成果

序号	成果名称（中文）	成果名称（英文）	成果类型	发布时间
1	战略环境评估简报	Briefing on Strategy Environmental Assessment	报告	2019
2	从ABNJ的区域和部门保护组织学到的教训	Lessons Learned from Regional and Sectorial Organizations for Conservation in ABNJ	报告	2019
3	公海联盟：关于IGC3主席文案的主要建议	High Seas Alliance—Key Recommendation for IGC3 on the President's Text	报告	2019
4	公海联盟根据新的具有国际法律约束力的文书提出的海洋保护区建议	High Seas Alliance Recommendations for Marine Protected Areas Under the New International Legally Binding Instrument	报告	2018
5	公海联盟根据新的具有国际法律约束力的文书提出的环境影响评估建议	High Seas Alliance Recommendations for Environmental Impact Assessment Under the New Legally Binding Instrument	报告	2018
6	公海联盟根据新的具有国际法律约束力的文书提出的跨领域问题建议	High Seas Alliance Recommendations for Cross-Cutting Issues Under the New International Legally Binding Instrument	报告	2018

(五)重点出版物译介

1.《保护地球的一半：2020 年新的公海生物多样性条约》(Protecting Half the Planet：A New High Seas Biodiversity Treaty in 2020,2020)

在联合国框架下的新条约《保护和可持续使用海洋资源公约》,经过 10 多年在联合国的谈判,于 2018 年 9 月正式生效,该条约目的在于保护国家管辖范围以外地区的海洋生物多样性。

2.《从 ABNJ 的区域和部门保护组织学到的教训》(Lessons Learned from Regional and Sectoral Organizations for Conservation in ABNJ,2019)

在关于 ABNJ 保护和可持续利用生物多样性的新的具有法律约束力的国际法律文书谈判进程中,新的 ABNJ 文书与现有区域和部门组织之间的关系仍然是一个重点。新的文书为提高现有相关法律文书和组织的效力提供了机会,并提出了一种更加连贯和全面的方法来保护公海海洋生物多样性。本简报提供了来自现有区域和部门组织的示例,以说明在当前分散的海洋治理体系下,ABNJ 保护生物多样性面临的系统性挑战。

# 国际水资源管理研究所 （IWMI）

类　　　　型：非政府组织
所　在　地：斯里兰卡科伦坡
成 立 年 份：1984 年
现任总干事：马克·史密斯（Mark Smith）
网　　　　址：https：//www.iwmi.cgiar.org/

国际水资源管理研究所（IWMI）是一个非营利科研组织，专注于发展中国家的水资源和土地资源可持续利用。该机构与政府、民间社会和私营部门合作，开发可扩展的农业用水管理解决方案，以致力于推动减贫、粮食安全和生态系统健康等。研究所的愿景是实现全球"水安全的世界"，针对发展中国家贫困社区面临的水和土地管理挑战，努力实现减少贫困和饥饿，维持环境可持续的发展目标。研究所总部位于斯里兰卡首都科伦坡，在亚洲和非洲设有地区办事处。

（一）发展历程

20 世纪 60 年代，一个国际专家组和捐助者向 Bellagio 集团提出建议，强调水资源管理在农业中的重要性。同期，福特基金会和洛克菲勒基金会联合提出了灌溉技术、国家和农民水资源管理经济学以及国家和国际水资源政策问题等多学科研究议题。20 世纪 70 年代，水资源管理问题在美国国际农业研究磋商小组的技术咨询委员会（TAC）会议上成为热点议题。1971 年，各国家、国际和区域组织以及私人基金会的战略伙伴关系"国际农业研究磋商组织"（CGIAR）成立。1982 年，TAC 建议建立由 CGIAR 资助的国家灌溉管理研究所，CGIAR 在没有正式赞助的情况下推动 IWMI 的建立，要求福特基金会作为建立 IWMI 的执行机构。1983 年 9 月 1 日，斯里兰卡政府和福特基金会代表支持小组签署了谅解备忘录（MOU）。不久之后，第一次董事会会议在科伦坡举行，拉尔夫·W. 卡明斯（Ralph W. Cummings）被任命为代理总干事，负责在斯里兰卡与参与 IWMI

和可能有合作的其他国家建立研究所。1984 年 6 月 15 日,托马斯·威克姆(Thomas Wickham)博士被任命为总干事,IWMI 开始正式运营。

1991 年,IWMI 成为 CGIAR 的成员,在 1996—2000 年,在当时的总干事戴维·塞克勒博士的领导下,IWMI 转变为一个强大的科学组织,关注更有效地利用水作为改善食品生产的关键资源。为响应 CGIAR 的改革进程,IWMI 于 2012 年初启动了 CGIAR 水、土地和生态系统研究计划,IWMI 还参与了其他 4 个 CGIAR 研究计划。

(二) 组织架构

目前约有 100 多名研究人员为 IWMI 工作,专业涉及资源、土地、计算机、食品、农业、管理、经济、法律等领域。其最高决策机构为理事会,由来自大学、科研机构、国际组织、企业、政府机关的人员组成。IWMI 在非洲和亚洲的 10 多个国家设立分支机构,开展相关研究业务。

(三) 研究领域

IWMI 专注于贫困社区面临的水和相关的土地管理挑战,致力于实现贫困地区的可持续发展,提升地区人民生活水平。

——建立土地的恢复力:为帮助农民缓解水资源匮乏和气候变化带来的风险,使地区农业能够在水资源压力和极端天气冲击下安全发展,IWMI 与合作伙伴共同建立致力于研究恢复力解决方案的战略计划。

——可持续增长:IWMI 及其合作伙伴通过研究和推广工作,帮助地区可持续增长,旨在避免出现因错误的经济发展方式和环境失败举措而造成的社会动荡和大规模移民。提供未来情景和趋势分析的知识、工具和方法,使地区规划者能够更好地管理水资源、粮食和能源安全之间错综复杂的关系;推进地区农业和农业综合企业创新开发利用水资源,为农村地区就业和转型创造机会;提供包容性和性别平等的备选方案,通过强有力的机构和健全的政策更广泛地促进水资源的有效治理。

——城乡互联:应对城镇化高速发展带来的资源供应、粮食供应、水资源供应压力,以及产出的废物对环境造成的影响,推进新型城镇化发展模式。

(四) 研究项目及成果

IWMI 围绕能源、粮食、水、可持续城市等主要领域开展研究。部分研究项目见表 46.1。

表 46.1　部分研究项目

序号	项目名称（中文）	项目名称（英文）
1	促进生产力发展的水资源管理	Water Management for Enhanced Productivity
2	农业大数据研究	Big Data in Agriculture
3	社会转型研究与政策倡导	Social Transformation Research and Policy Advocacy
4	萨尔温江-坦尔温-怒江流域的水治理政策、制度和实践相匹配	Matching Policies, Institutions and Practices of Water Governance in the Salween-Thanlwin-Nu River Basin
5	通过可持续的水、土地和生态系统管理加强撒哈拉以南非洲小农农业的机会	Opportunities to Enhance Smallholder Agriculture in Sub-Saharan Africa Through Sustainable Water, Land and Ecosystem Management
6	地下水解决方案政策与实践倡议	The Groundwater Solutions Initiative for Policy and Practice
7	伏尔特-尼日尔河流域水土管理的投资决策	Investment Decisions in Water and Land Management in Volta-Niger Basins
8	通过农民机构加强生态系统服务供给	Enhancing Provisioning Ecosystems Services Through Farmer Institutions
9	通过生态系统服务实施实现水资源的可持续发展目标	Operationalizing SDG Water Indicators Through Ecosystem Services

　　研究所网站设立在线图书馆,图书馆收藏图书、期刊、会议记录、年度报告、论文、项目方案等多种研究成果,供世界各地研究人员参考使用。研究成果免费共享并提供下载。部分研究成果见表 46.2。

表 46.2　部分研究成果

序号	成果名称（中文）	成果名称（英文）	成果类型	发布时间
1	迈向循环经济	Towards a Circular Economy	案例分享	2019
2	IWMI 战略 2019—2023：可持续发展的创新水解决方案	IWMI Strategy 2019—2023：Innovative Water Solutions for Sustainable Development	报告	2019
3	将可持续发展目标纳入发展中国家的主流	*Mainstreaming the Sustainable Development Goals in Developing Countries*	专著	2019
4	地下水和可持续发展目标：相互关联的分析	Groundwater and Sustainable Development Goals：Analysis of Interlinkages	报告	2019
5	剖析水-能源-环境-食物关系：跨系统工作	Unpacking the Water-Energy-Environment-Food Nexus：Working Across Systems	论文	2019
6	对印度地下水机构的评估：产权视角	An Evaluation of Groundwater Institutions in India：A Property Rights Perspective	论文	2019
7	IWMI 年度报告 2017	IWMI Annual Report 2017	报告	2018
8	IWMI 在行动	IWMI in Action	宣传手册	2018
9	有争议的缅甸土地治理改革领域	The Contested Terrain of Land Governance Reform in Myanmar	论文	2018
10	可持续发展目标的全球环境流量信息	Global Environmental Flow Information for the Sustainable Development Goals	论文	2017

(五) 重点出版物译介

1.《对印度地下水机构的评估：产权视角》(An Evaluation of Groundwater Institutions in India：A Property Rights Perspective,2019)

本文分析了印度地下水市场和其他新兴"地下水共享制度安排"的事实上的权利。本文利用多维产权模型分析事实上的地下水权利,同时吸取见解和广泛的政策教训。调查结果表明,加强受社会监管措施制约的"小群体地下水共享"有很大的空间。此外,农业和地下水开发的扭曲性补贴对资源的使用产生了不利影响,值得进一步关注。

2.《可持续发展目标的全球环境流量信息》(Global Environmental Flow Information for the Sustainable Development Goals,2017)

作者汇集了国际水管理研究所的专业知识和此领域的先前研究,开发一种在全球范围内量化 EF 的新方法。EF 是针对不同健康水平而开发的,它已被分为地表水和地下水两部分,这有助于可持续开发地下水资源。一种在线工具已被开发用来计算任何感兴趣区域中的 EF 和 SGWA。

esa 美国生态学会（ESA）

类　　　型：非政府组织
所 在 地：美国华盛顿
成立年份：1915 年
现任会长：凯瑟琳·韦瑟斯（Kathleen Weathers）
网　　　址：https://www.esa.org/

美国生态学会（ESA）是非营利科学家组织。该组织长期致力于通过改善生态学家之间的交流，促进生态科学，提高公众对生态科学重要性的认识水平，增加开展生态科学活动的资源，并通过加强生态社区与决策者之间的沟通，推动生态科学知识在环境决策中的运用。

（一）发展历程

1914 年，在亨利·钱德勒·考尔斯（Henry Chandler Cowles）组织的动植物生态学家会议上，在宾夕法尼亚州费城的沃尔顿饭店的酒店大厅举行了有关该协会成立的首次讨论。1915 年 12 月 28 日，在美国科学促进大会上，50 名科学家投票同意成立美国生态学会。在随后的两年内，学会迅速吸纳了 300 余名会员。《美国生态学会简报》是美国生态学会的第一本出版物，始于 1917 年 1 月。1920 年《生态学》期刊创刊。1930 年第一期《生态学专论》出版。经过 100 多年发展，美国生态学会已拥有 9000 多名会员，公开出版期刊 6 种，成为活跃在世界范围内的生态学组织。

（二）组织架构

美国生态学会由理事会、期刊编委会、常务理事会、专业认证委员会、地理区域分支机构、研究分支机构组成。

理事会从事主要管理和决策工作。有 1 名主席和 4 名分管副主席。常务理事会主要负责审计、奖项、研究人员多样性、非歧视性引用等辅助管理工作。

美国生态学会现有官方注册会员 9000 多名,会员根据共同兴趣或个人喜好选择不同的地理区域(包括加拿大、拉丁美洲、大西洋中部、美国东南部、美国西南部)或研究分支(包括应用生态、海洋生态等)。每个加入该协会的会员都可以免费选择一个地理区域或研究分支,并以每个 5 美元的价格加入其他地理区域或研究分支。每个地理区域或研究分支的主席都是学会理事会的一部分,该理事会每年在年度会议上开会讨论学会业务。

(三)研究领域

美国生态学会的成员从事研究、教学和利用生态科学解决环境问题,研究领域包括:生物技术、自然资源管理、生态修复、臭氧消耗与全球气候变化、生态系统管理、物种灭绝和生物多样性丧失、生境的改变和破坏、可持续生态系统。

(四)年会及主题

美国生态学会每年举办年度会议,会议就当前重要的生态领域问题进行讨论。部分会议及主题见表 47.1。

表 47.1 部分会议及主题

序号	会议地点	主题名称(中文)	主题名称(英文)	会议时间
1	犹他州盐湖城	利用生态数据革命	Harnessing the Ecological Data Revolution	2020
2	肯塔基州路易斯维尔	桥接社区与生态系统:将包容性纳入生态需要	Bridging Communities & Ecosystems: Inclusion as an Ecological Imperative	2019
3	路易斯安那州新奥尔良	极端活动、生态系统适应力和人类福祉	Extreme Events, Ecosystem Resilience and Human Well-Being	2018
4	俄勒冈州波特兰	将生物多样性、物质循环和生态系统服务联系在一起,以应对不断变化的世界	Linking Biodiversity, Material Cycling and Ecosystem Services in a Changing World	2017
5	佛罗里达州劳德代尔堡	人类世的新型生态系统	Novel Ecosystems in the Anthropocene	2016
6	马里兰州巴尔的摩	前沿生态科学:庆祝 ESA 百年纪念	Ecological Science at the Frontier: Celebrating ESA's Centennial	2015
7	加利福尼亚州萨克拉曼多	从海洋到山脉:全都是生态	From Oceans to Mountains: It's All Ecology	2014
8	明尼苏达州明尼阿波利斯	可持续发展之路:从过去中学习并塑造未来	Sustainable Pathways: Learning from the Past and Shaping the Future	2013

续表

序号	会议地点	主题名称(中文)	主题名称(英文)	会议时间
9	俄勒冈州波特兰	地球上的生命：保护、利用和维持我们的生态系统	Life on Earth：Preserving, Utilizing and Sustaining Our Ecosystems	2012
10	得克萨斯州奥斯汀	地球管理：维护和增强地球生命支持系统	Earth Stewardship：Preserving and Enhancing the Earth's Life-Support Systems	2011
11	宾夕法尼亚州匹兹堡	全球变暖：我们过去的遗产，我们未来的挑战	Global Warming：The Legacy of Our Past, the Challenge for Our Future	2010

（五）重点出版物译介

美国生态学会出版一系列刊物，内容涵盖同行评议期刊到时事通讯、内容说明、教学资源等。出版期刊包括：《生态学》(*Ecology*)、《生物圈》(*Ecosphere*)、《生态学与环境前沿》(*Frontiers in Ecology and the Environment*)、《生态学应用》(*Ecological Applications*)、《生态学专论》(*Ecological Monographs*)、《美国生态学会简报》(*Bulletin of the Ecological Society of America*)、《生态问题》(*Issues in Ecology*)。其中，《生态学》发表了涵盖广泛主题的前沿基础生态学研究文章，是目前生态科学中被引用最多的期刊。

全球生态足迹网络 (GFN)

类　　　型：非政府组织

所　在　地：美国奥克兰

成立年份：2003 年

现任 CEO：马蒂斯・瓦克纳格尔（Mathis Wackernagel）

网　　　址：http://www.footprintnetwork.org

全球生态足迹网络（GFN）是一家专门从事国家资源核算的智库机构，其旗舰研究成果为《全球生态足迹报告》，使命是通过将生态限制作为决策的中心来消除生态超载。该机构与其合作伙伴一道协调研究，制定方法标准，并为决策者提供一系列工具，帮助人类经济在地球生态极限内运行。

（一）发展历程

全球生态足迹网络的核心是生态足迹，这是一种综合的可持续性度量。它是由马蒂斯・瓦克纳格尔和威廉・里斯在 20 世纪 90 年代初作为瓦克纳格尔在不列颠哥伦比亚大学博士研究的一部分而创立的。2003 年成立以来，国家生态足迹账户受到了广泛关注。世界自然基金会（WWF）、世界自然保护联盟、联合国环境规划署和欧洲环境署等组织的无数报告中都包含了该研究的成果。全球生态足迹网络与六大洲 70 多个国家的政府建立了联系，并与 80 多个组织建立了伙伴关系。超过 15 个国家的政府已经将全球生态足迹网络的标准应用到自己的政策倡议中。

全球生态足迹网络于 2017 年启动了 Ecology Footprint Explorer 开放数据平台，免费提供 200 多个国家的生态足迹和生物承载力数据。生态足迹计算器于 2007 年在网上推出，并于 2017 年进行了更新，目前已有 1300 万名访客，每年吸引近 300 万个用户。每学年伊始，世界各地成千上万的教师使用生态足迹计算器向学生介绍可持续性。2006 年，全球生态足迹网络启动了年度"地球生态超载日"活动。2018 年，"地球生态超载日"在 100 多个国家和地区获得了超过 30 亿次媒体关注。

（二）组织架构

全球生态足迹网络主要工作人员包括总裁、财务总监、通信经理、地中海中东及北非地区负责人、首席执行官、研究经济学家、首席科学官、特别倡议负责人、研究科学家、项目经理、会计经理、日内瓦办公室经理和 IT 经理。其中，董事会 9 人，科学政策咨询委员会 23 人，联盟会员 14 人。

（三）产品和服务

全球生态足迹网络提供以下产品和服务：定制计算器、详细的足迹数据、可持续发展运动和可持续发展评估。

——定制计算器：组织赞助现有的足迹计算器或对其进行调整。该计算器使组织可以建立社区，招募成员并保持与用户的互动。世界自然基金会和世界地球日网络都是采用全球生态足迹网络计算器的组织。

——详细的足迹数据：国家生态足迹账户提供有关国家资源流动的详细信息。在环境方面进行扩展的多区域投入产出评估，全球生态足迹网络提供贸易分析，行业评估以及基于 2004、2007 和 2011 年 3 年的"消费土地使用矩阵"（CLUMs）。CLUMs 显示总体生态足迹中有多少归因于各种消费类别，是区域和城市评估的重要组成部分。同时，全球生态足迹网络还提供即将播报的数据，基于可用的最新数据和可用的推断，将国家结果定期进行播报。合作伙伴主要有金融机构［例如瑞士百达（Pictet）银行］、政府（例如德国北莱茵-威斯特法伦州政府）和政策组织（例如欧洲环境署）。

——可持续发展运动：2020 年以来，全球生态足迹网络在设计和执行可提高可持续性的活动方面为客户提供支持。成功案例包括地球生态超载日、地球生态超载日合作伙伴、国家运动（瑞士全民公决）、法国超载日（覆盖了超过 2000 万人）等。合作伙伴主要有法国世界自然基金会、德国观察队以及施耐德电气等公司。

——可持续发展评估：全球生态足迹网络帮助客户开发有效的度量方法，以增强其决策能力。第一，区域评估，地中海计划，其中包括对食品和生态旅游的分析、城市足迹评估和卡尔加里市及葡萄牙的六个城市项目的评估；第二，竞争力评估，研究瑞士政府的竞争力；第三，投资风险评估，评估投资风险的指标。合作伙伴主要有加拿大卡尔加里市、葡萄牙零协会、黑山联邦政府、斯洛文尼亚政府、法国南锡市等。

(四)研究项目及成果

全球生态足迹网络的研究项目及成果涵盖生态足迹(国家、地区领导和个体)、气候变化、地球超载日、生物多样性、可持续发展和变革融资。主要包括:① 帮助各国政府了解和管理其自然资源,做出自信的政策决策,并创造繁荣的未来;② 到 2050 年,全球 70%至 80%的人口将居住在世界范围内的城市和地区,追踪全球可持续发展将在这些城市和地区产生的成效;③ 地球生态超载日,是一个估计值,而不是确切的日期;④ 生态足迹框架不仅可以衡量碳排放,还可以全面解决气候变化问题,它显示了碳排放量如何与人类对地球的其他需求(例如食物、纤维、木材和用于住宅和道路的土地)比较并与之竞争;⑤ 全球足迹网络与地方政府、专家和国际伙伴合作,分析关键行业的生态足迹;⑥ 由于生态足迹和人类发展指数(HDI)都适用于各种地理尺度(地球、区域、国家和社区),因此该框架可用于跟踪可持续发展的进度。部分研究项目和研究成果见表 48.1 和表 48.2。

表 48.1 部分研究项目

序号	项目名称(中文)	项目名称(英文)
1	新足迹倡议	New Footprint Initiative
2	生态资产负债表	Ecological Balance Sheets
3	超载日	Overshoot Day
4	世界生态足迹	World Footprint

表 48.2 部分研究成果

序号	成果名称(中文)	成果名称(英文)	成果类型	发布时间
1	您的城市需要多少个地球?日本生态足迹 2019	How Many Earths Does Your City Need? Japan's Ecological Footprint 2019	报告	2019
2	欧洲联盟超载日	European Union Overshoot Day	报告	2019
3	生态足迹:管理我们的生物承载力预算(2019)	*Ecological Footprint: Managing Our Biocapacity Budget*(2019)	专著	2019
4	生命星球报告 2018	Living Planet Report 2018	报告	2018
5	法国的另一个赤字	L'autre Déficit de la France	报告	2018
6	国家生态足迹核算:2012—2018 年国家足迹核算的更新和结果	Ecological Footprint Accounting for Countries: Updates and Results of the National Footprint Accounts, 2012—2018	论文	2018
7	2017 年年度报告	2017 Annual Report	报告	2017

(五)重点出版物译介

全球生态足迹网络的关键战略是提供可靠的生态足迹数据。生态足迹仍然是综合比较人类对自然的需求和自然再生能力的唯一指标。它是基于简单、直接的核算，而不是随意的评分。全球生态足迹网络自成立以来，每年都计算出联合国提供数据的国家的生态足迹。先后出版了《生态足迹：政策与实践的新发展（2015）》《生态足迹：重新测量世界（2016）》和《生态足迹：管理我们的生物承载力预算（2019）》3 部著作。

1.《生态足迹：管理我们的生物承载力预算》(*Ecological Footprint*：*Managing our Biocapacity Budget*，2019)。

该书指出为避免生态破产需要严格进行资源核算，因此，需要一种正确的工具：生态足迹。该书对生态足迹进行了系统的介绍，内容包括：足迹与生物容量核算、各国的数据和主要调查结果、世界范围内的例子（包括企业、城市和国家）和创造再生经济的战略。

2.《生态足迹：重新测量世界》(*Der Ecological Footprint*：*Die Welt neu vermessen*，2016)。

生态足迹法由奥克兰、加利福尼亚和日内瓦的全球足迹网络总裁马蒂斯·瓦克纳格尔开发，用于企业家、投资者、开发者的规划和风险评估，对于城市规划者和政治战略家也是不可或缺的。根据经验报告、统计和图表，该书全面概述了全球的资源状况，给出了其可能的极限所在，并讨论城市、地区、国家、企业和我们需要做些什么，才能在地球的资源承载范围内好好生活。

世界自然基金会（WWF）

类　　型：非政府组织
所 在 地：瑞士格朗
成立年份：1961 年
现任主席：马可·兰博蒂尼（Marco Lambertini）
网　　址：https://www.worldwildlife.org/

世界自然基金会（WWF）是世界领先的自然保护组织，在 100 个国家/地区开展工作，得到了美国 100 多万会员和全球近 500 万会员的支持。世界自然基金会独特的工作方式将全球影响力与科学基础相结合，涉及从地方到全球各个层面的行动，提供满足人与自然需求的创新解决方案。

（一）发展历程

1960 年，英国著名的生物学家朱安利·赫胥黎发表的文章使公众们开始认识到自然保护是一个严峻的问题，而且创立一个国际组织来筹集保护自然的资金是多么的重要。赫胥黎于是与英国自然保护组织总干事鸟类学家马克斯·尼科尔森取得联系，并为此积极努力。世界自然基金会在 1961 年 9 月 11 日正式作为慈善团体登记注册，从此一场为拯救地球的集资活动开始了。

世界自然基金会和自然保护联盟（IUCN）于 1976 年创建了 TRAFFIC，这是一个野生动植物贸易监测网络，旨在确保野生动植物贸易不会对自然保护构成威胁。在世界自然基金会和联合国环境规划署的大力支持下，世界自然保护联盟于 1980 年发布了具有开创性的《世界保护战略》，指出人类是自然的一部分，除非自然和自然资源得到保护，否则人类就没有未来。世界自然基金会于 1993 年帮助成立了森林管理委员会（FSC），以寻找促进世界森林负责任管理的解决方案。FSC 成长为在美国和全球拥有 40 多个办事处的全球网络。发展至今，世界自然基金会已成长为在全球享有盛誉的、最大的独立性非政府环境保护组织之一。

（二）组织架构

世界自然基金会在全世界超过 100 个国家设有办公室，拥有 5000 名全职员工，并有超过 500 万名志愿者。高级管理团队由专家学者构成。董事会由来自科学保护和商业界的领导人组成，全面负责世界自然基金会的政策、计划和方向，并就广泛的政策和业务事项提供咨询和意见。

（三）研究领域

世界自然基金会的工作已经从保护物种和景观发展到应对更大的全球威胁及影响物种和景观的力量。由于认识到我们的地球面临的问题越来越复杂和紧迫，基金会改进了自己开展工作的方式。基金会的新战略以人为本，并围绕 6 个关键领域组织工作：森林、海洋、淡水、野生动植物、食物和气候。通过整合的方式将这 6 个领域联系在一起，以便更好地利用地球的独特资产，并将基金会的资源用于保护全球脆弱的地方、物种和社区。

（四）研究项目及成果

作为世界领先的保护组织，世界自然基金会在全球 100 个国家和地区开展工作。其独特的工作方式将全球影响力与科学基础相结合。它的项目涉及各个领域、各个级别，并确保能够交付满足人类和自然需求的解决方案。部分研究项目和研究成果见表 49.1 和表 49.2。

表 49.1　部分研究项目

序号	项目名称（中文）	项目名称（英文）
1	沿海渔业倡议：印度尼西亚	Coastal Fisheries Initiative：Indonesia
2	从商品供应链着手减少森林砍伐	Taking Deforestation Out of Commodity Supply Chains
3	中美洲珊瑚礁从脊到礁的综合管理	Integrated Ridge-to-Reef Management of the Mesoamerican Reef
4	尼泊尔楚里亚山脉的可持续土地管理	Sustainable Land Management in the Churia Range, Nepal
5	综合景观管理，以确保尼泊尔的自然保护区和关键自然走廊	Integrated Landscape Management to Secure Nepal's Protected Areas and Critical Corridors
6	马达加斯加海洋资源的可持续管理	Sustainable Management of Madagascar's Marine Resources
7	通过协调的区域和国家战略制定与实施，加强保护整个东部热带太平洋海景地区（ETPS）的红树林	Improving Mangrove Conservation Across the Eastern Tropical Pacific Seascape（ETPS）Through Coordinated Regional and National Strategy Development and Implementation
8	亚马孙可持续景观计划	Amazon Sustainable Landscapes Program

续表

序号	项目名称（中文）	项目名称（英文）
9	多瑙河流域水文形态与河流修复（DYNA）	Danube River Basin Hydromorphology and River Restoration (DYNA)
10	通过关注小型猫和美洲豹的保护来增强全球重要野猫景观的保护和复原力	Strengthening Conservation and Resilience of Globally Significant Wild Cat Landscapes Through a Focus on Small Cat and Leopard Conservation

表 49.2　部分研究成果

序号	成果名称（中文）	成果名称（英文）	成果类型	发布时间
1	降水和树木覆盖梯度构成了哥斯达黎加西北部的鸟类阿尔法多样性	Precipitation and Tree Cover Gradients Structure Avian Alpha Diversity in North-Western Costa Rica	论文	2019
2	大自然能否实现可持续发展目标？	An Nature Deliver on the Sustainable Development Goals?	论文	2019
3	重建珊瑚礁：低成本、低技术改造后 16 年的成功（和失败）	Rebuilding Coral Reefs: Success (and Failure) 16 Years After Low-Cost, Low-Tech Restoration	论文	2019
4	生物多样性和生态系统服务的多个层面之间的全球协同作用和取舍	Global Synergies and Trade-offs Between Multiple Dimensions of Biodiversity and Ecosystem Services	论文	2019
5	评估大湄公河次区域国家的森林治理	Assessing Forest Governance in the Countries of the Greater Mekong Subregion	论文	2019
6	地球生命力报告 2018	Living Planet Report 2018	报告	2018
7	森林脉动：大湄公河森林状况和每天为保护森林而努力的人们	Pulse of the Forest: The State of the Greater Mekong's Forests and the Everyday People Working to Protect Them	报告	2018
8	生命周期影响评估指标全球指南	Global Guidance for Life Cycle Impact Assessment Indicators	报告	2017
9	自然资本：测绘生态系统服务的理论与实践	Natural Capital: Theory and Practice of Mapping Ecosystem Services	报告	2016
10	北极熊：世界自然基金会野生动植物和气候变化丛书	Polar Bear: WWF Wildlife and Climate Change Series	报告	2015
11	世界海洋生态区：沿海和陆架区的生物区划	Marine Ecoregions of the World: A Bioregionalization of Coastal and Shelf Areas	论文	2007
12	应对生物群落危机：栖息地丧失和保护的全球差距	Confronting a Biome Crisis: Global Disparities of Habitat Loss and Protection	论文	2004
13	世界陆地生态区：地球上新的生命图	Terrestrial Ecoregions of the World: A New Map of Life on Earth	论文	2001
14	全球 200 强：保护地球上最具生物价值的生态区的代表性方法	The Global 200: A Representation Approach to Conserving the Earth's Most Biologically Valuable Ecoregions	论文	1998

（五）重点出版物译介

1.《地球生命力报告》(*Living Planet Report*)

该报告由世界自然基金会每两年出版一次，汇集各种研究成果，可以使读者对地球健康有全面的了解。报告通过测量世界各地成千上万种脊椎动物的数量来跟踪全球生物多样性的状况，记录地球的状况，阐述生物多样性、生态系统与自然资源的健康需求，以及它们对人类和野生生物的意义。

2.《开发方案用以评估生态系统服务的权衡》(*Developing Scenarios to Assess Ecosystem Service Tradeoffs*,2012)

本书旨在帮助 InVEST 用户获得最优方案。该指南基于大量案例研究，对使用 InVEST 替代方案下的生态系统服务条款进行了评估。书中详细介绍了关键的操作性问题，并为用户了解更多信息提供了工具、参考资料和其他资源。

3.《揭开经济价值的神秘面纱：自然评估报告》(Demystifying Economic Valuation：Valuing Nature Paper，2016)

文章主要讨论了有关经济估值的主要问题和原则，基于来自经济评估界的120名志愿者的意见，提供了商定原则的摘要，为重视自然及其价值的研究者提供了对话框架。全文回答了以下问题：为什么要进行经济估值？什么是经济估值？我们如何估算经济价值？谁的价值观重要？我们如何在决策中使用经济价值？如何传达经济价值证据等。

4.《自然资本：测绘生态系统服务的理论与实践》(*Natural Capital*：*Theory and Practice of Mapping Ecosystem Services*,2016)

本书旨在提供迄今为止最佳的生态系统服务技术分析。图书介绍了可用于生态系统服务制图、建模和评估模型的工具。书中探讨了如何处理在不同空间尺度上土地、淡水和海洋系统的测量方法，并讨论了基于生态系统服务权衡的气候变化应对之策。

 # 全球发展中心
（CGD）

类　　　型：非政府组织	
所 在 地：美国华盛顿	
成立年份：2001 年	
现任主席：马苏德・艾哈迈德（Masood Ahmed）	
网　　　址：https://www.cgdev.org/	

全球发展中心（CGD）是一个非政府的智库机构。中心以实现联合国 2030 年系列发展目标为近期努力方向，主张通过创新经济研究来减少全球贫困并改善生活，为各国决策者提供更佳政策参考。

（一）发展历程

CGD 由埃德・斯科特、弗雷德・伯格斯滕、南希・伯德索尔 3 人于 2001 年 11 月发起成立。作为技术型企业家、慈善家和前美国政府官员，埃德・斯科特明确了 CGD 的使命，并保障机构获得相关资源的支持。彼得森国际经济研究所名誉所长弗雷德・伯格斯滕为 CGD 在彼得森研究所提供了临时办公地点。世界银行研究部前负责人、美洲开发银行执行副总裁南希・伯德索尔是 CGD 的第一任主席。

（二）组织架构

CGD 有理事会、执行委员会、顾问团队。理事会由来自政府和企业的杰出人士组成。理事会每年开会 1 次，以审查中心的活动和财务状况，并向主席提供建议和咨询。当前理事会主席为前财政部部长劳伦斯・萨默斯，理事会成员包括来自发展、政策、金融和学术界的有影响力的领导人。

执行委员会是理事会的一部分，每季度开会 1 次，以提供持续的监督。理事会负责中心的财产、资金和事务的总体监管。

（三）研究领域

CGD致力于通过创新的经济研究来减少全球贫困发生并改善人类生活，通过这些研究推动世界顶级决策者制定更好的政策。CGD当前专注于全球健康政策、移民、流离失所群体和人道主义政策、可持续发展融资、技术、教育、政府与发展等对发展进程至关重要的领域。

——农业与粮食：生物燃料生产对粮价的影响，进而对贫穷人群生活的影响。

——气候变化：从气候变化对贫穷人群影响的角度入手，研究在气候变化大背景下，确定为实现减贫应当实施政策的优先级。

——可持续发展融资：通过石油变现、气候融资、小微金融等手段不断扩充可持续发展中的资金来源。

（四）研究项目及成果

2001年至今，CGD研究人员公开发表文章、报告，出版书籍等1200余篇（部）。其中，涉及食品农业、可持续发展、融资等主题的200余篇（部）。2017年至今涉及食品农业、可持续发展、融资等的部分研究成果见表50.1。

表50.1 部分研究成果

序号	成果名称（中文）	成果名称（英文）	成果类型	发布时间
1	欧盟对外投资的金融架构：进展、挑战和选择	The EU's Financial Architecture for External Investment：Progress，Challenges，and Options	报告	2019
2	加快可持续发展：经济、社会和环境发展融合	Speeding Sustainable Development：Integrating Economic，Social，and Environmental Development	工作文件	2018
3	可持续发展目标的创新需求评估	Estimating the SDGs' Demand for Innovation	工作文件	2017
4	十亿到百亿？关于开发银行在动员社会资金投资中的作用	Billions to Trillions？Issues on the Role of Development Banks in Mobilizing Private Finance	报告	2017
5	美国农业的长期发展：为什么农业法案对发展至关重要	American Agriculture's Long Reach：Why the Farm Bill Matters for Development	简评	2017

（五）重点出版物译介

1.《为什么要森林？为何是现在？热带森林与气候变化的科学、经济和政策研究》(*Why Forests？Why Now？The Science，Economics and Politics of Tropical Forests and Climate Change*，2016)

该书认为全球气候变化将对穷人产生更大影响，对热带森林的保护是应对全球气候变化最直接、最快速的方式，在热带森林保护中，应鼓励发达国家加大投资和保护力度。

2.《石油到现金：通过现金转移应对资源诅咒》(*Oil to Cash：Fighting the Resource Curse with Cash Transfers*, 2015)

该书探索了一种帮助拥有新石油收入的国家避免"资源诅咒"的选择：将钱直接提供给公民。作者认为，普遍、透明和定期的现金转移不仅会给普通民众带来具体的好处，还会为公民推动政府履行职责提供强大动力。文中详细介绍了这种想法的工作方式和影响，以及决策者如何从墨西哥、蒙古和阿拉斯加等地的现金转移案例中获取经验。

美国环保协会（EDF）

类　　型：非政府组织
所 在 地：美国纽约
成立年份：1967 年
现任主席：弗雷德·克虏伯（Fred Krupp）
网　　址：https://www.edf.org/

　　美国环保协会（EDF）是美国著名的非营利环保组织，成立于 1967 年，总部位于纽约，目前拥有超过 200 万名会员，并在美国、中国、英国、墨西哥设有 12 个办公室，共有全职工作人员 700 余人。涉及领域主要包括气候和能源、人体健康、生态保护、海洋等。协会自成立以来，一直遵循创新、平等和高效的原则，通过综合运用科学、法律及经济手段，为最紧迫的环境问题提供解决方案。

（一）发展历程

　　美国环保协会的创立源自杀虫剂 DDT 事件。20 世纪 60 年代，美国长岛科学家通过科学研究，用强有力的证据赢得了在全美禁用杀虫剂 DDT 的官司。该案件打破了美国法院对环境公益诉讼的资格约束，奠定了当代美国环保法的基础，引起了全美广泛关注，并为未来环境保护工作提供了新的解决方案。1967 年，为解决随之涌来的环境诉讼请求，进一步保护人类赖以生存的环境，以科学家和律师为代表的群体成立了美国环保协会。在 20 世纪 90 年代，协会开创了企业合作伙伴关系和一些基于网络在线通信的首次交互使用方式。在这个过程中，协会成长为一个国际知名的非营利组织。

（二）组织架构

　　美国环保协会目前拥有超过 250 万名会员，并拥有 700 多名科学家、经济学家、政策专家和其他专业人员，涉及气候、能源、海洋、生态系统、健康等领域。机构理事会由 25 名知名学者、投资人和前政府官员等组成。执行团队由知名学者组成,负责领导和科研工作。协会在美国有国家办事处 2 个、加州办事处 2 个、地区办事处 5 个,另有国际办事处 3 个(中国、墨西哥和欧洲)。

(三) 研究领域

美国环保协会根据自身优势,相关研究聚焦于清洁能源、海洋、生态系统和环境保护 4 个领域。

——清洁能源:关注可以产生最大影响的解决方案,包括限制气候污染和鼓励创新。

——海洋(在全球范围内实现可持续化捕鱼业):推动占全球捕鱼量 62% 的 12 个国家实施政策改革,以实现可持续捕捞。

——生态系统(增加恢复能力):致力于满足人们对食物、水和住所需求的同时,使人类和大自然能够在气候变化中获得发展。

——健康(减少接触污染物):开发利用公共政策和企业领导的双重杠杆工具,降低污染物及有毒化学品的负面影响。

(四) 研究项目及成果

美国环保协会的部分研究项目见表 51.1。

表 51.1　部分研究项目

序号	项目名称(中文)	项目名称(英文)
1	麦当劳:更好的包装	McDonald's: Better Packaging
2	星巴克:改善杯子	Starbucks: Improving Cups
3	UPS:运送绿色	UPS: Shipping Green
4	花旗集团:改善纸张管理	Citigroup: Improving Paper Management
5	联邦快递:驶向清洁卡车	FedEx: Driving Toward Cleaner Trucks
6	绿色舰队框架	Green Fleet Framework
7	韦格曼斯:买更好的虾	Wegmans: Buying Better Shrimp
8	杜邦安全纳米技术	DuPont-Safer Nanotech

美国环保协会关注的领域还有沿海地区修复、渔业资源合理开发和生物多样性保护等。部分研究成果见表 51.2。

表 51.2　部分研究成果

序号	成果名称（中文）	成果名称（英文）	成果类型	发布时间
1	为恢复弹性的社区和海岸线提供资金	Financing Resilient Communities and Coastlines	报告	2018
2	加州地下水的未来	The Future of Groundwater in California	报告	2018
3	恢复密西西比河三角洲：针对路易斯安那州沿海恢复项目和计划的建议	Restoring the Mississippi River Delta：Recommendations for Coastal Restoration Projects and Programs in Louisiana	报告	2017
4	EDF 关于有效的野生动物保护政策的原则	EDF Principles on Effective Wildlife Conservation Policy	文件	2017
5	西方农业与保护联盟共同濒危物种法案原则	Western Agriculture and Conservation Coalition Common Endangered Species Act Principles	文件	2017
6	环境影响债券：绿色投资的下一件大事？	Environmental Impact Bonds：Next Big Thing for Green Investments？	报告	2017
7	在海平面急剧上升的过程中，自然本身可以提供急需的解决方案	Amid Dramatic Sea Level Rise，Nature Itself Can Provide a Much-Needed Solution	报告	2016

（五）重点出版物译介

1.《帝王蝶的一种保护途径》(A Path to Recovery for the Monarch Butterfly，2017)

为保护帝王蝶栖息地,该报告详细介绍了量化栖息地保护工具的方法及操作。

2.《保护加利福尼亚中央河谷物种的途径》(A Path to Recovery for the Species in California's Central Valley,2016)

美国环保协会与科学家、技术专家们合作开发了栖息地量化工具(the Habitat Quantification Tool，HQT)，希望用这种方法为保护决策提供帮助。HQT 使用一种称为"功能英亩"的单位来评估栖息地的数量和质量。通过使用该工具，监管机构可以更精确地评估环境影响并为野生生物带来积极的成果。作为评估工具，HQT 可以灵活运用于任何保护、修复或减灾项目并提高其透明度。目前协会正在为多种物种开发许多栖息地定量工具，包括帝王蝶和加利福尼亚中央谷地的多种生物等。HQT 还适用于测量河流功能。将来协会还考虑将 HQT 应用到其他物种和栖息地的开发和应用上。

世界自然保护联盟（IUCN）

类　　型：非政府组织
所 在 地：瑞士格朗
成立年份：1948 年
总 干 事：布鲁诺·奥伯勒（Bruno Oberle）
网　　址：https://www.iucn.org/

　　世界自然保护联盟（IUCN）是一个由政府和民间社会组织组成的国际性智库，现已发展成为世界上最大、最多样化的环境网络组织。该机构致力于为公共、私人和非政府组织提供多样化需求的知识和政策支持工具。

（一）发展历程

　　IUCN 于 1948 年 10 月 5 日在法国枫丹白露镇成立。20 世纪六七十年代从事了大量保护物种及栖息地的研究工作，并于 1964 年发布了具有全球影响力的《IUCN 濒危物种红色名录》。1980 年，IUCN 与联合国环境规划署、世界野生动物基金会合作发布了《世界自然保护战略》。1999 年，联大授予 IUCN 官方观察员地位。2000 年初，IUCN 出于自然资源使用公平和生态可持续的努力，制定了优先考虑对自然有重大影响活动（采矿、石油和天然气）的研究战略。21 世纪前 10 年的后期，IUCN 率先提出了"基于自然的解决方案"，以应对诸如粮食和水安全、气候变化和减贫等全球挑战。如今，IUCN 拥有 1300 多个成员（包括国家、政府机构、非政府组织和地方民间组织）的专业知识和影响力。当下，该机构将继续倡导基于自然的解决方案，并将其作为执行诸如《巴黎协定》和《2030 年可持续发展议程》等国际协议的关键。

（二）组织架构

　　IUCN 设有专职秘书处、联盟会员机构和六大专家委员会等。

专职秘书处。秘书处在 50 多个国家（地区）有约 900 名员工,70％工作人员来自发展中国家。向 IUCN 理事会负责的秘书处由总干事领导并具有分散结构,同时在世界各地设有地区办事处、前哨办公室、国家和项目办事处。每个执行区域均有 1 名主管领导,并向总干事负责。8 个区域办事处在各自区域内实施 IUCN 的计划。国家办事处向各自区域报告;马拉加和华盛顿的前哨办公室向总部汇报。

联盟会员机构。IUCN 有来自 170 多个国家的 1300 多名成员。这些会员包括来自世界各地的国家政府机构、大小不一的非政府组织、地区民间组织、科学和学术机构以及商业协会等。

六大专家委员会。IUCN 六大专家委员会是广泛、活跃的科学家和专家网络,为 IUCN 及其成员提供健全的专门知识和政策建议,以推动保护和可持续发展。它们分别是:生态系统管理委员会（CEM）、教育与传播委员会（CEC）、环境、经济和社会政策委员会（CEESP）、物种生存委员会（SSC）、世界环境法委员会（WCEL）和世界保护区委员会（WCPA）。

(三) 研究领域

IUCN 的工作涉及与保护、环境和生态问题有关的广泛主题,共有 15 个,分别是:商业与生物多样性、气候变化、生态系统管理、环境法、森林、性别、全球政策、治理与权利、海洋与极地、基于自然解决方案、自然保护区、科学与经济学、物种、水资源以及世界遗产。

(四) 研究项目及成果

1. 工具成果

由 IUCN 开发的且被科学家广泛使用的保护工具有很多,其中最重要的分别是:《IUCN 濒危物种红色名录》(The IUCN Red List of Threatened Species) 和《IUCN 生态系统红色名录》(IUCN Red List of Ecosystems)。

(1)《IUCN 濒危物种红色名录》

该名录是世界上最全面的动植物物种全球保护状况清单。它使用一组定量标准来评估数千个物种的灭绝风险,这些标准可适用于大多数物种和世界所有地区。《IUCN 濒危物种红色名录》凭借其强大的科学基础,被认为是生物多样性状况的最权威指南。

（2）《IUCN 生态系统红色名录》

《IUCN 生态系统红色名录》是适用于地方、国家、地区等的全球标准,用于评估生态系统的保护状况。该名录评估生态系统是否已达到退化的最终阶段(崩溃状态),是否处于极度濒危、濒危或脆弱的状态之下,或者当前是否没有面临重大崩溃的风险(最不关注)。它利用一组规则或标准,对生态系统崩溃的风险进行基于证据的、科学的评估。

2. 全球政策

在全球政策方面,IUCN 参加多边进程和国际环境论坛,结合自身的实地经验和专业知识,向主要利益相关方提供政策和技术咨询。其中 IUCN 参加的最重要的两个倡议如下:

（1）《生物多样性公约》

IUCN 秘书处一直在参与并支持《生物多样性公约》进程,同时利用《生物多样性公约》作为与 IUCN 成员之间合作的渠道。IUCN 为支持爱知目标的实现,发布了多部报告,并在缔约方大会上多次发表倡议文件。有关《生物多样性公约》的部分成果见表 52.1。

表 52.1　有关《生物多样性公约》的部分成果

序号	成果名称(中文)	成果名称(英文)	成果类型	发布时间
1	IUCN 对 2020 年后全球生物多样性框架结构的看法	IUCN's Views on the Structure of the Post-2020 Global Biodiversity Framework	文件	2019
2	IUCN 对选定专题问题的立场	IUCN's Position on Selected Thematic Issues	文件	2018
3	IUCN 在某些问题上的立场	IUCN's Position on Selected Issues	文件	2016
4	关于 IUCN 如何支持实现《2011—2020 年生物多样性战略计划》和爱知县生物多样性目标的报告	Report on How IUCN Supports the Realization of the 2011—2020 Biodiversity Strategic Plan and Aichi Biodiversity Goals	报告	2012
5	《名古屋议定书》关于遗传资源获取与惠益分享的诠释	An Explanatory Guide to the Nagoya Protocol on Access and Benefit-Sharing	报告	2012

（2）可持续发展目标

IUCN 力求通过其《IUCN 2017—2020 年计划》为实现可持续发展目标做出贡献。IUCN 在参与高级别政治论坛时进一步捍卫了自然界在可持续发展中的作用,并提供可靠的科学知识来协助各国政府和其他组织追踪实现可持续发展目标的进展。其中 IUCN 关于可持续发展目标立场的文件见表 52.2。

表 52.2　关于可持续发展目标立场的文件

序号	成果名称（中文）	成果名称（英文）	成果类型	发布时间
1	IUCN 对《政治宣言》零号草案的观点和修改建议	IUCN's Views and Proposed Edits to the Zero Draft of the Political Declaration	文件	2019
2	IUCN 向经社理事会主办的高级别政治论坛提供的书面文件	IUCN's Written Input to the High-Level Political Forum Under the Auspices of ECOSOC	文件	2019
3	IUCN 对部长级宣言零号草案的观点和建议进行修改	IUCN's Views and Proposed Edits to the Zero Draft of the Ministerial Declaration	文件	2018
4	IUCN 为 2017 年高级别政治论坛提出的关键信息	IUCN's Key Messages for the High Level Political Forum 2017	文件	2017

3. 研究成果

IUCN 的线上图书馆共有出版物 2 万多本,囊括了 IUCN 的 12 个研究领域。部分研究成果见表 52.3。

表 52.3　部分研究成果

序号	成果名称（中文）	成果名称（英文）	成果类型	发布时间
1	国家自主贡献中基于自然的解决方案：到 2020 年推动气候目标实现和行动的综合和建议	Nature-Based Solutions in Nationally Determined Contributions：Synthesis and Recommendations for Enhancing Climate Ambition and Action by 2020	报告	2019
2	评估森林景观恢复的缓解潜力：加强全球气候承诺的实用指南	Estimating the Mitigation Potential of Forest Landscape Restoration：Practical Guidance to Strengthen Global Climate Commitments	报告	2019
3	恢复土地与景观：森林景观恢复与土地退化中立之间的政策趋同	Reviving Land and Restoring Landscapes：Policy Convergence Between Forest Landscape Restoration and Land Degradation Neutrality	报告	2019
4	第二次波恩挑战进展报告：2018 年晴雨表的应用	Second Bonn Challenge Progress Report：Application of the Barometer in 2018	报告	2019
5	中国国际重要湿地（拉姆萨尔湿地）的生态状况	Ecological Condition of China's Wetlands of International Importance（Ramsar Sites）	报告	2018
6	波恩挑战与印度：各州与各地重建工作的进展	Bonn Challenge and India：Progress on Restoration Efforts Across States and Landscapes	报告	2018
7	森林景观恢复机会评估生物多样性指南：第一版	Biodiversity Guidelines for Forest Landscape Restoration Opportunities Assessments：First Edition	报告	2018
8	重点解决方案：可持续渔业和水产养殖	Solutions in Focus：Sustainable Fisheries and Aquaculture	报告	2018
9	物种保护规划指南：1.0 版	Guidelines for Species Conservation Planning：Version 1.0	报告	2017

续表

序号	成果名称(中文)	成果名称(英文)	成果类型	发布时间
10	加拿大淡水生物多样性重点地区:为淡水生态系统的物种保护和发展规划提供信息	Freshwater Key Biodiversity Areas in Canada: Informing Species Conservation and Development Planning in Freshwater Ecosystems	报告	2017
11	耕地恢复是森林景观恢复方法的重要组成部分:大规模采用后产生的全球影响	Cropland Restoration as an Essential Component to the Forest Landscape Restoration Approach——Global Effects of Wide-Scale Adoption	报告	2017
12	生物多样性与绿色长城:萨赫勒地区可持续发展的自然管理	Biodiversity and the Great Green Wall: Managing Nature for Sustainable Development in the Sahel	报告	2017

(五) 重点出版物译介

1.《自然保护区的经济价值:自然保护区域管理人员指南》(Economic Values of Protected Areas: Guidelines for Protected Area Managers, 1998)

本指南为了促进自然保护区的建设,向自然保护区的管理人员介绍了经济估价的概念和工具,并将展示经济估价在自然保护区融资和管理方面的潜在用途。本指南认为经济估价有4个作用,分别是:可以作为申请资金的依据;可以确定额外资金的来源;揭露可能对自然保护区构成威胁的边缘利益相关者,并指出获取受益人价值的方法;指导管理实践。此外,本指南另附有"执业经济学家指南",提供了一些有关估价工具如何能够和已经用于自然保护区的背景信息,并配套参考资料和案例来证实"最佳做法"。

2.《关键生物多样性地区的确定和差距分析:综合自然保护区系统的目标》(Identification and Gap Analysis of Key Biodiversity Areas: Targets for Comprehensive Protected Area Systems, 2007)

2004年,世界上大多数国家的政府承诺将扩大其自然保护区系统,以保护生物多样性,但这类保护活动必须系统地、战略性地进行。在过去的10年中,有关系统保护规划的科学保护生物学文献迅速发展。但是,保护从业人员实施这些想法的步伐却很慢,与之相对的需求却是如此强烈。该指南旨在使保护实践能够与科学理论协同起来。文中提到的工具箱借鉴了许多不同组织开发的前沿科学技术,立足自下而上的实施方法,在170多个国家、地区重要鸟类保护区和重要植物保护区进行了检验。

3.《自然保护区的生态恢复：原则、准则和最佳实践》(*Ecological Restoration for Protected Areas：Principles，Guidelines and Best Practices*，2012)

本书为陆地、海洋和淡水保护区的管理者提供了如何恢复自然保护区相关价值的指导。本书旨在让读者阅读后，可以将书中的思想与技术运用于保护区生态修复实践，以保护物种、重新建立栖息地、恢复自然、恢复文化传统和习俗，并以此恢复和保护自然保护区的价值和利益。书中介绍了关键概念，提供了基本原理和指南、技术最佳实践以及实施建议。书中还包括案例研究，推介了全球保护区内和周围生态恢复的实际经验。

4.《测量、建模和评估生态系统服务的工具》(*Tools for Measuring，Modelling，and Valuing Ecosystem Services*，2018)

选择合适的工具需要确定要解决的特定问题、需要什么样的结果或输出以及需考虑的实际因素（如应用任何给定工具所需的专业知识、时间和数据）。由于生态系统服务为人们带来了各种便利和惠益，人们对测量、建模和评估生态系统服务的兴趣日益浓厚，并开发了系列 ES 评估工具，但如何选择合适的工具来测量和建模 ES 仍旧是一个具有挑战性的难题。本书为从业人员提供了现有工具的相关指南，这些工具可用于对生物多样性自然保护区 ES 的测量和建模。在现有 ES 评估工具评价的基础上，本书还评估了对生物多样性和自然保护具有重要意义的生态贡献。

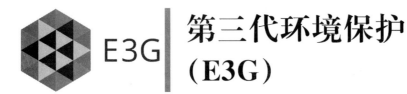

第三代环境保护 (E3G)

类　　　型:	非政府组织
所　在　地:	英国伦敦
成　立　年　份:	2004 年
首席执行官:	尼克·马贝(Nick Mabey)
网　　　址:	https://www.e3g.org/

第三代环境保护(E3G)是一个专注气候变化的国际化智囊机构,旨在加速全球向低碳经济过渡。该机构高级领导层在为政府、企业和非政府组织提供咨询方面拥有 75 年的综合经验,对气候变化的社会意义有深刻见解。

(一) 发展历程

E3G 成立于 2004 年,当时它在促使俄罗斯批准《京都议定书》的外交努力中发挥了关键作用。2006 年,E3G 开展了一项政治分析,称为"世界欧洲",探讨了欧盟如何更好地应对在一个相互依存的世界中维持其繁荣与安全的挑战。2009年,E3G 成立了改造联盟(Transform UK Coalition),作为跨部门平台来推动英国绿色投资并带头开展绿色投资银行的活动。2010 年,E3G 与合作伙伴共同开发并试行了中国低碳区的概念。2011 年,成立绿色投资银行,原始股本为 30 亿英镑,2013 年拥有全部法律地位。同年,发布了关于气候风险管理的《风险程度》报告。2012 年,启动能源法案革命,成立了由 200 多个组织组成的联盟,呼吁英国政府回收碳税,并帮助发起了致力于在欧洲北海开发离岸可再生能源的 Nor-stec 联盟。2016 年,E3G 在《宾夕法尼亚大学全球思想库指数报告》中排名世界第五、欧洲第三和英国第一。

(二) 组织架构

E3G 在全球共有 4 个办事处,分别在伦敦、布鲁塞尔、柏林和华盛顿,并在中国设有常驻机构。E3G 的董事会共有成员 7 人,员工 37 人,合伙人 11 人。

（三）研究领域

E3G 在气候外交、能源、金融、政策、城市和基础设施等多个领域开展工作。

（四）研究项目及成果

E3G 主要关注气候变化、清洁能源和政治经济方面，为此在全球范围内进行了多种活动，包括进行气候外交、政治分析和联盟建设等。部分活动或研究项目和研究成果见表 53.1 和表 53.2。

表 53.1　部分活动或研究项目

序号	活动或研究项目名称（中文）	活动或研究项目名称（英文）
1	伦敦气候行动周：突出伦敦在采取行动应对气候变化方面的领导作用	London Climate Action Week—Highlighting London's Leading Role in Taking Action on Climate Change
2	聚焦汽油问题：实现零排放世界的天然气转型	Gas in Focus—Gas Transitions for a Net-Zero Emissions World
3	淘汰煤炭：推动从煤炭向清洁能源转变	Coal Phase Out—Driving the Shift From Dirty Coal to Clean Energy
4	国际金融机构：使国际金融机构与全球气候目标保持一致	International Financial Institutions—Aligning International Financial Institutions with Global Climate Goals
5	英国绿色金融：扩大绿色金融以迎接低碳未来	UK Green Finance—Expanding Green Finance for a Resilient Low-Carbon Future
6	COP24：联合国气候谈判——为全球气候的讨论创造条件	COP24：UN Climate Talks—Creating the Conditions for the Global Debate on Climate Ambition
7	绿色投资银行：加速向零碳经济过渡	Green Investment Bank—Accelerating the Transition to a Zero Carbon Economy
8	中国绿色金融与投资对话：中国绿色融资之路的综合方法	China Green Finance & Investment Dialogue—An Integrated Approach to China's Green Financing Pathway

表 53.2　部分研究成果

序号	成果名称（中文）	成果名称（英文）	成果类型	发布时间
1	全球天然气转型政策	The Politics of the Global Gas Transition	报告	2019
2	E3G 年度回顾 2018	E3G Annual Review 2018	报告	2019
3	清洁能源而非煤炭：6 个国家公民对对外投资的看法	Clean Energy, Not Coal: Citizens Views of Foreign Investment in Six Countries	报告	2019
4	活动清单：伦敦气候行动周 2019 年 7 月 1 日至 8 日	Events Listing: London Climate Action Week 1—8 July 2019	议程	2019
5	以改革为基础：使开发银行与《巴黎协定》保持一致	Banking on Reform: Aligning Development Banks with the Paris Climate Agreement	报告	2018
6	英国脱欧情景：对能源和气候变化的影响	Brexit Scenarios: The Implications for Energy and Climate Change	报告	2017

(五)重点出版物译介

1.《绿色金融的 15 个步骤》(15 Steps to Green Finance,2017)

报告认为向绿色经济过渡是一项极具价值的全球性挑战。报告详细介绍了包含推进英国扩展绿色金融的 15 个步骤中"创新金融政策以促进绿色金融、国内基础设施投资以扩大绿色金融、绿色金融将作为促进全球贸易"3 个方面内容。

2.《可持续基础设施与多边开发银行：改变叙述》(Sustainable Infrastructure and the Multilateral Development Banks：Changing the Narrative,2018)

报告评估了有关可持续基础设施报告、分析、计划和工具的发展前景,提出当下需要利用多边开发银行和其他国际金融机构(IFI)支持推进系统治理改革。为确保在未来几年中建立的基础设施在经济、社会和环境方面具有可持续性,报告对发展金融机构(DFI)和其他国际金融机构提出了实施建议。

3.《E3G 年度回顾 2018》(E3G Annual Review 2018,2019)

报告对 2018 年主要成果做了宏观回顾,其中包括：在帮助创建淘汰煤炭发电联盟(Powering Past Coal Alliance),加速煤炭淘汰过程中所做的工作;引入欧洲经验;在亚洲区域扩展业务;与瑞典政府和斯德哥尔摩国际和平研究所(SIPRI)合作,支持建立新的联合国气候安全机制等。

GREENPEACE | 绿色和平组织（Greenpeace）

类　　型	非政府组织
所 在 地	荷兰阿姆斯特丹
成立年份	1971 年
总 干 事	库米·奈都（Kumi Nadu）
网　　址	https://www.greenpeace.org/international/

绿色和平组织（Greenpeace）是一个全球性环保组织,该组织运用和平、创造性的抗议活动来揭露全球环境问题,并提供相关建议。其研究工作涉及全球 55 个国家和地区,拥有超过 300 万名支持者,致力于以实际行动推进积极改变,保护地球环境与世界和平。为保持公正性和独立性,绿色和平组织不接受任何政府、企业或政治团体的资助,只接受市民和独立基金的直接捐款。其主要任务包括保护各种形式的生物多样性、防止自然资源被滥用、消除核威胁、促进世界和平、全球裁军与非暴力行动等。

（一）发展历程

1971 年,为了阻止美军在阿姆奇特卡岛（Amchitka Island）上的核试验,12 个人成立了绿色和平组织,并航行前往阿姆奇特卡岛阻止美军实验,在航行中尽管遭到美军阻拦,但他们的行动引起了舆论和公众的声援,次年美国停止了核试验。此后几十年里,绿色和平组织逐渐发展成为全球最有影响力的环保组织之一,他们继承了创始人勇敢独立的精神,坚信以行动促成改变,通过研究、教育和游说工作,推动政府、企业和公众共同寻求环境问题的解决方案。

（二）组织架构

绿色和平组织是一个全球性的环保组织,由"绿色和平国际组织"和"绿色和平国家和地区组织（NRO）"组成。绿色和平国际组织设在荷兰阿姆斯特丹,在全球 55 个国家和地区设有 27 个绿色和平国家和地区组织。

绿色和平国际组织(坚持绿色和平委员会)是协调全球绿色和平政策和战略的机构,也是运营绿色和平组织船舶的机构,该机构由大约250名员工组成。绿色和平国际组织与各国家和地区组织保持紧密联系,根据一套完善的咨询决策程序,统筹全球的项目策略,并评估各地区分部的发展与表现。

绿色和平国家和地区组织独立运行,根据全球各项目工作的计划纲要,在各地区发展与当地需要相符的项目,并进行支持项目发展的筹款工作。并将全球的项目原则与策略因地制宜地落实在各地区的环保项目工作中。

(三) 研究领域

绿色和平组织的研究领域涉及以下几个方面:

——能源研究:致力于淘汰具有污染的能源项目,反对化石燃料公司的强权,加强对可再生能源和民用能源的支持,并寻求追究大污染者的责任,阻止资本流向污染性的煤炭业与核工业。

——自然研究:专注于全球大型的森林和海洋,旨在保护和恢复对气候和生物多样性最有价值的生态系统。

——人类研究:打破政府和企业以牺牲人类和地球利益为代价的获利方式,消除全球范围内不可持续的消费和生产习惯。

——舰队发展:近50年来,绿色和平组织一直在世界海洋中航行,保护地球并争取环境正义。

(四) 研究项目及成果

绿色和平组织围绕能源、自然、人类、舰队发展4个主要方面开展研究和工作,部分研究和工作项目见表54.1。

表 54.1　部分研究和工作项目

序号	项目名称(中文)	项目名称(英文)
1	人类与石油	People vs Oil
2	选择人类胜于石油	Choose People Over Oil
3	加入抵制管道的浪潮	Join the Wave of Resistance Against Pipelines
4	要求 IT 公司重新思考技术	Demand IT Companies Rethink Technology
5	保卫亚马孙大堡礁	Defend the Amazon Reef
6	拯救北极	Save the Arctic
7	恢复森林,恢复希望	Restore Forests, Restore Hope
8	保护海洋	Protect the Oceans
9	拯救亚马孙	Save the Amazon
10	森林就是生命	Forests Are Life
11	呼吁没有塑料的未来	Call for a Plastic-Free Future

序号	项目名称（中文）	项目名称（英文）
12	少吃肉，多种植物，告诉朋友	Eat Less Meat，More Plants，Tell Your Friends
13	保护雨林	Protect Rainforests
14	创建一个南极圣所	Create an Antarctic Sanctuary
15	重新连接食物	Reconnect with Food
16	为气候变化而罢课	Join the School Strike for Climate
17	让雀巢停止使用一次性塑料	Tell Nestle to Stop Single-Use Plastic
18	宣扬气候正义	Raise Your Voice for Climate Justice
19	参加洁净空气运动	Join the Movement for Clean Air
20	人与地球的正义	Justice for People and Planet
21	我的排毒时尚	Detox My Fashion
22	和我们一起航行	Sail with Us

绿色和平组织出版了很多报告，主要涵盖能源与资源、气候与大气、森林与草原、水资源与环境、农业与食品、社会与法律等内容。部分研究成果见表54.2。

表54.2　部分研究成果

序号	成果名称（中文）	成果名称（英文）	成果类型	发布时间
1	全球转移	Global Shift	报告	2017
2	抹去北方	Wiping Away the Boreal	报告	2017
3	十字路口的时尚	Fashion at the Crossroads	报告	2017
4	畅所欲言	Clearcutting Free Speech	报告	2017
5	狂欢后的宿醉	After the Binge the Hangover	报告	2017
7	盯紧针叶林	Eye on the Taiga	报告	2017
8	肮脏的银行家	Dirty Bankers	报告	2017
9	新烟碱类农药的环境风险	The Environmental Risks of Neonicotinoid Pesticides	报告	2017
10	单击清洁	Clicking Clean	报告	2017
11	隐藏在普通视域中	Hidden in Plain Sight	报告	2017

（五）重点出版物译介

1.《全球转移》(Global Shift，2017)

报告讲述了燃煤发电的发展趋势、特定国家和地区燃煤发电情况，指出燃煤发电存在"燃煤电厂的部署规模不断缩小，旧燃煤电厂的淘汰速度加快"两种趋势，得出了能源消费变化趋势，为未来几十年全球逐步淘汰煤炭发电奠定了基础。

2.《抹去北方》(Wiping Away the Boreal，2017)

报告针对生物多样性丧失的严峻形势与北方森林不到3%的保护力度，提出对占地球剩余森林近1/3的北方自然保护区实施严格保护已迫在眉睫。报告还描述了伐木者和保护者的抗争历程。

伍兹霍尔海洋研究所（WHOI）

类　　型：非政府组织

所 在 地：美国伍兹霍尔

成立年份：1930 年

总　　裁：彼得·德梅诺卡尔（Peter de Menocal）

网　　址：https://www.whoi.edu/

伍兹霍尔海洋研究所（WHOI）是海洋领域内全球领先的、独立的非政府、非营利智库组织。研究所致力于通过科学、工程和教育方面持续卓越的工作，研究海洋及其与地球系统的联系，并将研究成果用于解决当今社会所面临的问题。研究范围包括海洋与地球大气层、陆地、冰层、海底以及人类之间的自然联系，研究目的是为保证人类能长久享受到海洋带来的生态效益。同时，研究所还注重培养一批未来海洋科学领域的领军人才，使他们能够为政策制定提供建议。

（一）发展历程

伍兹霍尔海洋研究所的发展史可追溯到 20 世纪 20 年代初期，时任芝加哥大学海洋生物实验室主任弗兰克·R. 利利（Frank R. Lillie）和洛克菲勒基金会普通教育委员会主席威克利夫·罗斯（Wickliffe Rose）在一次会议中谈到了开展海洋科研工作的构想，于是在 1927 年成立了美国海洋科学学会。之后，利利又提出"要在美国的东海岸建立一个装备齐全的海洋科研机构"，并把地址选在了马萨诸塞州伍兹霍尔。1930 年，伍兹霍尔海洋研究所正式成立，由利利担任董事会主席，亨利·布赖恩特·比奇洛（Henry Bryant Bigelow）担任第一任总裁。如今，伍兹霍尔海洋研究所已成为全美最大的独立海洋研究所，在海洋科学的各个研究领域都取得了丰硕的研究成果，培养了一大批优秀的海洋科学人才。

（二）组织架构

伍兹霍尔海洋研究所拥有约 1100 名专家和工作人员，涉及气候、海洋、生物、资源、工程技术等方面。其最高决策层是董事会，由杰出的银行家、企业家、科学家组成。领导层由知名学者组成。研究部门包括六大部门，分别为应用海洋物理与工程部、生物学部、地质与地球物理学部、海洋化学与地球化学部、海洋政策部和物理海洋学部。

（三）研究领域

伍兹霍尔海洋研究所在海洋研究领域中保持着精湛的专业深度和广度。科学家和工程师在 6 个研究部门开展工作，以增进对全球海洋的认识。研究领域涉及以下几个方面：

——气候与海洋：研究全球范围内的气候问题与海洋问题，并提供科学解决方案。

——沿海科学：对沿海地区的环境问题进行分析，提供相应建议。

——自然灾害：研究与海洋相关的自然灾害问题。

——海洋化学：研究海洋各部分的化学组成、物质分布、化学性质和化学过程。

——海洋环流：研究海洋中的洋流、环流相关的问题。

——海洋生物：研究海洋中从微生物到鲸鱼等生物。

——海洋资源与政策：为海洋资源的合理开发利用、海洋政策的制定提供科学、合理建议。

——极地系统：研究两极地区的海洋问题，为保护和合理开发两极地区提供建议。

——海洋污染防治：分析当前海洋中存在的污染问题，并提出污染防治对策。

——海底探索：探索深海领域，展示最新进展。

——工具与技术：研发和改进海洋工作设备，改良相关技术。

——水下考古：调查、发掘和研究水下古代人类从事海洋活动的文化遗存。

（四）研究项目及成果

伍兹霍尔海洋研究所开展了大量推进美国和国际海洋科研的工作。部分研究项目见表 55.1。

表 55.1　部分研究项目

序号	项目名称(中文)	项目名称(英文)
1	北大西洋区域合作研究所(CINAR)	Cooperative Institute for the North Atlantic Region (CINAR)
2	地球动力学计划	Geodynamics Program
3	地球物理流体动力学计划	Geophysical Fluid Dynamics Program
4	海洋暮光区	The Ocean Twilight Zone
5	海洋天文台倡议	Ocean Observatory Initiative
6	WHOI Argo 计划	WHOI Argo Program
7	伍兹霍尔海格兰特	Woods Hole Sea Grant

　　伍兹霍尔海洋研究所围绕气候与海洋、沿海科学、海洋生物与资源海洋污染防治等课题做了大量研究工作。部分研究成果见表 55.2。

表 55.2　部分研究成果

序号	成果名称(中文)	成果名称(英文)	成果类型	发布时间
1	河流入海的地方	Where the Rivers Meet the Sea	文章	2019
2	海洋中的微塑料：将事实与虚构分开	Microplastics in the Ocean—Separating Fact from Fiction	文章	2019
3	发现热液火山口	The Discovery of Hydrothermal Vents	文章	2018
4	天际之上	Up in the Sky	文章	2018
5	看不见的珊瑚礁世界	The Unseen World on Coral Reefs	文章	2018
6	有害水华的食谱	The Recipe for a Harmful Algal Bloom	文章	2018
7	阳光降低了溢油中分散剂的有效性	Sunlight Reduces Effectiveness of Dispersants Used in Oil Spills	文章	2018
8	跟随淡水	Following the Fresh Water	文章	2018
9	沼泽、蚊子和海平面上升	Marshes, Mosquitoes, and Sea Level Rise	文章	2018
10	更多的洪水与更高的海平面	More Floods & Higher Sea Levels	文章	2017
11	黄石公园下方的热点	The Hot Spot Below Yellowstone Park	文章	2017
12	外大陆架上可再生能源的机会和问题	Renewable Energy Opportunities and Issues on the Outer Continental Shelf	文章	2017

(五) 重点出版物译介

1.《河流入海的地方》(Where the Rivers Meet the Sea,2019)

　　作者以弗雷泽河(Fraser River)河口为例,论述了河口的运行方式,探究了盐水入侵对河口的影响,明确了河口环流的重要作用。同时提出河口具有自我破坏性和滴流效应两种属性。最后呼吁以科学为基础,制定更好的公共政策,以保障沿海水域人们的生活质量。

2.《更多的洪水与更高的海平面》(More Floods & Higher Sea Levels，2017)

作者发现，1900—2000 年间全球海平面以平均每年 5.5 英寸大幅上升。文章预测，如果世界继续严重依赖化石燃料，21 世纪内全球海平面将上升 1.7—4.3 英尺。反之，全球海平面将仅上升 0.8—2.0 英尺。

3.《黄石公园下方的热点》(The Hot Spot Below Yellowstone Park，2017)

伍兹霍尔海洋研究所地球物理学家罗布·孙（Rob Sohn）在美国国家科学基金会和美国地质调查局的支持下，对黄石公园的热液喷口开展研究。孙运用深海热液喷口调查的技术来调查黄石公园湖底的情况，部署了水下仪器来监测湖面上的热量和运动，并使用新开发的遥控水下机器采集样品。研究团队从湖底提取了较长的沉积物岩心，为还原黄石公园的地质和气候历史事件提供了线索。

The Nature Conservancy | 大自然保护协会（TNC）

类　　　型：非政府组织
所 在 地：美国阿灵顿
成立年份：1951 年
总 干 事：基思·阿诺德（Keith Arnold）
网　　　址：https://www.nature.org/en-us/

　　大自然保护协会是一家全球性的非营利环保组织，致力于创造人与自然协调发展的世界。得益于超过 100 万的会员、多样化的员工以及 400 多名科学家的不懈努力，大自然保护协会对六大洲的 79 个国家和地区的环境保护事业产生了积极影响。其使命是保护所有生命赖以生存的土地和水域，目标是建设一个生物多样性丰富的世界，同时使人们为了实现自我而保护大自然。

（一）发展历程

　　大自然保护协会正式成立于 1951 年，现已成为世界上最有效、影响最广泛的环保组织之一。其主要的发展历程如下：

　　1915—1949 年：成立了以研究为主的美国生态学会，后逐渐发展生态学家联盟，领导人为维克多·谢尔福德，采取"直接行动"来拯救受威胁的自然保护区。

　　1950—1959 年：美国大自然保护协会正式成立，成立后协会对纽约的 60 英亩铁杉林采取了保护措施。

　　1960—1969 年：从大型收购到开创性使用保护地役权，协会通过创新土地保护的方法来保持其领导地位。

　　1970—1989 年：在规模不断扩大的情况下，协会将保护范围扩大到了国际。

　　1990 至今：数十年来，协会在世界范围内，针对水体安全、粮食安全、气候变化等热点问题开展了保护行动。

（二）组织架构

大自然保护协会拥有近229名专家和工作人员。其最高决策层是董事会，由24名杰出的企业家组成。领导层分为行政领导层和地方领导层两种，行政领导层由知名学者组成，地方领导层由美国各地的政府官员组成。科学家团队由科研学者组成，其中首席科学家涉及能源、气候、森林、水、粮食等领域。

（三）研究领域

大自然保护协会的研究领域如下：

——气候变化：为气候变化导致的极端天气等自然灾害提供科学的、创新的解决方案。

——土地和水资源保护：为全球范围的土地和水体资源提供保护策略。

——粮食和饮用水供应：研究粮食种植与环境保护的关系，推进技术的创新，使得粮食和饮用水的供应不造成环境污染。

——健康城市建设：通过有序的规划与科学的对策，建设健康、公平的绿色城市。

（四）研究项目及成果

大自然保护协会在全球79个国家和地区开展工作，充分践行"以科学为基础""非对抗性"以及"崇尚实地保护成效"的工作原则。在上述四大优先领域内开展了一系列世界领先的科学研究，以及基于研究结论的创新解决方案和试点项目。部分研究项目见表56.1。

表 56.1　部分研究项目

序号	项目名称（中文）	项目名称（英文）
1	自然治理	Harnessing Nature
2	人与野生动物的清洁能源	Clean Energy for People and Wildlife
3	土地保护的遗产	A Legacy of Land Protection
4	为什么我们要用火工作	Why We Work with Fire
5	消除阻碍河流健康的障碍	Removing Barriers to River Health
6	布兰迪万·克里斯蒂娜循环水基金	Brandywine Christina Revolving Water Fund
7	科罗拉多州的可持续放牧	Sustainable Grazing in Colorado
8	管理帝王山谷的草原	Managing the Grasslands of Empire Valley
9	巴西曼蒂凯拉山脉地区造林项目	Brazil's Serra da Mantiqueira Region
10	美国50个州气候政策及行动	Climate Policy and Actions in 50 States, U. S.

续表

序号	项目名称(中文)	项目名称(英文)
11	印度尼西亚东加里曼丹省生产性森林保护	Conserving Working Forests in East Kalimantan, Indonesia
12	坦桑尼亚北部牧场社区保护	Community-Lead Conservation in Northern Tanzania's Rangelands
13	缅甸伊洛瓦底江可持续能源发展	Sustainable Energy Development in Myanmar's Irrawaddy River
14	哥伦比亚马格达莱纳河智慧基础设施决策	Informed Smart Infrastructure Decision-Making in Columbia's Magdalena River
15	塞舌尔海洋保护与提升气候变化适应能力	Protecting Ocean and Increasing Climate Change Resilience in Seychelles
16	太平洋岛国金枪鱼渔业转型	Transforming Tuna Fisheries in Pacific Islands
17	美国土壤健康路线图:对农业实践的反思	Soil Health Road Map in U. S. —Rethinking Agricultural Practices
18	拉丁美洲水基金保护网络	Latin America's Water Fund Network
19	巴西亚马孙地区的零毁林供应链	Zero Deforestation Supply Chains in Brazilian Amazon
20	墨尔本绿图	Melbourne Greenprint

大自然保护协会出版了很多报告与书籍,涉及气候变化、能源转型、农业与食品安全、水资源与环境保护等方面。部分研究成果和论文成果见表56.2和表56.3。

表56.2 部分研究成果

序号	成果名称(中文)	成果名称(英文)	成果类型	发布时间
1	气候行动手册	*Playbook for Climate Action*	专著	2019
2	将自然资源纳入国家资产	Guide to Including Nature in NDCs	报告	2019
3	2019年农业新思路年度报告	Agroideal Annual Report 2019	报告	2019
4	连通与流动	Connected & Flowing	报告	2019
5	迈向蓝色革命	Towards a Blue Revolution	报告	2019
7	私营公司基于自然的解决方案	Nature-Based Solutions in the Private Sector	报告	2019
8	保护水源:非洲	Protect Source Waters: Africa	报告	2019
9	《巴黎协定》、碳定价和NCS	The Paris Agreement, Carbon Pricing & NCS	报告	2019
10	管辖性热带森林计划的作用	Role of Jurisdictional Tropical Forest Programs	报告	2019
11	城市世纪的自然	Nature in the Urban Century	报告	2018
12	可持续发展科学	The Science of Sustainability	报告	2018
13	大自然保护区的土壤	Soil at the Nature Conservancy	报告	2018

表 56.3 部分论文成果

序号	成果名称（中文）	成果名称（英文）	成果类型	发布时间
1	城镇化进程对生物多样性影响的研究知识空缺	Research Gaps in Knowledge of the Impact of Urban Growth on Biodiversity	论文	2019
2	达成全球保护地目标的恢复优先区	Restoration Priorities to Achieve the Global Protected Area Target	论文	2019
3	全球土壤碳汇共同行动议程	A Global Agenda for Collective Action on Soil Carbon	论文	2019
4	热带雨林的声音	The Sound of a Tropical Forest	论文	2019
5	投资自然：基于自然的适应方案中的私人融资机制	Investing in Nature：Private Finance for Nature-Based Resilience	报告	2019
6	将基于自然的解决方案纳入气候变化国家自主贡献的指南	Guide to Including Nature in NDCs	报告	2019
7	生物多样性变化直接与间接驱动因素以及自然对人类的贡献	Director and Indirect Drivers of Change in Biodiversity and Nature's Contributions to People.	论文	2018
8	投资自然和自然基础设施：打造更好的海岸线	Investing in Natural and Nature-Based Infrastructure：Building Better Along Our Coasts	论文	2018
9	评估管理策略以优化珊瑚礁生态系统服务	Evaluating Management Strategies to Optimise Coral Reef Ecosystem Services	论文	2018
10	热带稀树草原国家通过旱季初期火灾管理带来的减排潜力分析	Emissions Mitigation Opportunities for Savanna Countries from Early Dry Season Fire Management	论文	2018
11	可持续发展政策的跨学科证据原则	Cross-Discipline Evidence Principles for Sustainability Policy	论文	2018
12	滨海湿地是海洋气候减缓最大的碳库	Coastal Wetlands are the Best Marine Carbon Sink for Climate Mitigation	论文	2018
13	自然保护与人类福祉，一个可以达成的全球愿景	An Attainable Global Vision for Conservation and Human Well-Being	论文	2018
14	东部海岸牡蛎礁恢复：53年的实践进展	Restoring the Eastern Oyster：How Much Progress Has Been Made in 53 Years?	论文	2018
15	全球珊瑚礁的洪水灾害防护功能	The Global Flood Protection Savings Provided by Coral Reefs	论文	2018
16	城市化世纪中的自然	Nature in the Urban Century	报告	2018
17	生态系统管理和土地保护可以明显贡献于加州气候减缓目标	Ecosystem Management and Land Conservation Can Substantially Contribute to California's Climate Mitigation Goals	论文	2017
18	生态学：保护投资的成效	Ecology：The effect of Conservation Spending	论文	2017
19	打破象牙的僵局	Breaking the Deadlock on Ivory	论文	2017

续表

序号	成果名称(中文)	成果名称(英文)	成果类型	发布时间
20	自然气候解决方案	Natural Climate Solutions	论文	2017
21	河流的力量——商业案例	The Power of Rivers—Business Case	报告	2017
22	全球大城市在流域生态服务投资的现状及潜力预测	Global State and Potential Scope of Investments in Watershed Services for Large Cities	论文	2004

(五) 重点出版物译介

1.《投资自然》(*Investing in Nature*,2009)

地球最珍贵的东西是土地。为了保护这些重要的资源,一些很有魄力和创新思维的企业家提出了全新的自然投资理念,作者以自己在商界和环保界的丰富经历写出了这本投资自然指南,并提供了实践这些自然投资理念的最有效途径和方法。从保护投资银行到鼓励企业从事公益的免税激励政策,《投资自然》提供了大量实际有效的生动案例。

2.《大自然的财富》(*Nature's Fortune*,2013)

把自然当作一种资本,已不是什么新鲜概念。但在许多人印象中,自然资本这个词总显得虚无缥缈,因为未曾切身感知自然资本对个人利益或商业利益的影响,没有真正感受到切肤之痛。因此,我们有必要看看欧美发达国家曾经如何看待自然资本,如今又是如何善待自然资本。《大自然的财富》就是这样一本书,原高盛高管、投资银行家、前任大自然保护协会总裁马克·特瑟克在书中探讨了如何重新审视自然资本的价值,如何在制定公共政策、商业决策时,寻求与大自然共生共荣的方法。

若要用三个关键词来概括该书的核心,可归纳为"自然有法""自然有价"和"自然有道"。自然有法,即大自然有其法则,这些法则包括但不限于:资源是有限的、资源开采要合理方可持续、不可任意改变资源的形态与分布。法则被破坏,人类就会遭殃。这样的例子在书中比比皆是,例如在谈到美国的堤坝系统时,作者提到"如今,美国的堤坝系统已经出现严重的损毁迹象。""我们沉迷于建造更大、更复杂的人工设施以控制水流,这种沉迷让我们误以为工程手段可以帮助我们对抗一切,事实已经证明这样做是不可取的。"

3.《自然资本:衡量生态系统服务的理论与实践》(*Natural Capital*:*Theory and Practice of Mapping Ecosystem Services*,2011)

2005 年,千年生态系统评估(Millennium Ecosystem Assessment)得出结论:由于生态系统服务的下降,生态系统最近的变化趋势将威胁人类的福祉。这一预言引起了保护组织、生态学家和经济学家的注意,他们希望可以在一定的空间范围内对生态系统服务进行严格的估价,并为公共政策提供解决方案,该书旨在提供迄今为止最佳的生态系统服务技术分析。书中介绍了可用于生态系统服务制图、建模和评估模型的工具,大自然保护协会和世界自然基金会都已经开始在全世界范围内应用这些工具,因为它们将保护的定义从单纯的生物多样性扩展到人类和生态系统服务议程方面。该书探讨了如何处理在不同空间尺度上的土地、淡水和海洋系统,并讨论了在研究生态系统服务之间的权衡问题时,如何看待气候变化和文化价值。

4.《城市中的自然保护:如何规划和建造自然基础设施》(*Conservation for Cities:How to Plan & Build Natural Infrastructure*,2015)

当人类不断涌入城市,重新思考城市如何与自然连接,获得自然能够提供的福利变得尤为重要。大自然保护协会首席城市科学家在该书中提供了一个通过创新性自然基础设施项目,在城市中保持和增强自然与城市连接的综合性框架。在描述了将自然基础设施纳入城市综合规划的方法体系后,他在每一章中分别介绍了每一种城市自然生态系统能够提供的服务功能,以及它们如何能够被妥善地纳入城市规划和设计中。

5.《气候行动手册》(*Playbook for Climate Action*,2019)

该书建议要采取气候行动的方式来帮助解决气候问题,以大自然保护协会恢复巴西到印度尼西亚的森林为例说明要利用好自然景观,将它们从碳排放源转化为碳汇。同时指出,这些气候行动代表了公共和个人目前可以利用的机会,将为今天的人类、自然、地球提供实在的帮助。

6.《连通与流动》(*Connected & Flowing*,2019)

报告介绍了世界如何应对这些相互交织的挑战,支持全球努力实现可持续发展目标和《巴黎协定》规定的各项目标,并提出要把电力系统建设成低碳、低消耗、低冲击的系统,以解决相互交织的问题。

兰德公司
（RAND）

类　　型：非政府组织
所 在 地：美国圣莫尼卡
成立年份：1948 年
现任总裁：迈克尔·D. 里奇（Michael D. Rich）
网　　址：https://www.rand.org

兰德公司（RAND）前身是美国加利福尼亚州道格拉斯飞机公司的研究部门，于 1948 年 5 月独立组建机构。该机构是美国最重要的综合性战略智库，其研究领域涵盖政治、军事、经济、科技、社会等各方面。凭借数十年的经验，兰德公司为包括政府机构、基金会和私营企业在内的全球客户提供研究服务、系统分析和创新思维。

（一）发展历程

1945 年 10 月 1 日，阿诺德、鲍尔斯、道格拉斯、雷蒙德和科尔博姆在道格拉斯飞机公司启动了兰德项目。

1948 年 5 月 14 日，RAND 从道格拉斯飞机公司独立出来，成立独立机构，致力于促进美国公共福利和国家安全。几乎同时，RAND 创造了一种独特的风格，它将无党派立场与基于事实的科学精神相结合，以解决社会最紧迫问题为目标。随着时间的推移，RAND 汇集了一支特色研究团队，不仅具有独特的个人技能，还因跨学科业务而著称。

美苏冷战期间，RAND 积极拓展太空、海外经济、社会和政治等不同领域，将其经验性、无党派、独立分析的商业模式进一步发展，使其规模快速扩大。

冷战后，RAND 将其业务重点扩展到美国之外，积极拓展海外市场。

（二）组织架构

RAND 拥有来自 50 个国家的约 1950 名专家和工作人员，员工在工作经验、学术领域、政治和意识形态观、种族、性别等方面具有多样性。公司下设 9 个研究部门、1 个研究生院、2 个海外中心和 1 个杂志社，具体见表 57.1。

表 57.1　兰德公司主要部门

部门	负责人	职责
国土安全运营分析中心	特伦斯·凯利	帮助美国国土安全部（DHS）应对恐怖主义、管理美国边界、执行移民法、保护网络空间以及加强国家战备等方面的挑战，开展研究和分析工作。
陆军研究部	桑利·斯利柏	在战略、部队后勤、人员培训、健康等方面对陆军全面支持，拥有美国陆军唯一联邦政府资助的研究中心（FFRDC）——阿罗约中心。
学科研究部	埃里克·佩尔茨	提供了近 60 年来开发的深厚专业知识和先进的分析工具，致力于解决当今的关键问题。为客户提供一系列服务，包括数据收集、数据建模、统计分析和一些学科方法研究。研究领域包括经济学、社会学、统计学和调查研究科学等。
教育和劳工部	达林·奥普弗	帮助决策者和从业者找到教育和劳动力市场的问题解决方案。
医疗保健部	彼得·侯赛因	通过改善美国和其他国家的医疗保健系统来促进社会更健康地发展，为医疗保健从业者和公众提供可操作、严谨、客观的决策依据，以支持他们做出复杂的决策。
兰德国际	汉斯·蓬	通过严格、客观、前沿的研究，兰德国际亚太政策中心为决策者和公众提供有关亚洲和美亚关系面临的关键政策建议。
国家安全研究部	杰克·赖利	负责支撑美国国防部、美军联合参谋部、统一指挥部、海军部的研究和分析。
空军部	安东尼·罗塞洛	负责空军战略、部队现代化、就业、人员管理和培训等业务，是美国空军唯一联邦政府资助的研发中心（FFRDC）。
社会经济福祉部	安妮塔·钱德拉	解决社区健康与环保、司法、社会和行为等方面政策问题，包括：培养健康和有弹性的人口和环境，加强公平有效的司法系统，帮助个人和社区解决不平等和繁荣问题。
Pardee 研究生院/创新中心	苏珊·马奎斯	Pardee 研究生院是美国最大的公共政策博士培养机构，也是兰德公司唯一独立的公共政策研究组织。
澳大利亚中心	卡尔·罗德斯	为澳大利亚客户提供国防相关主题及经济、社会问题的解决方案。
欧洲中心	汉斯·庞格	通过研究和分析，在全业务领域上为欧洲客户提供政策和决策支持。
兰德经济学杂志社	凯瑟·琳马伦	《兰德经济学杂志》（前身为《贝尔经济学杂志》）主要关注经济分析及微观经济学的研究，侧重经济学和法学等理论实践的文稿。《兰德经济学杂志》每季度由 RAND 与威利·布莱克威尔出版社共同出版。

（三）研究领域

RAND 研究业务涉及儿童和社区、网络和数据科学、教育与文化、能源与环境、健康保健和老龄化、国土安全与公共安全、基础设施和运输、国际事务、法律和商业、国家安全与恐怖主义、科学和技术等领域,其中重点领域及与生态相关的包括:

——能源与环境:该领域研究了能源政策对环境的影响、平衡环境保护和经济发展的需求。

——健康、保健和老龄化:研究领域包括健康保险、医疗改革和健康信息技术以及肥胖、药物滥用和创伤后应激障碍的创新研究。

——国土安全与公共安全:进行分析并提出建议,承担美国国土安全部的任务,防止恐怖主义,加强国土安全,保护和管理美国的边界,执行移民法,保护网络空间。在公共安全领域,涉及毒品政策、犯罪、监狱改革和囚犯等问题。

——科学技术:业务包括计算机分析、卫星发射、军事技术、互联网技术和社科类理论。

（四）研究项目及成果

RAND 负责研究生态领域的部门是社会经济福祉部气候应变中心,该中心进行政策研究并开发创新工具,以帮助包括政府、私营机构和慈善部门的各种客户面对气候变化带来的挑战。RAND 围绕水资源规划、海岸灾害恢复、城市灾害恢复等领域开展研究,部分研究项目和研究成果见表 57.2 和表 57.3。

表 57.2　部分研究项目

序号	项目名称（中文）	项目名称（英文）
1	济南市水生态发展实施方案评价及改进建议	Evaluation of the Jinan City Water Ecological Development Implementation Plan and Recommendations for Improvement
2	路易斯安那州沿海土地流失成本核算	Economic Evaluation of Coastal Land Loss in Louisiana
3	墨西哥蒙特雷制定强有力的水资源战略	Developing a Robust Water Strategy for Monterrey, Mexico
4	纽约牙买加湾的综合科学规划	Integrated, Science-Based Planning in Jamaica Bay

表 57.3　部分研究成果

序号	成果名称（中文）	成果名称（英文）	成果类型	发布年度
1	墨西哥蒙特雷水资源规划研究	Developing a Robust Water Strategy for Monterrey，Mexico	报告	2019
2	稳健决策（RDM）：应用于水规划和气候政策	Robust Decision Making（RDM）：Application to Water Planning and Climate Policy	论文	2019
3	济南市水生态发展实施方案评价及改进建议	Evaluation of the Jinan City Water Ecological Development Implementation Plan and Recommendations for Improvement	报告	2017
4	路易斯安那州沿海土地流失的经济评价	Economic Evaluation of Coastal Land Loss in Louisiana	论文	2017
5	城市沿海环境中的修复	Building Resilience in an Urban Coastal Environment	报告	2017

（五）重点出版物译介

1.《城市沿海环境中的修复》(Building Resilience in an Urban Coastal Environment，2017)

报告形成并公布于 2017 年，共包括介绍、牙买加湾周边的环境与规划、利益相关方的构建分析、牙买加湾综合发展模式、了解 FWOA 中的漏洞、Baywide 概念的评估、下一步计划 7 章，以及牙买加湾周边发展简史、模型识别选择和验证、灵敏度测试结果 3 个附录。报告主要探讨了牙买加湾当前和未来修复力度相关的理论模型，该理论模型有助于减少未来的洪水风险，同时还可以改善水质、恢复海湾内和海湾周围的动植物栖息地，以及提高对极端天气的适应能力。

2.《济南市水生态发展实施方案评价及改进建议》(Evaluation of the Jinan City Water Ecological Development Implementation Plan and Recommendations for Improvement，2017)

济南市水利局请 RAND 根据《济南市水生态发展实施方案》，评估需求和气候不确定性对投资的潜在影响。2017 年，在项目研究基础上 RAND 发布了《济南市水生态发展实施方案评价及改进建议》。报告包括九章，主要介绍了 RAND 的方法和结果，包括使用斯德哥尔摩环境研究所开发的水评估和规划数学模拟模型，得到河流布局和气候变化对住宅、工业和农业部门的影响程度，最后给出水资源循环利用等政策建议。

麦肯锡全球研究院（MGI）

McKinsey Global Institute

类　　　型：	非政府组织
所 在 地：	美国纽约
成立年份：	1990 年
现任主席：	詹姆斯·马尼卡（James Manyika）
网　　　址：	https://www.mckinsey.com/mgi/overview

麦肯锡分支机构之一的麦肯锡全球研究院（MGI）是一个全球性经济智库，研究工作涉及 20 多个国家和 30 个行业，在欧洲、美洲、亚洲、非洲、中东、太平洋地区设有研究站点。该机构基于经济学和管理学分析框架，在采纳经济学分析工具和商业领袖见解的基础上，为商业、公共和社会部门的领导者提供决策依据。

（一）发展历程

1990 年，麦肯锡全球研究院作为独立的智囊团成立，旨在增进理解全球组织所面临的基本经济问题。研究院不受任何企业、政府或其他机构的委托，麦肯锡公司的合作伙伴为其研究提供资金。在美国宾夕法尼亚大学兰黛研究院"智库与民间社会项目"于 2019 年 1 月 31 日发布的《全球智库报告 2018》中，麦肯锡全球研究院被评为全球私营部门智库第一名。

（二）组织架构

麦肯锡全球研究院拥有 50 多名工作人员，涉及经济、服务媒体、金融、商业和经济等领域。其最高决策层是董事会，由麦肯锡公司的 3 名高级合伙人、乔纳森·韦策尔、詹姆斯·马尼卡和斯文·斯米特共同领导。领导层由杰出的商界精英、知名学者和业界领导组成。理事会由知名专家组成，负责为世界各地的部门提供专家意见。学术顾问组主要与诺贝尔奖获得者合作。

（三）研究领域

麦肯锡全球研究院从数据入手，进行独立研究，通过严谨的分析，评估了数字经济、人工智能和自动化对就业的影响、收入不平等、生产率难题、解决性别不平等带来的经济效益、全球竞争的新时代、中国的创新以及数字和金融全球化。通过与决策者交流，实施方案并提升影响力。主要研究领域如下：

——金融市场：对新的风险进行分析，在全球经济视野内，针对不同国家经济情况进行分析。

——自然资源：研究主题为科技如何重塑自然资源的供求关系，例如当今消耗能源和生产商品的方式正在改变，这种转变可能使全球经济受益，但资源生产商将不得不适应以保持竞争力。

——技术与创新：研究世界各地人们因受技术发展而影响未来工作的境况，例如劳动力与工作空间、现今和未来的情况。此外对当下热门技术如 AI 等进行热点跟踪。

——劳动力市场：在自动化和人工智能快速发展的时代，关注技术驱动型劳动力市场到 2030 年在不同情况下或将消失的工种和新增的工种，并将持续关注劳动力市场的转变。

——生产力、竞争力和增长：研究转型中的全球化，在贸易和价值链的未来的研究中发现，发展中国家不断增长的需求和新的产业能力以及新技术浪潮正在重塑全球价值链。

——城市化与基础设施：随着智能机器进入工作场所，一些职业正在减少，同时，经济正在创造新的就业机会，它们可能发生在不同地点和不同职业。对于全球人民来说，"工作的未来"是城市化研究的主要方向。

（四）研究项目及成果

麦肯锡全球研究院围绕金融市场，自然资源，技术与创新，劳动力市场，生产力、竞争力和增长，城市化与基础设施 6 个主要领域开展研究，部分研究项目见表 58.1。

表 58.1　部分研究项目

序号	项目名称（中文）	项目名称（英文）
1	拉丁美洲缺少中型企业和中产阶级的消费能力	Latin America's Missing Middle of Midsize Firms and Middle-Class Spending Power
2	中国与世界：不断变化的关系的内在动力	China and the World: Inside the Dynamics of a Changing Relationship

序号	项目名称(中文)	项目名称(英文)
3	缩小欧洲在数字和人工智能领域的差距	Tackling Europe's Gap in Digital and AI
4	金融全球化的新动力	The New Dynamics of Financial Globalization
5	将人工智能应用于社会公益	Applying Artificial Intelligence for Social Good
6	亚洲的未来:亚洲的流动和网络正在定义全球化的下一阶段	The Future of Asia:Asian Flows and Networks are Defining the Next Phase of Globalization
7	应对人工智能(以及人类)中的偏见	Tackling Bias in Artificial Intelligence (and in Humans)
8	促进可持续发展:能源生产力解决方案	Fueling Sustainable Development: The Energy Productivity Solution

麦肯锡全球研究院认为,合理的政策和明智的决策需要信息共享。为此,该机构的相关研究数据和成果免费向全球分享并提供下载。部分研究成果见表58.2。

表58.2　部分研究成果

序号	成果名称(中文)	成果名称(英文)	成果类型	发布时间
1	美国未来的工作	America's Future of Work	报告	2019
2	转型中的全球化:贸易和价值链的未来	Globalization in Transition: The Future of Trade and Value Chains	报告	2019
3	数字识别:包容性增长的关键	Digital Identification: A Key to Inclusive Growth	报告	2019
4	妇女在工作中的未来:自动化时代的转变	The Future of Women at Work: Transitions in the Age of Automation	报告	2019
5	不平等:持续存在的挑战及其影响	Inequality: A Persisting Challenge and Its Implications	报告	2019
6	全球金融危机爆发后的十年:发生了什么变化(已经发生和还没有发生)?	A Decade After the Global Financial Crisis: What Has (and Hasn't) Changed?	报告	2018
7	平价的力量:在荷兰劳动力市场上促进性别平等	The Power of Parity: Advancing Gender Equality in the Dutch Labor Market	报告	2018
8	将人工智能应用于社会公益	Applying Artificial Intelligence for Social Good	报告	2018
9	智慧城市:面向更宜居未来的数字解决方案	Smart Cities: Digital Solutions for a More Livable Future	报告	2018
10	科技如何重塑自然资源的供求关系	How Technology is Reshaping Supply and Demand for Natural Resources	报告	2017
11	美国制造:振兴美国制造业	Making It in America: Revitalizing US Manufacturing	报告	2017
12	城市商业运输与出行的未来	Urban Commercial Transport and the Future of Mobility	报告	2017
13	逆转诅咒:最大限度地发挥资源驱动型经济的潜力	Reverse the Curse: Maximizing the Potential of Resource-Driven Economies	报告	2013

（五）重点出版物译介

《重新审视美国劳动收入份额下降的情况》（A New Look at the Declining Labor Share of Income in the United States，2019）

文章于 2019 年由董事会主席詹姆斯·马尼卡为第一作者发表，主要提出了这样一个问题：为什么 35 个发达经济体的劳动收入份额从 1980 年的约 54%下降到 2014 年的 50.5%？文章的亮点是，通过分析发现，人们通常认为的主要因素却不是主要因素。围绕这一发现，人们可以进一步探索发达经济体的劳动收入份额下降的本质，到底是哪些因素起主导作用，哪些因素是辅助作用。

布鲁金斯学会
（Brookings Institution）

类　　　型：非政府组织
所　在　地：美国华盛顿
成立年份：1927 年
现任会长：约翰·卢瑟福·艾伦（John Rutherford Allen）
网　　　址：https://www.brookings.edu/

　　布鲁金斯学会（Brookings Institution）成立于 1927 年，是美国著名的智库之一，也是华盛顿特区学界的主流思想库之一，被称为美国"最有影响力的思想库"。该机构将"在经济、政府管理和社会科学领域开展高质量研究"作为使命宣言，致力于为解决本地、国家和全球问题提供新思路。学会对科学问题保持"包容性、无立场、独立性"的态度，着力开展"高含金量"的研究工作，为创新、实用的政策建议提供依据。

（一）发展历程

　　布鲁金斯学会的历史可追溯至 1916 年。学会创始人罗伯特·S.布鲁金斯（Robert S. Brookings）与其他政府改革者合作，创建了第一个基于国家层面分析公共政策问题的私人组织。新成立的政府研究组织成为高效公共服务的主要倡导者，并试图将科学成果应用于政府研究。布鲁金斯分别于 1922、1924 年创建了经济研究所和研究生院。1927 年，研究所与学校合并，组成了现今的布鲁金斯学会。

（二）组织架构

　　布鲁金斯学会拥有近 400 名成员，其最高决策层是由企业家、学者、前政府官员等组成的董事会。执行层由知名学者、前政府官员组成。

　　研究部门由国内外 18 个研究中心组成，其中国内中心 15 个，国外中心 3 个。专家团人数超过 300 名，由来自世界各地的政界和学术界的专家组成。

（三）研究领域

布鲁金斯学会的研究方式属于开放式研究，300多名专家学者代表了不同的观点。其研究领域如下：

——经济：分析当下美国和世界的经济问题，深化理解经济运行方式。

——全球经济与发展：研究改善全球经济合作，消除全球贫困和社会压力等问题。

——对外政策：对美国的战略、国际安全架构和应对威胁提供政策建议。

——公共管理：分析政策问题、政治制度以及当下存在的公共管理问题。

——都市政策计划：为大都市领导人制定经济政策，并提供解决方案。

（四）研究项目及成果

布鲁金斯学会研究领域主要围绕全球经济、政策制度、社会问题、国际事务等。部分研究项目见表 59.1。

表 59.1　部分研究项目

序号	项目名称（中文）	项目名称（英文）
1	气候与能源经济学项目	Climate and Energy Economics Project
2	能源与气候跨行业倡议	Cross-Brookings Initiative on Energy and Climate
3	能源安全与气候倡议	Energy Security and Climate Initiative
4	非洲增长倡议	Africa Growth Initiative
5	21世纪城市治理项目	Project on 21st Century City Governance
6	非洲安全倡议	Africa Security Initiative
7	国际秩序与战略项目	Project on International Order and Strategy
8	人工智能和新兴技术倡议	Artificial Intelligence and Emerging Technologies Initiative

布鲁金斯学会出版了很多报告，主要涵盖气候与能源、全球经济发展、环境保护、公共管理等领域。部分研究成果见表 59.2。

表 59.2　部分研究成果

序号	成果名称（中文）	成果名称（英文）	成果类型	发布时间
1	《巴黎协定》的全球经济和环境成果	Global Economic and Environ-Mental Outcomes of the Paris Agreement	文章	2019
2	气候变化的政治挑战	The Challenging Politics of Climate Change	报告	2019
3	新自由主义之外的环境：实现可持续增长	The Environment Beyond Neoliberalism: Delivering Sustainable Growth	报告	2019
4	通过比较碳定价模型方案获得的政策见解	Policy Insights from Comparing Carbon Pricing Modeling Scenarios	报告	2019

序号	成果名称(中文)	成果名称(英文)	成果类型	发布时间
5	印度煤炭	Coal in India	报告	2019
7	通过清洁能源行业促进就业	Advancing Inclusion Through Clean Energy Jobs	报告	2019
8	成长的中国清洁能源公司	Grow Green China Inc.	报告	2019
9	美国煤炭行业	The U.S. Coal Sector	报告	2019
10	2003年电力法修正案:摘要、分析和公众意见讨论说明	Amendments to the Electricity Act 2003: A Summary, Analysis, and Public Comments Discussion Note	报告	2018
11	印度转向可再生能源的政治经济学	The Politics and Economics of India's Turn to Renewable Power	报告	2018
12	让边界碳调整在法律和实践中发挥作用	Making Border Carbon Adjustments Work in Law and Practice	报告	2018
13	气候变化与货币政策:应对破坏	Climate Change and Monetary Policy: Dealing with Disruption	报告	2017

(五) 重点出版物译介

1.《新自由主义之外的环境:实现可持续增长》(The Environment Beyond Neoliberalism: Delivering Sustainable Growth,2019)

报告认为,当前环境政策制定受到制度选择的启发,而制度选择却通常与新自由主义的观念背道而驰。不过,有关新自由主义的著作几乎没有提及环境,我们能做的仅仅是从著作中推断出一些有关"边际环境保护"的关键原则,所以新经济发展模式理论亟待完善。我们正迅速接近临界点,土地利用变化、淡水利用、生物多样性丧失和气候变化等形势可能会不可逆地影响人类的发展与经济增长。

2.《通过清洁能源行业促进就业》(Advancing Inclusion Through Clean Energy Jobs,2019)

报告从清洁能源转型劳动力资源配置的角度出发,讨论了就业转型路径,用于帮助能源行业专业人士、地方政策制定者、区域教育和培训行业领导者以及社区组织更清晰地了解与之相关的性质。

3.《气候变化与货币政策:应对破坏》(Climate Change and Monetary Policy: Dealing with Disruption,2017)

报告探讨了货币政策和气候变化对宏观经济的影响。作者认为,与气候变化和货币政策密切相关的挑战是经济冲击。例如,极端天气事件和海平面上升会导致作物受损和价格上升。虽然作物价格上涨可能是暂时的,但海平面上升会永久破坏沿海生产性土地。

国际生态学会（INTECOL）

类　　　型：非政府组织

注册地址：德国奥斯纳布吕克

成立年份：1967 年

现任主席：金恩植（Eun-Shik Kim）

网　　　址：http://www.intecol.org/

国际生态学会（INTECOL）作为国际生物科学协会（IUBS）的生态学部成立于 1967 年。学会为非营利学术组织，旨在帮助协调 70 多个国家生态学会之间的活动。国际生态学会的职责是通过国际合作"促进生态科学的发展以及生态学的原理应用于全球的需要"。

（一）发展历程

在 20 世纪 60 年代至 70 年代初期，世界各国越来越认识到生态问题的重要性，这一趋势导致生态学家寻求更广泛的国际联系。一些国家早已建立了国家生态学会，另一些国家相关组织也处于发展初期。为了促进国际合作参与，帮助解决重要生态问题，建立新的生态国际社会，1967 年成立了国际生态学会。1974年，第一届国际生态学大会在海牙举行。学会成立后，在生态学的各个领域成立了专家小组和专业委员会，通过安排独立会议或在国际大会上组织会议来开展相关研究活动。

（二）组织架构

国际生态学会设有理事会、专业委员会、执行委员会等机构和组织。理事会作为学会的最高决策机构，由执行委员会成员和理事成员组成。理事会主要通过信函等手段进行交流，开展相关工作。理事会和国际生态学会国际大会一起，每 4 年召开 1 次。

国际生态学会在多个领域设立专业委员会,开展具体的学术和组织工作。主要有政策和法规委员会、会员与协会委员会、会议委员会、工作组咨询委员会、科学委员会、筹款委员会、性别与平等委员会等。

执行委员会执行秘书处和办公室职责,负责学会的日常管理工作,并在专业委员会成员产生空缺、造成职能缺失时行使临时替补作用。

(三) 研究领域

根据国际生态学会章程,学会主要任务为:① 通过协助国际合作,发展生态科学并将生态学原理应用于全球问题;② 收集、评估和分发有关生态信息;③ 支持国家、区域和国际行动,为生态研究、个人培训、协调生态学原理的一般出版物以及认识生态学对经济和社会的重要性提供服务;④ 组织召开国际大会、专题讨论会、座谈会,制定和推广研究计划和项目,推出学术讲座,支持著作出版以及为实现学会目标所必需的措施。

(四) 学会动态

国际生态学大会每 4 年召开 1 次,目前已经召开 12 届。每届大会均由国际生态学会与主办国生态研究组织或学会合作举行。部分国际生态学大会见表 60.1。

表 60.1 部分国际生态学大会

序号	会议	主题	时间	地点
1	第十二届国际生态学大会	变化环境中的生态学与生态文明	2017	北京
2	第十一届国际生态学大会	—	2013	伦敦
3	第十届国际生态学大会	—	2009	布里斯班
4	第九届国际生态学大会	多尺度生态学	2005	蒙特利尔
5	第八届国际生态学大会	不断变化的世界中的生态学	2002	首尔
6	第七届国际生态学大会	生态学家的新任务	1998	佛罗伦萨

国际生物及环境样本库协会（ISBER）

类　　　型：国际组织
所　在　地：加拿大温哥华
成立年份：1999 年
现任主席：黛布拉·L.加西亚（Debra L. Garcia）
网　　　址：https://www.isber.org

国际生物及环境样本库协会（ISBER）是 1999 年成立的国际最有影响力的生物样本库协会组织，主要致力于解决与生物和环境标本库相关的技术、法律、伦理和管理等问题。

（一）发展历程

ISBER 成立于 1999 年，发起人包括美国国家医学院、美国国家癌症研究所、美国疾病预防控制中心、英国生物银行、卢森堡生物银行等多个具有国际知名样本库的机构的专家和学者。ISBER 旨在促进合作、创造教育和培训机会，为最先进的政策、流程和研究成果以及创新技术、产品和服务提供国际展示，共同推动样本库的广泛应用。ISBER 的核心使命是通过科学交流、教育培训、认证咨询、质量控制等手段建立一个国际性的样本库行业交流平台，提高生物样本库管理水平，从而促进科学发展。

（二）组织架构

ISBER 最高决策机构为理事会，在理事会领导下设立执行办公室、常务委员会、咨询委员会、工作小组和特别小组，开展相关工作。

执行办公室负责组织日常管理工作，设立项目管理办公室、协调人办公室、会议组织办公室、数据办公室和财务办公室等。

常务委员会设立 4 个委员会，具体为财务委员会、治理委员会、提名委员会、主席委员会等。

咨询委员会设立7个专业委员会,具体为营销委员会、教育训练委员会、会员关系委员会、通信委员会、组织委员会、科学政策委员会、标准委员会。

工作组由在各个学科领域具有专长和经验的人员组成,致力于该学科的发展。当前,共设有生物样本科学、环境生物、信息情报、国际存储库定位器、制药、罕见疾病、法规与道德等工作组。

特别小组(SIG)鼓励针对与生物和环境标本库相关的技术、法律、道德或管理问题的选定领域进行讨论和陈述,确定并解决重要的问题。SIG 为成员提供交流问题、目标的渠道,分享小组的经验和解决方案。目前,特别小组有 4 个,具体为自动化小组、医院综合生物储存库小组、下一代生物库小组和儿童问题研究小组。

(三) 研究领域

ISBER 设立多个工作小组和特别小组开展相关的研究工作。具体如下:

——生物样本科学工作组:选择生物样本质量保证方案,鉴定处理临界点的生物样本,实现生物样本研究方案的标准化,识别质量控制(QC)工具,评论有关生物样本科学主题,验证生物样本处理方法和生物样本质量控制方法。

——环境生物工作组:作为权威的环境生物专家,推动 ISBER 成为跨学科的生物库,解决所有生物样本库的活动。其职责是为环境、生物和动物生物标本和生物库提供交流,以代表这些生物库的需求,并将其整合到 ISBER 活动和产品中。

——信息情报工作组:制定信息管理系统的最佳做法,以支持生物库存,为支持生物银行的信息管理系统的提供者开发自我评估工具。

——罕见疾病工作组:促进使用稀有疾病生物库,确定了维护样本收集/生物库的罕见疾病患者注册表,从不同地点/医院获得患者捐赠标本的途径。

(四) 研究项目及成果

ISBER 官方杂志 *Biopreservation and Biobanking*(BIO),是第一本提供统一论坛的期刊,可供同行评审交流有关生物样本采购、加工、保存和储藏等新兴和发展领域中的最新进展。该杂志发表的系列原创文章,重点介绍了当前与大分子、细胞和组织加工有关的挑战和问题,还探讨了有关生物库和生物存储库操作的伦理、法律和社会考虑。

国际景观生态学会 （IALE）

类　　型：国际机构
所 在 地：加拿大蒙特利尔
成立年份：1982 年
执行秘书：罗伯特·舍勒（Robert Scheller）
网　　址：https://www.landscape-ecology.org

国际景观生态学会（IALE）是世界性景观生态专家组织,旨在发展景观生态学。作为分析、规划和管理世界景观的科学机构,学会通过科学、学术、教育和交流活动促进该领域的国际合作和交流,提供一个全球性的景观生态学交流平台,激发跨学科互动。学会目标是使景观生态学家能够高效联系,并了解世界各地景观生态学的最新发展,实现生物科学、社会科学、人文科学等领域的积极合作和跨学科协同。学会每 4 年组织一次世界大会和区域会议,设立有多个专业工作组,并在世界各地设立有分支机构。

（一）发展历程

IALE 成立于 1982 年,1989 年建立中国分部。2008 年 10 月底,中国分部注册会员达到 318 人。在学会推动下,景观生态学作为一个学科概念和主流学科已在中国被广泛接受。

（二）组织架构

IALE 的最高决策机构是大会执行委员会,执行委员会 1991 年之前由理事会选举产生,1991 年之后变更为由会员直接选举产生。理事会由每个正式区域分会的选举代表和执行委员会的成员组成。理事会向执行委员会提出建议,并通过由理事会主席主持的提名委员会,参与筹备和监督执行委员会的选举。

IALE 设立主席、财务主管、秘书长、副主席等职位,共同负责学会的管理工作,推动学会发展,完成既定目标。

主席 1 名,由 4 年 1 届的世界大会选出,任期到下一届大会召开。主席职责包括主持大会会议,领导学会新举措,并为其任期结束时举行的世界大会提供指导,与秘书长就执行委员会会议的议程和主题进行联络,与财务主管就财务问题进行研讨等。

财务主管任期 4 年,是 IALE 在财务领域的管理领导,负责资金管理,为学会日常运行和各项工作提供资金保障,负责与学会秘书密切协调所有与会员有关的活动。

秘书长任期 4 年,有资格连任。领导秘书处工作,负责会员的管理,为 IALE,特别是 EC 的多项活动提供持续管理。

副主席共 4 人,为学会区域性代表。副主席任期 4 年,副主席的选举应每两年举行 1 次,可以连任。副主席担任执行委员会的投票成员,担任常设委员会或特设委员会主席,并以各种方式协助委员会制定各项工作计划。

(三) 研究领域

IALE 鼓励景观生态学家超越学科界限,共同构建理论,使其适用于真实的景观环境,解决实际问题。为此,IALE 设立有 10 个工作组,部分工作组介绍如下:

——3DLM-3D 景观指标工作组:该工作组旨在加强三维景观指标开发和应用方面的跨学科合作,并特别将发展景观生态学、野生动物生态学、区域规划和影响评估以及数学和信息学的研究人员聚集在一起。

——学校景观生态学工作组:开发景观生态学教材,以及兼顾良好实践和解决方案的电子学习平台,为参与大学预科教育活动的景观生态学家提供支持。

——森林景观生态国际工作组:整理景观生态学家对林业科学和生态学的兴趣,促进 IALE 和 IUFRO 各地分会的参与和合作,建立一个跨越学科和文化边界的协作框架,为将景观生态学与当前森林景观监测、规划、设计和管理实践联系起来的理论和实证理论做贡献。

——生态文化景观工作组:提高对物种、遗址、景观、海景及其生态系统的文化和精神价值的认识和理解,展示生物文化景观和海景、保护自然和文化的方式。

——生物多样性和生态系统服务评估工作组:生物多样性和生态系统服务评估是一个交叉平台,成员多为参与政府间生物多样性和生态系统服务小组

(IPBES)的特别研究人员。致力于推动各国景观生态学家开展跨区域学术交流,支持国际间生态系统服务和生物多样性评估合作。

(四)研究成果

IALE 的学术成果主要有学会公报、景观生态学期刊、系列学术著作、数据分析工具等。自 1982 年 IALE 创建开始,每年均会发布学会报告,至今已经 37 年。

学会报告每季度发布 1 次,介绍学会的工作进展和成果。

《景观生态学》期刊创立于 1984 年,是学会与 Springer Science＋Business Media 合作出版的学术期刊。期刊侧重于跨学科研究,汇集了来自生物学、地球物理学和社会科学等的研究,以探索自然和人类主导景观中空间异质性的形成、动态和后果。《景观生态学》是研究人员和从业人员在大规模生态学、生物多样性保护、生态系统管理以及景观规划和设计方面的宝贵资源。

学会正在不断开发一系列景观分析工具和链接,用于各种目的评估,包括处理生态系统服务分析、栖息地建模、模式和过程的多尺度分析、流域景观评估工具、气候变化、替代景观情景和管理工具等。

IALE 部分研究成果见表 62.1。

表 62.1　部分研究成果

序号	成果名称(中文)	成果名称(英文)	成果类型	发布时间
1	学会年报	Iale Bulletin	报告	各季度
2	景观生态学	*Landscape Ecology*	期刊	月刊
3	剑桥景观生态学研究	*Cambridge Studies in Landscape Ecology*	期刊	月刊
4	农业景观和全球化	*Globalisation and Agricultural Landscapes*	专著	2010
5	景观生态学中的关键议题	*Key Topics in Landscape Ecology*	专著	2007
6	生态系统服务分析工具	Ecosystem Service Analysis Tools	工具	更新
7	气候变化分析工具	Climate Change Analysis Tools	工具	更新
8	保护规划和分析工具	Conservation Planning and Analysis Tools	工具	更新
9	保护规划和风险评估工具	Conservation Planning and Risk Assessment Tools	工具	更新

生物多样性公约（CBD）

类　　型：联合国公约	
所 在 地：加拿大蒙特利尔	
成立年份：1992 年	
执行秘书：克里斯蒂娜·P. 帕尔梅（Cristiana P. Palmer）	
网　　址：https://www.cbd.int/	

联合国《生物多样性公约》（CBD）（以下简称《公约》）是一项保护地球生物资源的国际性公约，经 1992 年 6 月 1 日内罗毕召开的政府间谈判委员会第七次会议审议通过，并在 1992 年 6 月 5 日里约热内卢举行的联合国环境与发展大会上获得签约国签署。《公约》于 1993 年 12 月 29 日正式生效。《公约》缔约国大会是全球履行该《公约》的最高决策机构，一切有关履行《公约》的重大决定都要经过缔约国大会的通过。

（一）发展历程

1972 年，在斯德哥尔摩召开了联合国关于人类环境的会议，决定建立联合国环境规划署。各国政府签署了若干地区性和国际协议以处理如保护湿地、管理国际濒危物种贸易等议题。这些协议与管制有毒化学品污染的有关协议一起减缓了破坏环境的趋势，尽管这种趋势并未被彻底扭转。例如，关于捕猎、挖掘和倒卖某些动物和植物的国际禁令和限制已经减少了滥猎、滥挖和偷猎行为。

1987 年，世界环境与发展委员会（Brundtland 委员会）得出了发展经济必须减少破坏环境的结论。这份题为"我们共同的未来"的划时代报告指出，人类已经具备实现自身需要并且不以牺牲后代为代价的可持续发展能力。报告同时呼吁"一个健康的、绿色的经济发展新纪元"。

1992 年,在里约热内卢召开了由各国首脑参加的最大规模的联合国环境与发展大会。在此次大会上,签署了一系列有历史意义的协议,其中包括两项具有约束力的协议:《联合国气候变化框架公约》和《生物多样性公约》。前者目标是控制温室效应气体排放;后者则是第一项生物多样性保护和可持续利用的全球协议。《生物多样性公约》获得快速和广泛的接纳,150 多个国家在大会上签署了该协议,此后共有 175 个国家批准了该协议。中国于 1992 年 6 月 11 日签署该协议,1992 年 11 月 7 日批准,1993 年 1 月 5 日交存加入书。

（二）组织架构

《公约》组织的最高权力机构是缔约方大会(COP),由批准《公约》的各国政府(含地区经济一体化组织)组成。COP 主要任务是检查《公约》的进展,为成员国确定新的优先重点保护目录,制定工作计划。COP 也可以修订《公约》,建立顾问专家组,检查成员国递交的进展报告并与其他组织和《公约》开展合作。COP 可以从《公约》建立的其他机构获得专业知识和支持。

《公约》秘书处设在加拿大蒙特利尔,由 7 个工作处组成,与联合国环境规划署紧密联系。主要职能是组织会议、起草文献、协助成员国履行工作计划、与其他国际组织合作、收集和提供信息。

（三）研究领域

作为一项国际公约,《公约》的主要目标是保护生物多样性,实现生物多样性组成成分的可持续利用,以公平合理的方式共享遗传资源的商业利益和其他形式的利用。《公约》要求各国认同共同的困难,设定完整的目标、政策和普遍的义务,组织开展技术和财政上的合作。根据《公约》,各国政府承担保护和可持续利用生物多样性的义务,必须发展国家生物多样性战略和行动计划,并将这些战略和计划纳入更广泛的国家环境和发展计划中,这对林业、农业、渔业、能源、交通和城市规划尤为重要。具体主要关注:生物多样性保护和可持续利用的措施和激励手段;遗传资源的获取;生物技术的取得和转让;技术和科学上的合作;影响评估;教育和公众意识;资金来源;履行公约义务的国家。

（四）研究项目及成果

出版和传播成果是《公约》秘书处的重要职责之一。秘书处网站设置专栏,提供主要出版物、《公约》研究资源、外部资源、案例分析、统计数据等资源下载,供各缔约国和从事生物多样性研究人员使用。出版物主要分为展望、手册、技术文件、指南、宣传手册等多种,并且多种出版物均为系列成果,连续多年发布。部分研究成果见表 63.1。

表 63.1 部分研究成果

序号	成果名称(中文)	成果名称(英文)	成果类型	发布时间
1	CBD 技术系列	CBD Technical Series	技术报告	每年发布
2	恢复地球生命：私营部门在土地复垦和生态系统恢复方面的经验	Restoring Life on Earth：Private-Sector Experiences in Land Reclamation and Ecosystem Recovery	技术报告	2017
3	最佳实践指南	Good Practice Guide	技术指南	2015
4	自然旅游和发展	Tourism for Nature & Development	技术指南	2015
5	发展规划中的生态系统产品和服务	Ecosystem Goods and Services in Development Planning	技术指南	2015
6	全球生物多样性展望 4	*Global Biodiversity Outlook* 4	出版物	2014
7	可持续森林管理、生物多样性和生计	Sustainable Forest Management，Biodiversity and Livelihoods	技术指南	2010

(五) 重点出版物译介

1.《CBD 技术系列》(CBD Technical Series，2019)

系列报告的目标是促进传播关于选定主题的最新和准确信息，这些主题对于保护生物多样性、可持续利用其组成部分以及公平分享其益处至关重要。技术系列旨在：促进科技合作；改善《公约》与科学界之间的沟通；提高对当前生物多样性相关问题和关切的认识；促进广泛和有效地利用越来越多的科学和技术信息来保护和利用生物多样性。

2.《UNEP/CBD 系列文件》(UNEP/CBD Issue Paper Series)

UNEP/CBD 系列文件探讨了生物多样性与气候变化之间的相互联系。一方面，负责气候变化的大气中碳含量的增加正在影响陆地、淡水和海洋中的生物多样性；另一方面，生物多样性和生态系统功能的变化也会影响气候变化。根本的信息是健康的生态系统、生物多样性生态系统可以帮助社会适应气候变化，并可以在减缓气候变化方面发挥重要作用。本系列文章详细解释了应对气候变化等挑战的概念和建议。具体包括以下 9 个文件：

① 生物多样性和生态系统：减缓和适应气候变化的协同作用；

② 生物多样性和气候变化适应；

③ 淡水和气候变化；

④ 森林恢复力、生物多样性和气候变化；

⑤ REDD-Plus 和生物多样性；

⑥ 保护区和气候变化；

⑦ 海洋酸化；

⑧ 海洋施肥；

⑨ 地方政府：三项里约公约的主要实施者。

3.《全球生物多样性展望》(*Global Biodiversity Outlook*，2014)

《全球生物多样性展望》(GBO)是《公约》的旗舰出版物，以阿拉伯文、英文、中文、法文、西班牙文、俄文等多种文字形式向全球发布。2014年，《全球生物多样性展望4》(GBO-4)正式发布。GBO-4评估了生物多样性的现状和趋势，以支持《2011—2020年生物多样性战略计划》的中期审查；还审查全球社会正在采取的措施，以确保生物多样性得到保护、可持续利用，以及公平分享利用遗传资源所产生的惠益。GBO-4认为截至2014年，在实现大多数生物多样性目标方面，世界各国取得了重要的进展，但是不足以实现2020年目标，还需要采取额外的行动使《2011—2020年生物多样性战略计划》朝预定的方向发展，GBO-4中详细列出了实现目标的行动建议。除了GBO-4主要报告之外，还编写了若干相关报告。这些报告为GBO-4主要报告提供了科学依据。

 # 联合国防治荒漠化公约（UNCCD）

类　　型：联合国公约

所 在 地：德国波恩

成立年份：1994 年

执行秘书：易卜拉欣·蒂奥(Ibrahim Thiaw)

网　　址：https://www.unccd.int

《联合国防治荒漠化公约》(UNCCD)是防治荒漠化领域的第一个全球性公约，也是国际社会落实 1992 年联合国环境与发展大会所通过的《21 世纪议程》的第一个计划。UNCCD 于 1994 年 6 月通过，并于 1996 年 12 月正式生效，共有 197 个缔约方。其核心目标是由各国政府共同制定国家级、次区域级和区域级行动方案，并与捐助方、地方社区和非政府组织合作，应对荒漠化的挑战。

（一）发展历程

1993 年 5 月至 1994 年 6 月，联合国防治荒漠化公约政府间谈判委员会历经 5 次会议完成了 UNCCD 的谈判。1994 年 10 月 14 日，包括中国在内的 100 多个国家代表在巴黎正式签署 UNCCD。UNCCD 明确将环境保护与社会和经济发展结合起来，指出荒漠化是"各种自然、生物、政治、社会、文化和经济因素的复杂相互作用"造成的，因此防治荒漠化不仅是环境问题，也是社会问题，"需要在可持续发展的框架内"进行综合治理。UNCCD 建立了一套防治荒漠化的国际合作体制，确认了国际合作和南北伙伴关系在防治荒漠化和缓解干旱影响工作中的重要性和必要性，强调要调动广大群众充分参与，突出了科学技术指导在防治荒漠化工作中的重要作用。1996 年 12 月，经全国人大常委会批准，中国正式加入了 UNCCD。

（二）UNCCD 内容

UNCCD 是第一个系统完整地规定荒漠化防治工作的国际公约，它填补了国际环境保护法律在土地退化及荒漠化问题上的空白，为全球荒漠化防治工作提供了一个规范、有序的协调平台。UNCCD 共分为 6 个部分，具体如下：

第一部分是导言，包括相关用语、目标、原则 3 条内容。

第二部分第 4～8 条为总则，对缔约方的义务做了详细规定：具体包括一般义务、受影响国家缔约方的义务、发达国家缔约方的义务、非洲的优先地位、与其他公约的关系等。

第三部分主要分为 3 节：首先，第 9～15 条对有关行动方案的制定实施、方案的协调和支持措施、区域执行附件做了要求；其次，第 16～18 条强调科学和技术合作，包括信息收集、分析和交流、研究与发展，以及技术的转让、获取、改造和开发等内容；最后，第 19～21 条包括能力建设、教育和公众意识，以及资金资源、资金机制等支持措施。

第四部分规定了 UNCCD 相关机构，为第 22～25 条，包括缔约方大会、常设秘书处、科学和技术委员会、机构和组织网络等内容。

第五和第六部分确定了程序和最后条款，分别为第 26～32 条和第 33～40 条，对于提交信息、解决执行问题的措施、争端的解决、附件的地位、公约的修正、附件的通过和修正、表决权、签署、批准、接受、核准和加入等工作做了细致安排。

（三）UNCCD 活动情况

UNCCD 缔约方大会（COP）、公约执行情况审查委员会会议（CRIC）、政府间谈判委员会（CST）每 2 年举办一次。其中，2017 年 9 月在内蒙古鄂尔多斯举办了 COP 13，同年在宁夏举办了第 2 次主席团会议。2019 年 9 月 2 日至 13 日在印度新德里召开了 COP 14。COP 相关活动见表 64.1。

表 64.1　COP 相关活动

序号	COP	CRIC	CST
1	COP 14，新德里，2019 年	CRIC 18，新德里，2019 年	CST 14，新德里，2019 年
2	COP 13，鄂尔多斯，2017 年	CRIC 17，乔治城，2019 年	CST 13，鄂尔多斯，2017 年
3	COP 12，安卡拉，2015 年	CRIC 16，鄂尔多斯，2017 年	CST 12，安卡拉，2015 年
4	COP 11，温得和克，2013 年	CRIC 15，内罗毕，2016	CST 11，温得和克，2013 年
5	COP 10，昌原，2011 年	CRIC 14，安卡拉，2015 年	CST 10，昌原，2011 年
6	COP 9，布宜诺斯艾利斯，2009 年	CRIC 13，波恩，2015 年	CST 9，布宜诺斯艾利斯，2009 年

（四）履约动态

2018 年 8 月 31 日正式结束的 2017—2018 年报告进程是《〈联合国防治荒漠化公约〉2018—2030 年战略框架》下的第一个报告进程。在第 15/COP 13 号决定之后,报告周期将不再是 2 年,而改为 4 年。第 13/COP 13 号和第 15/COP 13 号决定阐述了报告程序和工具以及公约执行情况评审委员会(评审委)在审查报告方面的作用和责任。

在过去 20 年里,对 UNCCD 的国家报告已经发生了巨大变化。从 2018 年起,国家报告监测在执行缔约方大会第 13 次缔约方会议通过的《〈联合国防治荒漠化公约〉2018—2030 年战略框架》方面取得的进展(第 7/COP 13 号决定)。根据这一新的战略框架,国家报告现在涉及两类主要信息:关于生态系统和人口状况、干旱、全球环境效益以及调动资金和有关的五项战略目标方面取得进展的数据;关于支持执行公约的财政资源,以及关于与财政和非财政资源、政策和规划以及实地行动有关的实际执行的叙述——案例故事。

UNCCD 第 14 次缔约方大会于 2019 年 9 月 13 日结束,共有来自世界各地的近 9000 名与会者。缔约方商定了各自在今后两年及以后将采取的行动,以走上可持续发展的道路。经过 11 次高级别会议、30 次委员会会议和 170 多次利益攸关方会议、44 次展览和 126 次附带活动,会议通过了《气候变化和可持续发展问题德里部长宣言》。缔约方在宣言中表示致力于一系列问题,包括性别与健康、生态系统恢复、就气候变化采取行动、私营部门参与、和平森林倡议和在年内恢复 500 万公顷退化土地等。

UNCCD 第 14 次缔约方大会商定了 36 项决定,以便在实地加强和详细制定进一步行动,确保实现 UNCCD 2018—2030 年的目标。其中,达成了一些关键性的共识:

(1) 土地恢复是解决气候变化和生物多样性丧失最廉价的办法;

(2) 如果制定了奖励投资的法规和激励措施,土地恢复就有了商业可行性;

(3) 面对气候变化,干旱防备和应对至关重要。

(五) 研究成果

UNCCD 部分研究成果见表 64.2。

表 64.2 部分研究成果

序号	成果名称(中文)	成果名称(英文)	成果类型	发布时间
1	土地退化、贫穷和不平等	Land Degradation, Poverty and Inequality	报告	2019
2	土地退化中立变革项目和计划:国家支持的业务指南	Land Degradation Neutrality Transformative Projects and Programmes: Operational Guidance for Country Support	报告	2019

序号	成果名称(中文)	成果名称(英文)	成果类型	发布时间
3	类别响应土地退化中立变革项目和计划手册	A Manual for Gender-Responsive Land Degradation Neutrality Transformative Projects and Programmes	报告	2019
4	全球土地展望：拉美及加勒比主题报告：可持续土地管理和气候变化适应	The Global Land Outlook：Latin America and the Caribbean Thematic Report：Sustainable Land Management and Climate Change Adaptation	报告	2019
5	全球土地展望：西非主题报告：土地退化中立：人类安全的好处	The Global Land Outlook：West Africa Thematic Report：Land Degradation Neutrality：Benefits for Human Security	报告	2019
7	全球土地展望：东非主题报告：负责任的土地治理实现土地退化中立	The Global Land Outlook：East Africa Thematic Report：Responsible Land Governance to Achieve Land Degradation Neutrality	报告	2019
8	全球土地展望：东北亚主题报告：实现土地退化中立的伙伴关系	The Global Land Outlook：Northeast Asia Thematic Report：Partnerships to Achieve Land Degradation Neutrality	报告	2019
9	土地退化中立目标设定：初步发现和经验教训	Land Degradation Neutrality Target Setting：Initial Findings and Lessons Learned	报告	2019
10	土地管理和干旱减灾科学政策简报	Land Management and Drought Mitigation Science-Policy Brief	报告	2019
11	土壤有机碳估算和管理工具科学政策简报	Tools for Soil Organic Carbon Estimation and Management Science-Policy Brief	报告	2019
12	森林和树木：土地退化中立的核心	Forests and Trees：At the Heart of Land Degradation Neutrality	报告	2019
13	土地干旱关系加强陆地干预措施在干旱减灾和风险管理中的作用	The Land-Drought Nexus Enhancing the Role of Land-Based Interventions in Drought Mitigation and Risk Management	报告	2019
14	为土地退化创造一个有利环境中立及其对改善福祉、生计和环境的潜在贡献	Creating an Enabling Environment for Land Degradation Neutrality and Its Potential Contribution to Enhancing Well-Being, Livelihoods and the Environment	报告	2019
15	实现可持续土地管理实践的碳效益在土地退化中性计划和监测背景下土壤有机碳估算指南	Realising the Carbon Benefits of Sustainable Land Management Practices Guidelines for Estimation of Soil Organic Carbon in the Context of Land Degradation Neutrality Planning and Monitoring	报告	2019

(六)重点出版物译介

1.《全球土地展望:东北亚主题报告:实现土地退化中立的伙伴关系》(The Global Land Outlook:Northeast Asia Thematic Report:Partnerships to Achieve Land Degradation Neutrality,2019)

报告以东北亚为研究对象,分9章研究了东北亚土地退化和治理情况。内容包括区域合作、荒漠化现状、绿化与景观修复、草原和牧场管理、跨界保护区、金融创新、可持续价值链等。其中重点研究了中国三北防护林、京冀沙尘暴、义务植树行动、退耕还林、蚂蚁森林、枸杞产业发展以及蒙古绿墙计划、蒙古图吉因纳尔斯森林修复、朝鲜半岛山地生态系统等实例。报告认为区域合作对于解决土地退化、干旱威胁(DLDD)和沙尘暴(SDS)的影响往往是跨界的,它们不仅是一个国家问题,而且是一个区域问题,区域合作对于解决 DLDD 和 SDS 至关重要。

2.《土壤有机碳估算和管理工具科学政策简报》(Tools for Soil Organic Carbon Estimation and Management Science-Policy Brief,2019)

简报认为可以通过荒漠化土地的治理恢复来扭转同一区域内的其他地方的土壤退化,实现土地退化平衡(LDN);避免和减少退化的主要工具是可持续土地管理方法(SLM)及相关技术的应用;由于土壤有机碳(SOC)对土地质量管理具有较高的敏感性,且是衡量 LDN 的三大全球指标之一,因此预测和监测 SOC 的变化对于实现 LDN 目标至关重要。报告简述了 SOC 监测和预测的技术方法,评价了 SOC 数据可用性和相关工具/模型性能对 SLM 影响,并认为有针对性的 SOC 估算投资至关重要。

3.《实现可持续土地管理实践的碳效益在土地退化中性计划和监测背景下土壤有机碳估算指南》(Realising the Carbon Benefits of Sustainable Land Management Practices Guidelines for Estimation of Soil Organic Carbon in the Context of Land Degradation Neutrality Planning and Monitoring,2019)

该报告为估算土壤有机碳提供了决策指导,有助于实现可持续的土地管理,保持或增加土壤中的碳,实现土壤修复。报告提供了一个框架和一套决策系统:一是帮助各国找到适合自身的可持续土地管理做法和方法,以维持或加强存量土地的可持续发展管理;二是评估和监测可持续土地管理政策,以支撑土地利用规划。它还提供了一份用于评估和选择可持续土地管理技术的工具和模型,包括监测从地方到中央各级的可持续土地管理方法。

联合国气候变化框架公约(UNFCCC)

类　　　型：联合国公约
所　在　地：德国波恩
成立年份：1992 年
执行秘书：帕特里夏·埃斯皮诺萨(Patricia Espinosa)
网　　　址：https://www.unfccc.int

气候变化秘书处是《联合国气候变化框架公约》(UNFCCC,简称《气候公约》)和《京都议定书》的秘书处。目前已有 189 个国家加入了《气候公约》,197 个国家成为《京都议定书》的签约国。《气候公约》和《京都议定书》分别于 1994 年和 2005 年生效。

《气候公约》和《京都议定书》的最终目的是将大气中的温室气体含量稳定在一定水平,防止人为活动对气候系统造成危险的干扰。在实现这一目标的过程中,必须留有充足的时间让生态系统自然地调整到能适应气候变化,确保食物生产不受威胁,并使经济以可持续的姿态向前发展的状态。

《气候公约》认识到,在推进可持续发展的进程中可能会要求提高能源利用率,控制温室气体排放,因此能源消耗量将增长。《京都议定书》在这方面更进了一步,要求相关部门(包括能源部门)实施带有缓和气候变化之举措的项目。

(一)《气候公约》的重要能源活动

能源部门在努力减轻气候变化方面起着重要作用。《气候变化和可持续发展问题德里部长宣言》在 2002 年可持续发展问题世界首脑会议结束不久即被采用。这一宣言在发展可再生能源和更清洁的矿物燃料方面将能源问题提上了《气候公约》的议程。

"附件一"国家(即被列在《气候公约》附件一中的各工业化国家)每年向气候变化秘书处递交本国温室气体排放的详细报告。其中,能源造成的温室气体排放量约占"附件一"国家温室气体排放总量的84%。发展中国家汇报各自温室气体排放量相比之下并不那么频繁。但根据它们提交的最近一次排放量报告,能源造成的排放量占了总量的60%。

《气候公约》的各签约国定期递交报告,以气候变化国家信息通报形式汇报本国关于气候变化的政策。"附件一"国家汇报得更为频繁(第四份政策报告在2006年1月1日之前上交)。这些报告经过再次检查和综合,提供了该国气候政策的总貌;这些政策与能源政策有着密切的联系。能源方面政策的主要目标包括保护环境,促进经济高效能源供应和使用,并加强能源供应的安全性。

气候变化作为几乎所有国家的政策对象,其重要性日益增强。与气候相关的政策主要以控制二氧化碳排放为目标,但也注重减少其他与能源相关的气体排放。目前几乎所有国家均实行新的强制性政策,包括对能源和二氧化碳课税,达成的协议要有环境许可证,碳排放权交易计划,设定能源利用率标准和投资组合标准,对制造可再生或混合性热能的能源实现限额供给,以及其他为减少排放提供资金激励的新政策。

然而,有些部门没有把重点放在降低排放量上。虽然交通运输是气体排放最大的来源之一,可以说它也是大多数国家增长得最快的一个方面,但是能在控制排放方面取得显著成果的政策和措施则较少。

在《气候公约》的敦促下,各国政府对以下两点较为重视:① 促进国际合作,在能源方面发展和传播创新技术;② 通过私营部门,以市场为主导的方式,或支持性的国家政策来促进投资。在技术发展、部署和知识交流方面的合作是《气候公约》的主要内容,一个专门的技术转让框架也因此形成。该框架中的技术转让范围涉及包括能效和能源供应在内的所有方面。此外还成立了专家组,专为决策者提供相关领域的建议。

受《京都议定书》约束的各机构以项目(清洁发展机制和联合履约机制)为基础,允许由"附件一"国家确定数量并实施相关项目,以兑现减少气体排放的承诺。2006年2月中旬注册的93个项目中,有一半以上都是关于能源的。

(二) 什么是清洁发展机制?

根据清洁发展机制,发展中国家的减排计划可获得核证减排量信用额,每个信用额代表1吨二氧化碳。核证减排量可在市场上进行交易和买卖。借此,工业化国家可完成一部分《京都议定书》批准的减排目标。

该机制促进可持续发展和废气减排,同时允许工业化国家灵活地完成减排目标。

　　清洁发展机制是《气候公约》中适应基金的主要收入来源。设立适应基金旨在资助发展中国家适应气候变化的项目和计划，这些国家多为《京都议定书》缔约方，较易受到气候变化造成的负面影响。清洁发展机制负责批准核证减排量，核证减排量收入的 2% 作为税款上缴适应基金。

保护迁徙野生动物物种公约（CMS）

类　　型：联合国公约
所 在 地：德国波恩
成立年份：1979 年
执行秘书：艾米·弗兰克尔（Amy Fraenkel）
网　　址：https://www.cms.int

　　《保护迁徙野生动物物种公约》（CMS）是由联合国大会批准，联合国环境规划署（UNEP）主持形成的环境生态类公约，它于 1979 年 6 月 23 日签订于德国波恩，又名《波恩公约》。公约 1983 年 11 月 1 日生效，旨在为迁徙动物及其栖息地的保护和可持续发展提供了一个全球平台，截至 2021 年 1 月 1 日，已有 132 个缔约方。中国、美国、加拿大、俄罗斯和日本等国尚未加入。

（一）发展历程

　　第一阶段，概念提出。CMS 概念始于 1972 年斯德哥尔摩人类环境会议，会议的主要成果包括建立联合国环境规划署的决定，并承认需要一项保护迁徙物种的国际文书。1974 年，联合国环境规划署授权德国政府起草文书草案。

　　第二阶段，谈判和生效。缔结 CMS 的谈判于 1979 年 6 月在德国波恩举行，最终达成共识并签署。CMS 于 1983 年 11 月 1 日生效。CMS 秘书处位于莱茵河畔，德国为 CMS 保存人。

　　第三阶段，发展壮大。在随后的数十年中，缔约方的数量不断增加，总数现已超过 120 个，并且对拉丁美洲和亚洲等地区的吸引力日益增加。

（二）CMS 内容

　　第 1、2 条为 CMS 的相关解释和原则，解释迁徙物种、保护状态、缔约方等词条的含义，明确缔约方的义务等基本协定。第 3、4 条为濒危迁徙物种和将成为协定主体的迁徙物种,该部分与附录共同作用,列入了通过 CMS 保护的迁徙野生动物物种的名录。其中附录一列入了被确定为在整个分布区或大部分分布区濒临灭绝的野生动物物种,这些被列入迁徙物种生境国家的缔约国必须采取严格的保护措施。附录二列入了处于不利保护状态或通过国际合作其保护状态将明显改善的物种,对于这些物种,可以缔结和管理迁徙野生物种的全球或地区协定。缔约方可以为保护附录中的迁徙动物物种开展联合研究和监测,以及其他合作活动。第 5 条是 CMS 的指导方针,包括 CMS 的目标、保护物种确定的原则、协商机制及其范围等内容。第 6~9 条主要介绍了 CMS 的组织机构,包括缔约方、缔约方大会、科学委员会、秘书处等责任方和机构的构成、工作周期、职责等。第 10、11 条是 CMS 及附录的修正。第 12、13 条规定了 CMS 履行与其他国际公约和国际法规的关系,及缔约方争端的解决。第 14~20 条为 CMS 的程序性规定问题,包括 CMS 的保存和保存国规定,CMS 的签署、批准、加入和退出程序等。

(三) CMS 活动情况

CMS 第 7 条确定缔约方会议(COP)是 CMS 的决策机关,大会一般每 3 年召开 1 次(表 66.1),如有 1/3 以上的成员国提出书面请求时,可以随时召开特别会议。

常务委员会(STC)通常在缔约方会议闭幕之后举行,它通常每年举行 1 次。委员会由每个全球区域、委托国、主办上一届缔约方会议的国家以及计划主办下一次缔约方会议的国家的代表组成,会员人数最多的两个地区(欧洲和非洲)各有 3 名代表,中南美洲和加勒比地区以及亚洲均为 2 名,大洋洲 1 名,北美没有缔约方。

CMS 第 8 条规定设立科学理事会(SCC),理事会由缔约方和缔约方会议任命的成员组成,会期在两次连续缔约方会议之间,其成员中,9 名由缔约方会议任命,15 名在其他区域内选出,其中非洲、亚洲、欧洲、大洋洲、美洲各 3 名。

表 66.1 CMS 会议情况

序号	COP	STC	SCC
1	COP 12,菲律宾,2017 年	STC 49,德国,2018 年	SCC-SC,德国,2019 年
2	COP 11,厄瓜多尔,2014 年	STC 48,菲律宾,2017 年	SCC-SC,德国,2018 年
3	COP 10,挪威,2011 年	STC 47,菲律宾,2017 年	SCC-SC,德国,2017 年
4	COP 9,意大利,2008 年	STC 46,德国,2016 年	SCC-SC,德国,2016 年
5	COP 8,肯尼亚,2005 年	STC 45,德国,2015 年	SCC 18,德国,2014 年

(四) 履约动态

CMS 生效至今已 40 余年,附录一已列入了 100 多个物种;针对附录二物种,已达成了 7 个地区协定和 19 个谅解备忘录。各缔约国按照 CMS 的规定,不同程度地制定了相应的法律,采取了许多保护陆地、海洋和空中迁徙动物物种的措施,取得了一定的成效。

CMS 第 11 次缔约方会议的口号是:"该是行动的时候了!"各缔约方对此也做出了积极的反应。大会将 31 个物种增加到了附录中,创造了历史新高,反映了缔约方对保护迁徙野生动物物种的新的承诺。大会还通过了《中亚哺乳动物行动方案》(The Central Asian Mammals Initiative),为迁徙物种分布区国家保护迁徙物种提供了一个新的合作模式。第 11 次缔约方会议通过了强调探索 CMS 系统内部和与其他公约协调重要性和利益的决议,例如,关于野生动物犯罪的决议及合作和协调的决议。

CMS 第 12 次缔约方会议于 2017 年 10 月在菲律宾马尼拉举行,会议的口号是"他们的未来就是我们的未来——野生动物和人类的可持续发展",与 2015 年世界各国政府商定的可持续发展目标相关联,以消除贫困和饥饿、改善健康和教育、应对气候变化和保护海洋、森林。会议特别强调迁徙动物作为食物和药物的来源,作为传粉媒介和种子传播者,作为害虫控制的手段来满足人们日常服务。会议提出一个理念,即将自然保护事业的中心放在关于地球未来及人类和动物的命运中讨论。

(五) 研究成果

CMS 部分研究成果见表 66.2。

表 66.2 部分研究成果

序号	成果名称(中文)	成果名称(英文)	成果类型	发布时间
1	印度洋红海龟和棱皮龟卵中金属元素的首次报告	First Report of Metallic Elements in Loggerhead and Leatherback Turtle Eggs from the Indian Ocean	文章,技术报告	2018
2	减少鲸类误伤和纠缠物风险的方法综述	Review of Methods Used to Reduce Risks of Cetacean Bycatch and Entanglements	技术规程	2018
3	灰秃鹰飞行路线行动计划(CVFAP)	Cinereous Vulture Flyway Action Plan (CVFAP)	技术规程	2017
4	《CMS 儒艮谅解备忘录》关于捕获儒艮及副产品的问卷最终报告	CMS Dugong MOU Standardised Dugong Catch and Bycatch Questionnaire Final Report	技术报告	2017

序号	成果名称（中文）	成果名称（英文）	成果类型	发布时间
5	保护非洲-欧亚秃鹫的多物种行动计划	Multi-Species Action Plan to Conserve African-Eurasian Vultures	技术规程	2017
7	保护非洲野生驴（*Equus africanus*）的路线图 2017—2027	Road Map for the Conservation of the African Wild Ass（*Equus africanus*）2017—2027	技术规程	2017
8	大西洋种群（*Monachus monachus*）现状和保护进展	Up-Date of the Status and Conservation Progress in the Atlantic Populations（*Monachus monachus*）	技术报告	2016
9	海龟资源利用和保护的社会、经济和文化意义	Socio-Economic and Cultural Implications of Marine Turtles Use and Conservation	技术报告	2014

（六）重点出版物译介

1.《印度洋红海龟和棱皮龟卵中金属元素的首次报告》(First Report of Metallic Elements in Loggerhead and Leatherback Turtle Eggs from the Indian Ocean,2018)

监测海龟等长寿动物的污染物是研究生态毒理学的重要手段。本报告首次报道了印度洋海龟蛋中的金属元素，针对常见的 30 个元素，分析了南非印度洋海岸繁殖的棱背龟和红海龟的卵，发现印度洋红海龟的卵壳及其内容物的金属浓度高于棱皮龟（除锶之外），其原因尚不清楚。与其他研究相比，发现卵壳和内容物中的元素浓度相同或更低，原因是两个物种的卵内容和卵壳浓度的差异可能源于不同的营养水平、迁移模式、生活史、年龄、生长环境以及不同物种对污染源的差异吸收。需要进一步对持久性有机污染物进行分析，以及研究基于成分差异模式的可能偏差。

2.《保护非洲-欧亚秃鹫的多物种行动计划》(Multi-Species Action Plan to Conserve African-Eurasian Vultures,2017)

秃鹫是生物多样性的重要组成部分，它们通过清理环境中的腐尸和其他有机废物来提供关键的生态系统服务。本技术准则提供了全面的战略保护计划，涵盖 15 种非洲-欧亚秃鹰的地理范围（128 个地区），并提倡协调合作的国际行动来保护秃鹫的生物多样性。其目的是快速制止秃鹫数量的减少，包括将每个子物种的保护状况恢复到良好水平，并提供适用于所有山地国家的保护管理准则。其技术准则是与相关国家、利益相关者、生物保护专家和物种专家进行广泛磋商的结果。

3.《保护非洲野生驴 *Equus africanus* 的路线图 2017—2027》[Road Map for the Conservation of the African Wild Ass (*Equus africanus*)2017—2027,2017]

非洲野驴对干旱生态系统起着至关重要的作用,可以作为重要景观和物种保持的重要物种。为保护非洲野驴种群,CMS 于 2017 年出版本技术报告,给出保护非洲野生驴的路线图,该路线图的目标是从广义上概述非洲野驴的地理分布范围、种群、栖息地和生态环境,以及它们面临的威胁。报告内容主要包括简介、状态调查、威胁、保护和保护路线图 5 个部分。该路线图以 2017 年 3 月在德国波恩举行的 Range State 会议上讨论的信息和随后的评论过程为基础,其中包括有关该物种的背景资料、当前威胁的概要以及保护措施建议,为厄立特里亚和埃塞俄比亚制定了具体目标和行动。

欧洲经济委员会在环境问题上获得信息、公众参与决策和诉诸法律的公约 (The UNECE Convention on Access to Information, Public Participation in Decision-Making and Access to Justice in Environmental Matters)

类　　型：联合国公约
所 在 地：瑞士日内瓦
成立年份：1998 年
执行秘书：埃拉·贝利亚罗娃(Ella Behlyarova)
网　　址：https://unece.org/environment-policy/public-participation

　　1998 年 6 月 25 日,联合国欧洲经济委员会在丹麦奥胡斯市举行的"欧洲环境"第四次部长级会议上通过了《欧洲经济委员会在环境问题上获得信息、公众参与决策和诉诸法律的公约》(简称《奥胡斯公约》),公约于 2001 年生效,有 47 个缔约方。《奥胡斯公约》与《污染物排放和转移登记制度议定书》共同成为具有法律约束力的环境民主文书,其主题涉及人与政府之间的核心关系。它不仅是一项环境协定,也是一项关于政府问责制、透明度和回应性的公约,它赋予公共权利,并赋予缔约方和公共当局在获取信息和公众参与以及诉诸司法方面的义务。

(一)发展历程

1998 年 6 月 25 日,联合国欧洲经济委员会在丹麦奥胡斯市举行的"欧洲环境"第四次部长级会议上通过了《奥胡斯公约》。2001 年,《奥胡斯公约》正式生效。

(二)公约内容

《奥胡斯公约》的主题包括获取信息、公众参与和诉诸司法 3 个部分。强调了公众在环境问题上参与的重要性和从公共当局获得环境信息的权利,详尽地规定了环境信息的范围、信息公开的程序、豁免事由、救济措施等内容。其条约宗旨在于,为了解决环境污染与破坏问题、保护人类的环境健康权,有必要将民众获得环保相关情报、参与行政决定过程与司法等措施制度化。具体重点包括:

- 将环境权与人权联系起来;
- 承认我们对后代负有义务;
- 只有所有利益相关者的参与才能实现可持续发展;
- 将政府责任与环境保护联系起来;
- 着眼于民主背景下民众与官方之间的互动。

(三)公约活动

缔约方大会是《奥胡斯公约》的主要理事机构,它由所有缔约方组成。缔约方大会的任务是审查公约的执行情况,并采取必要措施以实现公约的目的。缔约方成立了工作小组,工作会议每年举行 1 次,负责监督缔约国会议之间的工作方案、对公约的执行情况。《奥胡斯公约》主要会议见表 67.1。

表 67.1 《奥胡斯公约》主要会议

序号	缔约方大会	工作会议
1	第 6 次,布德瓦,2017 年	第 23 次,日内瓦,2019 年
2	第 5 次,马斯特里赫特,2014 年	第 22 次,日内瓦,2018 年
3	第 4 次,基希讷乌,2011 年	第 21 次,日内瓦,2017 年
4	特别会议,日内瓦,2010 年	第 20 次,日内瓦,2016 年
5	第 3 次,里加,2008 年	第 19 次,日内瓦,2015 年

(四)履约动态

《奥胡斯公约》缔约方工作组第 22 次会议于 2018 年 6 月 19 日至 21 日在日内瓦举行,工作组审查了实施 2015—2017 工作方案的进展情况,并讨论若干项目,包括在促进获取信息、公众参与和诉诸司法方面取得的进展,以及批准公约的情况。会议还讨论了关于转基因生物的修正案、财务问题、相关发展等内容。会议期间举行了两次关于获取信息和促进在国际实施公约的专题会议。

2017年9月,《奥胡斯公约》第6次会议在布德瓦举行,缔约方、签署国、国际组织、民间社会和利益攸关方参加了会议。会议广泛探讨了在促进有效获取信息、公众参与决策和诉诸司法方面的成就和挑战。

2011年12月,在阿联酋总统哈利法·本·扎耶德·阿勒纳哈扬的支持下,阿布扎比(EAD)环境局与联合国环境规划署合作举办了首届"地球之眼"峰会。会议号召全球领导者和决策者继续努力提供新的解决方案,使得所有需求者可以获得环境数据和信息。会议取得了一系列成果,包括《关于"地球之眼"峰会的宣言》和8项特别倡议。

2008年12月,经济合作与发展组织举行了《奥胡斯公约遵守程序》培训,目的是提高非政府环境组织使用《奥胡斯公约》能力。来自22个国家的28个非政府组织代表参加了培训。

(五) 研究成果

《奥胡斯公约》常设业务部门与发展中国家、私营部门和捐助者、全球缔约国积极合作,着重土地保护与沙漠化防治研究,并取得了一些研究成果(表67.2)。

表67.2 部分研究成果

序号	成果名称(中文)	成果名称(英文)	成果类型	发布时间
1	衡量绿色经济中森林的价值	Measuring the Value of Forests in a Green Economy	报告	2018
2	奥胡斯公约:实施指南(第二版)	The Aarhus Convention: An Implementation Guide (2nd Edition)	指南	2014

(六) 重点出版物译介

1.《全球土地展望:东北亚主题报告:实现土地退化中立的伙伴关系》(The Global Land Outlook: Northeast Asia Thematic Report: Partnerships to Achieve Land Degradation Neutrality,2019)

内容介绍参见"联合国防治荒漠化公约(UNCCD)"。

2.《土壤有机碳估算和管理工具科学政策简报》(Tools for Soil Organic Carbon Estimation and Management Science-Policy Brief,2019)

内容介绍参见"联合国防治荒漠化公约(UNCCD)"。

3.《衡量绿色经济中森林的价值》(*Measuring the Value of Forests in a Green Economy*,2018)

为探索科学的林业资产经济核算方法,欧洲经济委员会于 2018 年出版了《衡量绿色经济中森林的价值》。本书介绍了与绿色经济有关的定义和概念,以及国际开发的评估方法,尤其是自然资产会计方法,并以此方式探索了将林业核算方法与广泛使用的方法相结合的方式。最后,还就如何衡量森林部门对绿色经济的贡献提出了初步建议。本书共有 5 章,第 1 章介绍了林业如何为绿色经济做出贡献,以及如何衡量这一贡献;第 2 章为绿色经济相关定义和概念;第 3 章主要介绍了几种国际上常见的绿色经济评估方法;第 4 章是自然资本评估方法;第 5 章是评估系统概述,包括森林部门制定的标准、指标,以及可用于衡量林业部门在实现绿色经济发展方面取得的进展。

埃斯波公约
（EIA）

类　　型：联合国公约	
所 在 地：瑞士日内瓦	
成立年份：1991 年	
执行秘书：提·奥拉沃（Tea Aulavuo）	
网　　址：https://unece.org/environment-policy/environmental-assessment	

为避免各类跨区域的环境威胁，联合国欧洲经济委员会通过了《埃斯波公约》（又称《跨界环境影响评价公约》），并于 1997 年正式生效。公约规定了缔约方需要在工作规划的早期阶段评估此项工作活动带来的环境影响，要求各国应该就所有正在审议的可能对跨界环境产生重大不利影响的重大项目做到相互通知和协商。

（一）发展历程

1987 年，欧洲经济委员会专家组在华沙举行了一次环境影响评估研讨会，同意由高级顾问制定一项跨界环境影响评估框架协议。此后，从 1988 年 10 月至 1990 年 9 月，就此主题欧洲经济委员会共举行了 6 次谈判会议。

1991 年，欧洲经济委员会在芬兰埃斯波举行的第四届高级顾问会议通过了《埃斯波公约》，公约得到欧洲经济委员会 41 个成员国签署，并于 1997 年生效。

2001 年，《埃斯波公约》第一修正案获得通过，允许非欧洲经济委员会成员的联合国会员国加入公约。第二修正案于 2004 年获得通过，酌情允许受影响的缔约方参与范围界定、合规性审查、修订附录一等活动。公约修正案通过后，塞尔维亚、哈萨克斯坦、吉尔吉斯斯坦加入其中。

2003 年，在乌克兰基辅市举行的公约缔约方特别会议通过了《战略环境评估议定书》，并于 2010 年 7 月 11 日生效。议定书强化了《埃斯波公约》，一般被认为是该公约的补充部分。

(二)公约内容

1. 各缔约国实施跨界环境影响评价的义务

各缔约国应当根据《埃斯波公约》,对拟议的、有可能产生重大跨界影响的项目进行项目前的环境影响评价。

2. 来源国的通知义务

跨界环境影响来源国有义务将拟议中的可能造成重大不利影响的项目通知受影响国,受影响国应在通知所限定的时间范围内答复来源国,决定自己是否参与来源国的环境影响评价。根据《埃斯波公约》附录一、二内容,当来源国计划进行拟议活动决策时,即负有启动公约规范程序的义务。依照公约规定,来源国对于可能产生重大不利环境影响的活动,必须在通知其本国国民之时,优先通知可能遭受该活动影响的国家。通知的内容应包括:项目的信息、可能影响项目的有关决定、受影响国家的回复期限等。

3. 来源国的跨界环境影响评价资料提供义务

项目来源国应当向受影响国提供有关跨界环境影响评价程序的资料,来源国也可以请求受影响国提供其可能受到的环境影响的资料。同时,项目所涉及的缔约方应当通知受影响地区的公众。为公众参与跨界环境影响评价程序提供便利条件,并将公众参与环境影响评价的结果告知项目来源国,作为来源国环境影响评价报告形成的一项依据。一旦受影响国表示欲参加环境影响评价,来源国还应提供以下信息:环境影响评价程序的相关信息,包括意见传达的期限、拟议活动的相关资料和其可能产生的负面影响。

4. 来源国制定跨界环境影响评价报告的义务

项目来源国有义务制定环境影响评价报告,报告中应当包含对拟议项目的内容、目的、替代方法、对环境可能产生的影响、潜在影响、严重程度、缓解措施等内容。同时,根据《埃斯波公约》第4条,除了将报告送予来源国负责机关以外,在做出最后决定之前,相关国家皆应该向受影响国提供环评结果,并使受影响地区的国民获知环境影响评价的结果,并将他们对报告的反馈至项目来源国。

5. 来源国和受影响国的协商义务

跨界环境影响评价报告完成后,项目来源国应当与受影响国进行协商,研究减缓或消除不利影响的措施。项目来源国将根据跨界环境影响评价报告的结果做出最后决定,并将决定的内容和依据缘由通知受影响国。根据《埃斯波公约》第5条,协商程序可就下列议题进行讨论:第一,对环境有重大影响活动的替代方案,包括其他的方案或由来源国承担的监控措施;第二,双方关于环境影响的共同合作;第三,其他与活动相关的适当事务。

(三) 公约活动

《埃斯波公约》规定,缔约方会议可以在认为必要的非预定时间举行,或应某缔约方的书面请求举行,但该请求应得到至少1/3缔约方的支持。会议主要内容包括:审查缔约方环境影响评估的政策和方法,以期进一步改进跨界环境影响评估程序;就缔结和执行跨界环境影响评估的双边和多边协定,交流经验信息;酌情寻求主管国际机构和科学委员会的技术方面的支持;审议并在必要时通过对公约的修正提案;考虑并采取实现公约宗旨可能需要的任何额外行动等。

除缔约方会议外,《埃斯波公约》还有签署国会议、履行委员会会议等(表68.1)。

表68.1 《埃斯波公约》缔约方会议

序号	缔约方会议	签署国会议	履行委员会会议
1	中间会议,日内瓦,2019年	第3次会议,日内瓦,2010年	第45次,2019年9月
2	第7次,明斯克,2017年	第2次会议,日内瓦,2005年	第44次,2019年3月
3	第6次,日内瓦,2014年	第1次会议,日内瓦,2004年	第43次,2018年12月
4	第5次,日内瓦,2011年	第1次会议第2次筹备会议,日内瓦,2004年	第42次,2018年9月
5	第4次,布加勒斯特,2008年	第1次会议第1次筹备会议,日内瓦,2003年	第41次,2018年3月

(四) 履约动态

(1) 欧洲经济委员会将资助260万美元,进一步支持亚美尼亚、阿塞拜疆、白俄罗斯、格鲁吉亚、摩尔多瓦和乌克兰(公约缔约国)加强环境评估,这一资助将由"欧洲环境联盟"于2019—2022年提供。

(2) 2019年5月22—24日,为支持东欧和高加索地区国家改善土地利用规划和工业安全程序,欧洲经济委员会在摩尔多瓦基希讷乌主办了东欧和高加索地区土地使用规划和工业安全讲习班。讲习班汇集了土地规划、工业安全、环境评估等领域的40多名专家,与东欧和高加索地区国家代表交流了经验、典型做法和面临的挑战,并商定了这一领域未来的发展方向。

(3) 2016—2018年期间,在欧洲经济委员会联合项目的框架内,哈萨克斯坦实施了海洋环境评估、《环境影响评估法》起草和海洋环境评估试点(支持哈萨克斯坦向绿色经济模式过渡)项目,并于2018年11月向该国议会提交了一揽子法律修正案。此项工作是根据欧洲经济委员会的《埃斯波公约》及《战略环境评估议定书》设置,并在其帮助下完成的。

(4)2017年11月,第8次欧洲环境部长级会议在格鲁吉亚巴统市举行,各国分享了迄今取得的工作进展和对挑战的见解。他们还审议了关于可持续发展目标的相关承诺。与会代表强调:为实现《公约》目标,愿意承诺并采取统一的行动——《巴统绿色经济倡议》和《巴统清洁空气行动(BACA)》。

(五)研究成果

《埃斯波公约》相关方的部分研究成果见表68.2。

表68.2 部分研究成果

序号	成果名称(中文)	成果名称(英文)	成果类型	发布时间
1	《战略环境评估议定书》应用教员手册	*Manual for Trainers on Application of the Protocol on Strategic Environmental Assessment*	专著	2018
2	《战略环境评估议定书》执行情况二次审查报告(2013—2015年)	Second Review of Implementation of the Protocol on Strategic Environmental Assessment (2013—2015)	报告	2018
3	土地利用规划、危险活动选址和相关安全问题的指南	Guidance on Land-Use Planning, the Siting of Hazardous Activities and Related Safety Aspects	指南	2017
4	关于将公约适用于核能相关活动的良好实践建议	Good Practice Recommendations on the Application of the Convention to Nuclear Energy-Related Activities	报告	2017
5	欧洲经济委员会《埃斯波公约》《战略环境评估议定书》和可持续发展目标	UNECE Espoo Convention, the Protocol on SEA and SDGs	宣传册	2017

(六)重点出版物译介

1.《〈战略环境评估议定书〉应用教员手册》(*Manual for Trainers on Application of the Protocol on Strategic Environmental Assessment*,2018)

《〈战略环境评估议定书〉应用教员手册》是在欧盟资助的"东部地区绿色经济"项目框架内编写的,起始是作为欧洲经济委员会6个成员国——亚美尼亚、阿塞拜疆、白俄罗斯、格鲁吉亚、摩尔多瓦和乌克兰的培训材料。该手册内容重在强调提高各方执行《埃斯波公约》和《联合国欧洲经济委员会(欧洲经委会)海洋议定书》的能力。手册正文包括两部分,分别为"战略环境评估教学模块"和"如何开展和实施战略环境评估培训"；附件包括三个部分，分别为海洋、环境影响评价和国家生态专长之间的联系说明等 16 个附件，海洋变化层级等 10 套数据，以及教学模块与主题之间的联系等 34 张附表。

2.《欧洲经济委员会〈埃斯波公约〉〈战略环境评估议定书〉和可持续发展目标》（UNECE Espoo Convention，the Protocol on SEA and SDGs，2017）

宣传册由欧洲经济委员会秘书处编写，介绍了《埃斯波公约》及《战略环境评估议定书》，以及如何努力实现可持续发展目标的一些例子。宣传册主要包括三方面内容：一是《埃斯波公约》和议定书为环境和健康问题的统筹，以及相关部门的计划、方案、政策和立法活动提供了一个明确的法律框架和程序。二是《2030年可持续发展议程》提出的目标之一，即消除贫困、保护地球和人类繁荣，包括具体 17 项可持续发展目标。三是提到《埃斯波公约》及其议定书为实现《2030 年可持续发展议程》做出了积极贡献。

3.《土地利用规划、危险活动选址和相关安全问题的指南》（Guidance on Land-Use Planning，the Siting of Hazardous Activities and Related Safety Aspects，2017）

编者在欧洲投资银行和欧盟银行的支持下，与欧洲经济委员会《工业事故公约》《埃斯波公约》及《战略环境评估议定书》三项法律文书的拥护者合作，制定了《土地利用规划、危险活动选址和相关安全问题的指南》。该指南旨在协助缔约方更有效地减轻可能发生的工业事故的影响，以及事故对人类健康、环境和文化遗产的影响。在第一部分中列举了相关实例，并建议将工业安全纳入环境评估和土地利用规划；强调了三项法律文书与其他文书之间的重要联系、协同作用和互补性（其中包括《奥胡斯公约》），旨在协助当局和从业人员使用这些条款。技术指南（第二部分）重点突出了环境风险方面的内容。

保护世界文化和自然遗产公约(WHC)

类 型：联合国公约
所 在 地：法国巴黎
成立年份：1972 年
秘 书 长：阿布尔法斯·加拉耶夫（Abulfas Garayev）
网 址：http://whc.unesco.org/en/convention/

《保护世界文化和自然遗产公约》（WHC，简称《世界遗产公约》）于 1972 年经联合国教科文组织大会通过。该公约的管理机构为联合国教科文组织的世界遗产委员会，该委员会于 1976 年成立，并建立了《世界遗产名录》。被世界遗产委员会列入《世界遗产名录》的地方将成为世界名胜，可受到世界遗产基金提供的援助，可由有关单位招徕和组织国际游客开展游览活动。

（一）发展历程

第一次世界大战后，世界各国陆续涌现出保护文化和自然遗址的意识。20世纪中叶，埃及计划在尼罗河建造阿斯旺大坝的决定引起国际社会特别关注。大坝的建成将淹没包含古埃及文明宝藏——阿布辛贝神庙的山谷。1959 年，在埃及和苏丹政府的呼吁下，联合国教科文组织发起了一项国际保障运动，加快尼罗河洪水泛滥地区的考古研究。因此，阿布辛贝神庙和菲莱神庙得以安全拆除，被移至安全地区进行重新组建。本次研究耗资约 8000 万美元，其中大约一半费用由约 50 个国家捐赠，这表明了各国在保护杰出文化遗址方面的共同责任以及团结的重要性。联合国教科文组织在国际古迹遗址理事会（ICOMOS）的帮助下，开始起草保护文化遗产公约草案。

1965 年，在华盛顿特区举行的白宫会议上与会代表呼吁建立"世界遗产信托基金"，以促进国际合作，保护"当今世界公民的现在和未来的世界一流自然和风景名胜区和历史遗迹"。1968 年，世界自然保护联盟为其成员提出了类似的建议。以上建议均于 1972 年提交给在斯德哥尔摩举行的联合国人类环境会议。

1972 年 11 月 16 日,联合国教科文组织大会通过了《保护世界文化和自然遗产公约》。1985 年中国加入该公约。当前,公约缔约国达到 193 个。

(二) 公约内容

《世界遗产公约》共分为 8 部分,38 个条款。规定了文化遗产和自然遗产的定义,文化遗产和自然遗产的国家保护和国际保护措施等条款。公约规定了各缔约国可自行确定本国领土内的文化和自然遗产,并向世界遗产委员会递交其遗产清单,由世界遗产大会审核和批准。凡是被列入世界文化和自然遗产的地点,都由其所在国家依法严格予以保护。

第一部分,文化遗产和自然遗产的定义,第 1~3 条。

第二部分,文化遗产和自然遗产的国家保护和国际保护,第 4~7 条。

第三部分,保护世界文化遗产和自然遗产政府间委员会,第 8~14 条。

第四部分,保护世界文化遗产和自然遗产基金,第 15~18 条。

第五部分,国际援助的条件和安排,第 19~26 条。

第六部分,教育计划,第 27~28 条。

第七部分,报告,第 29 条。

第八部分,最后条款,第 30~38 条。

为推进《世界遗产公约》的执行,世界遗产委员会制定《世界遗产公约操作指南》,旨在促进公约的实施,并指导缔约国开展相关具体的工作。具体包括:将遗产列入《世界遗产名录》或《濒危世界遗产名录》,世界遗产的保存和保护,世界遗产基金提供的国际援助,调动国家和国际力量支持公约的履行。

世界遗产委员会不定期地对《世界遗产公约操作指南》进行修订,以及时体现委员会的最新决定和决策。

(三) 公约活动

《世界遗产公约》缔约国大会在联合国教科文组织大会会议期间开会,每 2 年召开一次(表 1),成员为缔约国成员,大会确定世界遗产委员会成员。

公约管理机构,即世界遗产委员会则每年召开一次会议(表 69.1),参会成员为 21 个缔约国,主要决定录入《世界遗产名录》的名单,对已列入名录的世界遗产的保护工作进行监督指导。委员会成员每届任期 6 年,每两年改选其中的 1/3。委员会内由 7 名成员构成世界遗产委员会主席团,主席团每年举行两次会议,筹备委员会的工作。

表 69.1 《世界遗产公约》和世界遗产委员会活动

序号	会议名称	时间	地点
1	缔约国大会第 22 届会议	2019	巴黎
2	缔约国大会第 21 届会议	2017	巴黎
3	缔约国大会第 20 届会议	2015	巴黎
4	第 43 届世界遗产委员会会议	2019	巴库
5	第 42 届世界遗产委员会会议	2018	麦纳麦
6	第 41 届世界遗产委员会会议	2017	克拉科夫
7	第 40 届世界遗产委员会会议	2016	伊斯坦布尔/巴黎
8	第 39 届世界遗产委员会会议	2015	波恩
9	第 38 届世界遗产委员会会议	2014	多哈
10	遗产与未来：规模、保护和对话的视角研讨会	2019	伊斯坦布尔
11	首届非洲保护区大会：非洲公园和野生动物的分水岭	2019	内罗毕
12	现代城市论坛	2019	立陶宛
13	太平洋岛国遗产/环境影响评估讲习班	2017	斐济

（1）第 43 届世界遗产委员会。2019 年第 43 届世界遗产委员会在阿塞拜疆首都巴库举行,会议审议《世界遗产名录》,发布《巴库宣言》。强调文化遗产和自然遗产受到的破坏威胁不仅仅是传统的腐败、事故以及自然灾害,越来越多地因为社会和经济状况受到更加严重的破坏。会议强调《生物多样性和生态系统服务全球评估报告》,表明世界生态系统和生物多样性的恶化速度比人类历史上任何时候都快,并严重损害了人类的福祉和未来的生存。重申 2002 年《关于世界遗产的布达佩斯宣言》、2015 年《世界遗产波恩宣言》和 2016 年《伊斯坦布尔宣言》保护世界遗产的承诺。

（2）第 41 届世界遗产委员会。2017 年第 41 届世界遗产委员会在波兰克拉科夫召开,审议了 2017 年第 41 COM 11 号文件、第 41 COM 10A 号文件和第 41 COM 12A 号文件,回顾第 39 届会议(2015 年,波恩)和第 40 届会议(伊斯坦布尔/巴黎,2016 年)通过的第 39 COM 10B.5 号、第 39 COM 11 号、第 40 COM 10A 号和第 40 COM 11 号决定。会议决定保持目前暂定名单注册机制不变,并保持暂定名单向委员会提出的方式以及它们在世界遗产中心网站上的公布方式。

会议对《世界遗产公约操作指南》(以下简称《操作指南》)进行修订,进一步决定作为第 68 段的修正案,在《操作指南》中引入免责声明,并向委员会提交关于暂定清单的决定。

世界遗产中心在其网站和工作文件中发布了《缔约国暂定清单》,以确保透明度、获取信息并促进区域和专题一级的暂定清单的统一。有关每个暂定清单内容的唯一责任在于有关缔约国。暂定清单的发布并不意味着世界遗产委员会、世界遗产中心或联合国教科文组织秘书处就任何国家、地区、城市或地区或其边界的法律地位发表任何意见。

回顾关于《操作指南》附件 3 的第 39 COM 11 号决定第 8 段，并决定在 2019 年委员会第 43 届会议上提出修订建议。

（四）主要出版物

为宣传《世界遗产公约》内容和推进世界自然和文化遗产的保护，世界遗产委员会制作多种出版物，读者面向世界各领域专业人员和各年龄段普通大众。主要有期刊、研究报告、著作、通讯、宣传图等。部分研究成果见表 69.2。

表 69.2　部分研究成果

序号	成果名称（中文）	成果名称（英文）	成果类型	发布时间
1	《世界遗产》期刊	*World Heritage*	期刊	季度
2	世界遗产出版物系列	World Heritage Series	报告	每年
3	资源手册系列	Resource Manuals	出版物	不定期
4	通讯系列	Newsletter	通讯	1993—2005

——《世界遗产》期刊。《世界遗产》期刊是联合国教科文组织在世界遗产中心的官方出版物，收录了有关世界文化遗产和自然遗产的深入文章。期刊为季刊，以英语、法语和西班牙语发行。

——世界遗产出版物系列。该系列于 2002 年启动，旨在发表一系列有关世界遗产的内容。其中包括：与世界遗产相关的论文；研讨会、讲习班和会议的报告；以及旨在促进不同行为者实施《世界遗产公约》的手册。本系列主要针对世界遗产领域专家、国家和地方政府管理者以及遗址管理人员。

——资源手册系列。资源手册系列包含：《世界自然遗产管理手册》《世界文化遗产管理手册》《世界遗产的灾害风险管理》《世界遗产提名准备》等系列。这些手册分别帮助缔约国在世界遗产范围内管理自然遗产价值、为缔约国和所有参与世界文化遗产保护的人提供指导，帮助世界文化遗产和自然遗产的财产管理者和管理当局减少自然和人为灾害对这些财产造成的风险；说明遗产灾难风险管理（DRM）的主要原则以及识别、评估和减轻灾难风险的方法。

世界资源论坛（WRF）

类　　型：国际论坛
所 在 地：瑞士圣加仑
成立年份：2009 年
执行秘书：布鲁诺·奥伯勒（Bruno Oberle）
网　　址：https://www.wrforum.org/

世界资源论坛（WRF）成立于 2009 年，是一个独立的非营利国际组织，总部位于瑞士圣加仑。作为一个平台，论坛旨在连接和促进商业领袖、政策制定者、非政府组织、科学家和公众之间的资源管理知识交流。目标是通过组织高级别国际会议和能力建设讲习班，传播相关研究成果和科学讨论，制定资源效率指数和可持续资源利用标准，实现全球资源可持续利用，为资源效率项目融资创造机会。

（一）发展历程

自 1995 年以来，瑞士联邦材料科学与技术研究所（EMPA）已经成功组织了关于资源回收和再利用的国际会议。2009 年，EMPA 与 Factor 10 Institute 一起决定扩大会议范围，以包括产品和服务的整个生命周期。这一系列会议形成了世界资源论坛，吸引了来自世界各地越来越多的高层政治家、商界领袖、科学家和非政府组织参与。2012 年 3 月 16 日世界资源论坛在瑞士圣加仑举行，在政府和非政府组织以及私营部门的支持下，论坛秘书处正式从 EMPA 分拆并独立运行，负责论坛的日常工作，协调论坛的一系列活动。

当前，论坛的三大工作领域为会议组织、多边项目合作、著作出版。

（二）组织架构

作为一个多利益相关方平台，论坛的会员资格对个人、公司、政府机构、国际组织、非政府组织、科学机构和学术机构等众多组织开放。论坛大会（general assembly）是论坛的最高决策机构，大会选举产生论坛理事会。理事会由主席领导，设立两名副主席协助管理。成员由世界资源领域知名专家、学者、企业代表和政府机构人员组成。论坛设立科学委员会，作为咨询机构指导论坛工作。

论坛日常工作由论坛理事会领导的论坛秘书处负责，秘书长为秘书处最高领导，项目主任、项目经理、会议协调员、科学官员、行政助理和外部项目顾问提供支持。

（三）研究领域

世界资源论坛围绕资源可持续和高效利用，推进实现循环、低碳产业等目标，组织或与其他机构合作开展一系列活动和研究工作，每年为世界各地从业人员提供支撑，推广先进技术，服务政府、企业、科研人员。

——创建资源效率指标并为企业和国家/地区制定标准：论坛与相关研究机构共同合作制定评价指数，评估国家和企业的资源利用效率，并对其进行排名。这些指数将作为评估国家和企业资源使用状况的基准，促进国家和企业提高对资源短缺问题的认识，并激励利益相关者采取有效措施和手段。

——促进资源效率企业的融资：通过将创新型资源效率高的企业与风险基金、金融机构和资源密集型企业的投资部门相匹配，在资源管理领域充当促进和加速可扩展的初创企业和项目融资的平台。

——实施可持续循环产业计划：由世界资源论坛、EMPA、Ecoinvent 和瑞士联邦经济事务秘书处（SECO）联合开展的 SRI 倡议，旨在改善评估次要原材料质量的基本数据，SRI 与私营和公共机构以及哥伦比亚、埃及、加纳、秘鲁和南非的非政府部门一起提高当地可持续回收能力。世界资源论坛致力于设计必要的政策和指导原则，以创建通用标准来可持续管理和回收次要材料。

——对资源利用与碳排放之间的相互作用进行研究：世界资源论坛与SATW、EMPA 和圣加仑市合作，研究资源管理和城市环境中建筑材料对碳排放的影响。

（四）论坛动态及成果

世界资源论坛的项目（表 70.1）多为与政府合作的生产项目、组织国际性会议、开办讲习班，论坛组织的科学研究课题项目相对较少，学术研究多为会员中的研究学者在各自机构和大学开展的相关研究。

表 70.1 世界资源论坛部分支持项目

序号	项目名称(中文)	项目名称(英文)	成果类型	领域
1	可持续循环产业(SRI)计划	The Sustainable Recycling Industries (SRI) Program	实施项目	与各个发展中国家一起成功实施电子废物回收系统。
2	世界原材料论坛项目(FORAM)	The Project World Forum on Raw Materials (FORAM)	欧盟 H2020 子项目	增进对原材料贸易各个方面的了解,提高国际资源的透明度和治理,以提高稳定性、可预测性和资源效率。
3	世界资源论坛资源效率指标项目	The WRF Resource Efficiency Indices Projects	研究项目	建立评价国家和企业资源利用效率指数评价体系。

论坛最重要的会议即世界资源论坛会议(WRF),每年举行一次,吸引世界各地的商业领袖、政策制定者、非政府组织成员、研究人员和公众参加。每年还会在世界各地举办多场区域会议,重点讨论与特定地理区域有关的问题。

论坛为世界各国的中小型企业、决策者和非官方部门人员举办能力建设讲习班,分享有关生态效率、电子废物回收以及回收工人健康和安全标准的专业知识。论坛在包括联合国非洲经委会非洲发展论坛、COP 11 生物多样性会议、欧盟绿色周和 ICT 促进可持续性会议等世界范围内的重大可持续性会议上,举办关于循环经济和进一步使经济增长与资源紧张脱钩的讲习班。

论坛网站设立有专区,发布论坛会议、讲习班、项目和研究课题的最新成果。

世界资源论坛部分成果见表 70.2。

表 70.2 世界资源论坛部分成果

序号	成果名称(中文)	成果名称(英文)	成果类型	发布时间
1	资源革命的进展:WRF 2017	*Progress Towards the Resource Revolution—WRF 2017*	专著	2019
2	2018 年瑞士资源论坛会议报告	Meeting Report Swiss Resources Forum 2018	报告	2018
3	制定国家资源效率指数:说明性计算	Development of a Resource Efficiency Index of Nations—Illustrative Calculations	项目成果	2016
4	加速资源革命——WRF 2017 会议报告	Accelerating the Resource Revolution—WRF 2017 Meeting Report	报告	2017
5	通过采用循环经济提高资源生产率	Boosting Resource Productivity by Adopting the Circular Economy	报告	2017
6	自然资源:可持续目标、技术、生活方式和治理	*Natural Resources—Sustainable Targets, Technologies, Lifestyles and Governance*	专著	2015
7	资源快报	Resource Snapshots	简报	每年

（五）重点出版物译介

1.《2018 年瑞士资源论坛会议报告》（Meeting Report Swiss Resources Forum 2018，2018）

自然资源（空气、水、土地、生物和非生物资源）的质量和数量对社会的社会经济福祉至关重要。因此，自然资源应得到保护和有效利用。瑞士人口的生态足迹很高，如果全世界人口维持与瑞士平均水平相同的生活水平，则将需要大约三个地球来满足全世界对资源的需求。更可持续地利用资源不仅意味着牺牲，而且还意味着机会。到目前为止，这些机会主要是在单独的利益集团中进行了研究，没有足够的交流和系统思考。

瑞士资源论坛会议旨在解决这一问题，并为利益相关方之间交换解决方案提供平台。目标是解决可持续和更有效地利用能源和原材料带来的挑战，以期在利益相关者之间加强合作，并更多地关注和促进可持续利用原材料。还有一个关注重点是城市和工业在可持续利用原材料方面的作用，更密切地关注建筑材料、工业和技术金属的循环经济和资源效率的概念。在 2018 年瑞士资源论坛会议期间，举办了关于"科学、商业和城市共同提高资源效率"的 6 次全体会议演讲。

2.《资源革命的进展：WRF 2017》（*Progress Towards the Resource Revolution—WRF 2017*，2017）

本书基于 2017 年 WRF 会议的主要成果，介绍了 26 篇精选论文，这些论文包括支持《巴黎协定》和可持续发展目标（SDG）所需解决方案的创新和方法。本书包括五个部分：

第一部分，政策、治理和可持续发展教育；

第二部分，资源效率和充足性的方法、指标和设计；

第三部分，水与区域方面；

第四部分，金属、矿物和材料；

第五部分，可持续资源管理——私营部门的个人见解。

3.《制定国家资源效率指数：说明性计算》（Development of a Resource Efficiency Index of Nations—Illustrative Calculations，2016）

论坛秘书处要求荷兰莱顿大学环境科学研究所（CML）进行一个小型试点项目。本报告为试点项目成果，讨论如何制定资源效率综合指标。该报告于 2015 年中交付，于 2015 年 7 月在萨里举行的国际工业生态学会会议和 2015 年 10 月在达沃斯举行的世界资源论坛会议上进行了介绍，并对资源指数进行了一些说明性计算。

国际环境论坛
(IEF)

类　　型	国际论坛
所 在 地	N/A
成立年份	1997 年
网　　址	https://iefworld.org/

　　国际环境论坛（IEF）通过其全球成员和专业知识，为国际社会提供了解决环境和可持续发展问题的交流平台。人类和地球环境问题以及向可持续性过渡是我们时代的主要挑战。尽管科学知识有助于确定解决方案，但因缺乏动力和承诺而阻碍了实施，这表明这些问题既涉及技术、科学问题，又涉及社会、文化和精神问题。由于环境问题和发展愿望既是全球性的，又是范围广泛的，因此也必须通过探索不同社区、民族、文化和信仰的许多方法和丰富经验来寻求解决方案。探索教育、科学和价值导向型社区在支持可持续发展方面所起的互补作用也很重要。论坛为国际社会提供了支持，国际社会都认识到保护和明智管理环境的重要性，并鼓励非政府组织的参与。

（一）组织架构

　　国际环境论坛是受巴哈伊启发的专业非政府组织，成立于 1997 年，在五大洲 70 多个国家拥有 350 多名成员。该论坛获得联合国科学和技术主要团体的认可，并与国际科学理事会（ICSU）合作参加了有关可持续性的国际会议（可持续发展问题世界首脑会议，约翰内斯堡，2002 年；"里约＋20"峰会，2012 年）及有关气候变化的国际会议（UNFCCC-COP15，哥本哈根，2009；UNFCCC-COP21，巴黎，2015）。

　　论坛的成员主要由从事相关领域工作的科学家、学者、专家和教育工作者组成。借鉴了宗教，特别是巴哈伊信仰的道德和精神原则，作为对解决环境管理和可持续发展挑战的科学知识的补充。

（二）研究领域

作为一个没有资金的小型虚拟组织，国际环境论坛的工作主要是通过其国际成员建立的，这些成员通过互联网在论坛网站上共享其结果，组织年度会议，为联合国对话和国际活动做出贡献。

国际环境论坛的主要行动包括：① 为成员提供一个论坛，以加深他们对与环境责任和可持续发展有关的社会、道德和精神原则的了解，并探讨这些原则在其工作和活动中的应用；② 与个人和其他团体互动，并运用会员的集体知识造福社会；③ 维护一个网站，提供有关论文、会议报告、博客和背景资源；④ 通过编写教育材料来增强环境意识和可持续性，使儿童、青年和成人有能力为实际行动做出贡献。

（三）会议动态和研究成果

自 1997 年以来，世界各地围绕可持续消费、精神原则、应对环境挑战、可持续发展、应对气候变化等主题举行了 20 场年会，详见表 71.1。

表 71.1　1997 年以来会议列表

序号	会议主题（中文）	会议主题（英文）	时间	地点
1	从分裂到融合：驾驭时代力量	From Disintegration to Integration: Navigating the Forces of Our Time	2017	de Poort
2	以社区和个人的身份实施可持续发展目标	Implementing the Sustainable Development Goals as Communities and Individuals	2016	圣克鲁斯
3	准备、参与、回应和学习负责任的生活方式	Preparing, Engaging, Responding and Learning About Responsible Lifestyles	2015	巴黎
4	奖学金与社会生活	Scholarship and the Life of Society	2014	多伦多
5	共同创造可持续财富：我们如何将生态与经济结合起来？	Co-creating Sustainable Wealth: How Can We Combine Ecology and Economy?	2013	巴塞罗那
6	里约＋20	Rio＋20	2012	里约热内卢
7	对气候变化的伦理回应	Ethical Responses to Climate Change	2011	塔斯马尼亚州霍巴特
8	使看不见的可见	Making the Invisible Visible	2010	布赖顿
9	环境	Environments	2009	华盛顿特区
10	增长还是可持续性？定义、衡量和实现繁荣	Growth or Sustainability? Defining, Measuring and Achieving Prosperity	2008	de Poort
11	应对气候变化：科学现实，精神要务	Responding to Climate Change: Scientific Realities, Spiritual Imperatives	2007	渥太华
12	科学、信仰与全球变暖：迎接挑战	Science, Faith and Global Warming: Arising to the Challenge	2006	牛津

续表

序号	会议主题(中文)	会议主题(英文)	时间	地点
13	可持续发展教育:精神层面	Education for Sustainable Development: The Spiritual Dimension	2005	奥兰多
14	培养可持续的生活方式:预期联合国可持续发展教育十年开展的活动	Cultivating Sustainable Lifestyles—An Event in Anticipation of the United Nations Decade of Education for Sustainable Development	2004	塞萨洛尼基
15	打造新世界:培育巴哈伊可持续发展教育方法	To Build the World Anew: Fostering a Baha'i Approach to Education for Sustainable Development	2003	奥兰多
16	可持续性、基于价值的教育、本地科学和全球化的多个维度的指标	Indicators for Sustainability, Value-Based Education, Local Science, and Multiple Dimensions of Globalization	2002	约翰内斯堡
17	知识、价值观和教育促进可持续发展	Knowledge, Values and Education for Sustainable Development	2001	波希米亚
18	将巴哈伊教义应用到面对世界的环境挑战中	Applying the Baha'i Teachings to the Environmental Challenges Facing the World	2000	奥兰多
19	精神原则的实际应用:巴哈伊社会经济发展与环境	Practical Applications to Spiritual Principles: Baha'i Social and Economic Development and the Environment	1999	西德科特
20	可持续消费与《地球宪章》	Sustainable Consumption and the Earth Charter	1998	德普尔

(四) 重点会议和成果译介

1.《IPCC 关于海洋和冰冻圈的报告》(The IPCC Report on Oceans and Cryosphere,2019)

成果主要包括:① 高山的重大变化影响下游社区;② 冰融化,海面上升;③ 更频繁的极端海平面事件;④ 不断变化的海洋生态系统;⑤ 北极海冰下降,永久冻土融化;⑥ 紧急行动。

2.《向海洋寻求气候变化解决方案》(Look to the Ocean for Climate Change Solutions,2019)

方案提出可以采取的 5 项行动清单,以促进海洋健康和缓解气候危机。首先,是扩大海洋可再生能源(例如海上风力涡轮机和利用海浪、潮汐能的新技术)。其次,保护和恢复因过度开发而面临巨大威胁的红树林,海草、盐沼以及其他沿海和海洋生态系统也至关重要。再次,开发海洋中的低碳蛋白质源(例如海鲜、海藻和海带)可以为未来的人群提供健康和可持续的饮食,同时减少陆上粮食生产的排放。作者提出,海洋在国家气候计划和战略中只发挥了相对较小的作用,在方案中概述的行动为应对气候危机提供了令人振奋的新机遇。

 # 欧洲安全与合作组织（OSCE）

类　　　型：国际论坛	
所 在 地：奥地利维也纳	
成立年份：1990年	
主　　　席：托马斯·格雷明格（Thomas Greminger）	
网　　　址：https://www.osce.org	

欧洲安全与合作组织（OSCE，简称"欧安组织"）的前身是1975年成立的欧洲安全与合作会议（CSCE，简称"欧安会"），1995年1月1日改名为欧安组织。它包括欧洲国家、苏联解体后的国家以及美国、加拿大、蒙古，是世界上唯一的包括所有欧洲国家并将它们与北美洲联系到一起的安全机构，是世界上最大的区域性组织。主要使命是为成员国就欧洲事务、特别是安全事务进行磋商提供平台。欧安组织只有在所有成员国达成一致的情况下才能起作用，其决定对成员国也只具有政治效力而没有法律效力。

欧安组织采取了一种全面的安全方针，涉及政治、军事、经济和环境以及人的方面。因此，它解决了与安全有关的广泛关切的问题，包括军备控制、建立信任和安全措施、人权、少数民族、民主化、维持治安战略、反恐及经济和环境活动等。所有57个参加国均享有同等地位，相关决议是在政治上而非法律约束力的基础上以协商一致方式做出的，总部设在奥地利维也纳，每两年举行一次首脑会议，每年举行一次外长会议。

（一）发展历程

欧安组织的起源可追溯到20世纪70年代初的缓和阶段，当时欧安会的成立是作为东西方对话与谈判的多边论坛。欧安会在赫尔辛基和日内瓦举行了为期两年的会议，就1975年8月1日签署的《赫尔辛基最后文件》达成了协议。该文件载有关于政治、军事、经济、环境和人权问题的多项关键承诺。它还建立了 10 项基本原则("十诫"),以规范国家对公民以及彼此之间的行为。在 1990 年之前,欧安会主要作为一系列会议的机制性基础,这些会议建立和扩大了参加国的承诺,同时定期审查其执行情况。然而,随着冷战的结束,1990 年 11 月的巴黎首脑会议使欧安会走上了新的道路。在《新欧洲巴黎宪章》中,要求欧安会在管理欧洲发生的历史性变化和应对冷战后的新挑战中发挥作用,这导致其设置了常设机构。作为这种制度化进程的一部分,根据 1994 年 12 月布达佩斯国家元首或政府首脑峰会的决定,将名称从"欧安会"更改为"欧安组织"。

(二)组织架构

欧安组织主要分为决策机构和执行机构。

1. 决策机构

(1)常设理事会。原为常设委员会,由各成员国派驻维也纳的代表参加,每星期召开一次,主要讨论欧安组织的日常工作及对最新进展做出反应,是欧安组织最主要的经常性决策机构,负责欧安组织的日常工作并有权对与欧安组织有关的所有问题做出决定。

(2)安全合作论坛(FSC)。由成员国的代表团组成,主要讨论信任安全措施的建立问题。每周在维也纳举行一次会议,负责军控、裁军、建立信任和安全问题的谈判以及关于安全政策的磋商和合作。

(3)高级理事/经济论坛,1992 年成立,原为高级官员委员会,由成员国政治司长或相应级别代表组成,每年在布拉格举行一次会议,讨论欧安组织范围内的经济、环境因素对安全的影响。

(4)首脑会议,每次首脑会议召开前先举行审查会议,审查欧安组织决议的执行情况。首脑会议由各成员国的国家元首或政府首脑出席,定时召开会议,商讨优先议题。

(5)部长理事会,原为欧安会理事会,在不召开首脑会议的年份举行,由各成员国的外长参加,主要审查欧安组织的各项活动并对其做出回应。一般每年年底举行一次会议。

2. 执行机构

(1)轮值主席。每年选定欧安组织成员国的一名外长担任,主要负责欧安组织的行政和协调工作。

(2)议会。设议长 1 人,副议长 9 人,由 55 个成员国的 317 名议员组成,每年举行一次会议,会议秘书处设在哥本哈根。

（3）秘书处。负责组织的日常工作。主要在维也纳办公,下设：轮值主席事务处,负责筹备会议,与其他国际组织进行联系和对外宣传；防止冲突中心,负责交流各国军事情报,核查各国军备情况,防止冲突,处理危机并为欧安组织使团提供资助；布拉格办公室,负责为会议提供服务、管理档案和散发文件。

（4）民主制度与人权办公室（ODIHR）,原为自由选举办公室,1990年建立,设在华沙,负责促进欧安会组织范围内的民主化程度和保护人的基本权利。

（5）少数民族问题高级专员公署。1992年建立,设在海牙,主要负责成员国之间及其内部的民族问题和种族矛盾,及时发现有可能损害欧洲地区和平、稳定以及欧安组织成员国之间关系的民族冲突,并提出处理意见和解决办法。

（6）媒体自由代表。其基本任务是帮助各成员国发展独立、自由、多元化的媒体,以促进自由开放的社会,对违反言论自由的行为提出早期预警。

（7）调解和仲裁法院。其主要任务是负责解决会员国间的争端。

（8）军控与信任和安全建立措施。主要责任是通过各种安全措施,增加军事行动透明度,澄清军事活动的意图,以消除各成员国之间的紧张情势,减少军事冲突。

（9）调查小组。根据需要组建和派遣调查小组,负责与当地冲突各方保持联系,发挥防止冲突与处理危机的作用。

（三）会议动态

欧安组织的会议主要分为领导人会议和部长级会议。自欧安组织成立以来,共召开领导人会议7次,部长级会议21次,详见表72.1和表72.2。

表72.1 领导人会议

时间	城市	国家	决定
1975	赫尔辛基	芬兰	与会国签署了《赫尔辛基最后文件》,即《赫尔辛基协定》,该协定为欧安会/欧安组织的工作奠定了基础,概述了与政治军事、环境和经济以及人类安全方面有关的一些具有政治约束力的承诺。
1990	巴黎	法国	与会国签署了《新欧洲巴黎宪章》,为欧安会作为谈判和对话论坛的作用增添了积极的业务结构。
1992	赫尔辛基	芬兰	国家元首或政府首脑宣布欧安会是《联合国宪章》第八章意义上的区域安排。确认欧安组织赫尔辛基首脑会议文件《1992年：变革的挑战》,并正式设立少数民族问题高级专员机构、安全合作论坛和经济论坛。

续表

时间	城市	国家	决定
1994	布达佩斯	匈牙利	国家元首或政府首脑同意将会议改名为欧安组织，以反映其实际工作，并着手加强欧安组织的一些机构。《布达佩斯文件》授权欧安组织根据联合国安理会的适当决议,在各方就停止武装冲突达成协议后,向纳戈尔诺-卡拉巴赫派遣一支多国维持和平部队。正式核定《安全政治—军事方面行为守则》,扩大1994年《维也纳文件》中规定的建立信任和安全措施制度。
1996	里斯本	葡萄牙	通过《里斯本共同宣言》。
1999	伊斯坦布尔	土耳其	签署《伊斯坦布尔文件》。
2010	阿斯塔纳	哈萨克斯坦	通过《阿斯塔纳宣言》。

表 72.2　部长级会议时间地点列表

时间	城市	国家
2013	基辅	乌克兰
2012	都柏林	爱尔兰
2011	维尔纽斯	立陶宛
2010	阿拉木图	哈萨克斯坦
2009	雅典	希腊
2008	赫尔辛基	芬兰
2007	马德里	西班牙
2006	布鲁塞尔	比利时
2005	卢布尔雅那	斯洛文尼亚
2004	索菲亚	保加利亚
2003	马斯特里赫特	荷兰
2002	波尔图	葡萄牙
2001	布加勒斯特	罗马尼亚
2000	维也纳	奥地利
1998	奥斯陆	挪威
1997	哥本哈根	丹麦
1995	布达佩斯	匈牙利
1993	罗马	意大利
1992	斯德哥尔摩	瑞典
1992	布拉格	捷克斯洛伐克
1991	柏林	德国

亚欧环境论坛 (ENVforum)

类　　　型：国际会议论坛
所　在　地：新加坡
成立年份：2003 年
主　　　席：史蒂文·埃弗茨(Steven Everts)
网　　　址：网址:https://asef.org/programmes/asia-europe-environment-forum-envforum/

亚欧环境论坛(ENVforum)成立于 2003 年,由亚欧基金会(ASEF)和瑞典政府通过斯德哥尔摩环境研究所(SEI)管理的亚洲环境会议支持计划、Hanns Seidel 基金会(HSF)、亚欧会议中小企业生态创新中心(ASEIC)和全球环境战略研究所(IGES)共同建立。

(一) 发展历程

自成立以来,亚欧环境论坛组织了 70 多场高级别国际会议、圆桌会议和研讨会,汇集了来自民间社会、非政府组织、学术界、政府、国际组织和私营部门的 1700 多名参与者。论坛已经出版了 14 种出版物,涉及与环境和可持续发展有关的基本问题。

作为广泛倡议的推动者,亚欧环境论坛为亚洲和欧洲的决策者、企业和民间社会提供了可持续发展的知识共享和能力建设的区域间平台。

(二) 组织架构

亚欧环境论坛是亚欧基金会的子论坛。1996 年 3 月,25 个欧洲和亚洲国家的领导人以及欧洲委员会在泰国曼谷召开了首次亚欧会议(ASEM)。1997 年亚欧基金会正式成立,该基金会是亚欧会议成立的唯一永久性机构,由其成员国政府提供自愿捐款,并与亚洲和欧洲的民间社会伙伴共享其项目融资。目前,亚欧基金会成员国已达 53 个。

亚欧基金会最高决策层为理事会,负责审查理事会战略和政策,确保遵守亚欧会议的原则和优先事项。理事会还监督财务和预算,这包括批准项目和计划。理事会最高领导为主席和副主席,必须分别来自亚洲和欧洲成员国。基金会下设行政管理办公室、文化部、教育部、经济与治理部、可持续发展和公共卫生部等部门。

可持续发展和公共卫生部是亚欧环境论坛的管理机构,旨在为亚洲和欧洲之间提供和传播高质量的可持续发展政策对话,推进可行的投入。

(三)研究领域

亚欧环境论坛的目标反映在《2030年可持续发展议程》的可持续发展目标(SDG)中。自2013年以来,亚欧环境论坛一直积极参与围绕可持续发展目标的全球讨论,并推动可持续发展目标于2015年9月在联合国可持续发展峰会上通过。除了常规的工作之外,亚欧环境论坛还启动了一项计划,通过向亚洲和欧洲国家提供可持续发展规划的观点和见解,为支持实施可持续发展目标和建立全系统的监测流程做出贡献。研究领域主要针对可持续发展目标及其相关指标进行研究;组织关于可持续发展目标和指标的专家知识中心会议;向决策者传播磋商的结果。

(四)会议动态和研究成果

成立16年来,亚欧环境论坛已经出版了14种出版物。2013年以来,亚欧环境论坛一直关注与可持续发展和气候变化相关的研究,组织或合作开展了一系列研讨会议(表73.1)。

表73.1 部分亚欧环境论坛会议

序号	会议主题(中文)	会议主题(英文)	年份	地点
1	全球可持续生产和消费研究论坛	Global Research Forum on Sustainable Production and Consumption	2019	香港
2	消费者在引发消费和生产变化中的作用	The Role of Consumer in Triggering Changes in Consumption & Production	2019	横滨
3	亚欧走向负责任的消费和生产之路:从线性经济到循环经济	Asia-Europe Pathways Towards Responsible Consumption and Production: From Linear to Circular Economy	2018	华沙
4	亚欧可持续发展目标与融资:不再像往常那样持续增长	Asia-Europe Sustainable Development Goals and Financing: No Longer Business as Usual	2017	河内

续表

序号	会议主题（中文）	会议主题（英文）	年份	地点
5	亚洲和欧洲的可持续发展目标：2030 年议程的交付选择	Sustainable Development Goals for Asia and Europe：Delivery Options for the 2030 Agenda	2016	斯德哥尔摩
6	亚欧各国关于 2015 年后发展议程中可持续发展目标执行手段	Sustainable Development Goals for Asia and Europe Means of Implementation for the Post-2015 Development Agenda	2014	布鲁塞尔
7	亚欧会议国家可持续发展目标研究	Study on Sustainable Development Goals in ASEM Countries	2014	新加坡

作为 2013—2015 年可持续发展议程的一部分，亚欧环境论坛发布了一系列与 2015 年后发展议程相关的研究报告（表 73.2）。委托国际专家通过协调国家需求与区域目标，为亚欧会议国家制定一套建议性的可持续发展目标优先事项。为了监测可持续发展目标的进展情况，制定了一套并行的指标。通过衡量实施进度，为政策制定者提供可靠的统计数据，在国家层面研究可持续发展目标的实施方式，探讨成功实施可持续发展目标的治理和融资机制。

2016 年，即《巴黎协定》公布一年后，亚欧环境论坛投资研究以为东盟政府官员提供有关气候变化和可持续发展目标的指导。亚欧环境论坛最新的研究项目侧重于在亚欧地区实施具体的可持续发展目标。

表 73.2　部分研究成果

序号	成果名称（中文）	成果名称（英文）	成果类型	发布时间
1	亚欧会议成员国实施可持续消费和生产可持续发展目标 12 的实施经验	Implementation Experience in ASEM Member Countries with the Sustainable Development Goal 12 on Sustainable Consumption and Production	报告	2018
2	可持续发展目标（SDGs）实施指南	Implementation Guide for the Sustainable Development Goals（SDGs）	报告	2017
3	可持续发展目标（SDGs）实施指南（缅甸）	Implementation Guide for the Sustainable Development Goals（SDGs）（Burmese）	报告	2017
4	东盟政府官员关于气候变化和可持续发展目标的手册	Handbook for ASEAN Government Officials on Climate Change and SDGs	报告	2016
5	小行星的可持续发展目标和指标：确保波兰的实施手段	Sustainable Development Goals and Indicators for a Small Planet：Securing Means of Implementation in Poland	案例分析	2016
6	谁将为可持续发展目标付出代价？应对亚欧会议国家的发展挑战	Who Will Pay for the Sustainable Development Goals? Addressing Development Challenges in ASEM Countries	报告	2015
7	小行星的可持续发展目标和指标	Sustainable Development Goals and Indicators for a Small Planet	报告	2014

(五)重点会议和成果译介

1.《亚欧会议成员国实施可持续消费和生产可持续发展目标 12 的实施经验》(Implementation Experience in ASEM Member Countries with the Sustainable Development Goal 12 on Sustainable Consumption and Production,2018)

作为 2018 年亚欧论坛年会 SDG 12 研究的一部分,本文回顾了亚欧会议国家在可持续发展方面的消费和生产的实施经验。探讨落实 SDG 12 的目标,并将其纳入国家战略和目标制定以及监测活动。为了实现 SDG 12,亚欧会议国家将需要解决全面生产和自然资源消费周期,支持循环经济转型。

根据这篇评论,列出了支持这一转变的 5 个关键信息:

(1)为了支持系统性变革,政府应制定强有力的政策和立法框架,作为向循环经济成功转型的支柱。

(2)企业在向循环经济转型中应发挥重要作用。

(3)通过树立榜样并影响相当一部分国民消费,公众支持循环经济发展的采购实践至关重要。

(4)支持向 SCP 的系统性转变,政府应该指导消费者意识到可持续消费和生产实践的重要性。

(5)智能监测对于支持政策的制定和执行以及跟踪政策措施的进展并使其得以审查和修订至关重要。

2.《可持续发展目标(SDGs)实施指南》[Implementation Guide for the Sustainable Development Goals(SDGs),2017]

该报告旨在为发展中国家的政策制定者提供指导,使其国家规划和实施战略适应可持续发展目标,并建立适合在任何特定主题领域筹集和实现可持续发展目标的体制结构。报告介绍了各国可能遵循的逐步进程,以便将可持续发展目标纳入其国家政策文件和体制结构的主流。

这个循序渐进的过程基于大量的案例研究和一系列关于可持续发展目标实施的亚欧环境论坛研讨会的实践经验。报告含有 9 个选定的说明性案例研究,强调了各国在将可持续发展目标定制为国家政策框架,建立实施和监测机构以及为可持续发展目标提供资金方面所遵循的战略。

报告为决策者在主流化和实施可持续发展目标过程中面临的一系列问题提供了明确而具体的指导。除此之外,还涉及如何比较可持续发展目标和国家政策,如何评估优先事项和能力,以及如何监测绩效指标。

全球环境论坛
(GFENV)

类　　　型：国际论坛
所 在 地：法国巴黎
成立年份：2002 年
网　　　址：https://www.oecd.org/environment/gfenv.htm

全球环境论坛(GFENV)是经合组织(OECD)环境理事会(ENV)下设的环境政策委员会(EPOC)举办的全球性论坛,前身为可持续发展全球论坛(Global Forum on Sustainable Development)。论坛汇集了来自成员经济体和非成员经济体的国际专家,研究领域主要集中在可持续发展的环境、经济和社会政策方面。

(一) 发展历程

全球环境论坛前身为经合组织的可持续发展全球论坛。2002 年,世界银行和联合国经济和社会事务部在巴黎合作举办可持续发展全球论坛。论坛主题为可持续发展的环境维度融资会议,目的是促进经合组织成员与非成员之间就可持续发展环境方面的融资进行对话。从 2002 年开始,论坛每年召开一次,每次设置一个议题。2009 年,经合组织环境政策委员会批准可持续发展论坛变更为全球环境论坛。

(二) 研究领域

全球环境论坛的使命是协助经合组织环境政策委员会实现促进环境可持续的全球经济增长战略愿景。宗旨是提高对全世界可持续发展问题环境层面的认识和理解;促进决策者、私营部门行为者和民间社会代表之间在环境问题上的信息共享;促进经合组织国家和非经合组织国家之间的信息和经验教训交流。

（三）会议动态和研究成果

在全球环境论坛的主持下，每年举办一两场关于全球环境议程"前沿问题"的活动。经合组织成员、选定的非成员和利益攸关方被邀请参加论坛活动。全球环境论坛为年度论坛，每年设置 1 个主题。自 2002 年开始，共 18 届。部分年度主题见表 74.1。

表 74.1　部分年度主题

序号	会议主题（中文）	会议主题（英文）	时间	地点
1	将生物多样性纳入可持续发展主流	Mainstreaming Biodiversity for Sustainable Development	2018	蒙特利尔
2	循环经济中的塑料：从化学品角度设计可持续塑料	Plastics in a Circular Economy—Design of Sustainable Plastics from a Chemicals Perspective	2018	哥本哈根
3	环境与经济增长之间的量化联系	Towards Quantifying the Links Between Environment and Economic Growth	2016	巴黎
4	关于水-能源-食物-耦合的新视角	New Perspectives on the Water-Energy-Food-Nexus	2014	巴黎
5	通过延长生产者责任（EPR）促进可持续材料管理	Promoting Sustainable Materials Management Through Extended Producer Responsibility (EPR)	2014	东京
6	新的《联合国气候变化框架公约》市场机制和气候融资跟踪全球论坛	Global Forum on the New UNFCCC Market Mechanism and Tracking Climate Finance	2012	巴黎

（四）重点会议和成果译介

1. 全球环境论坛 2018：将生物多样性纳入可持续发展主流

2018 年全球环境论坛年会在蒙特利尔召开，会议主题是将生物多样性纳入可持续发展的主流。会议为期 3 天。

将生物多样性纳入经济增长和发展主流的必要性正日益得到认可，现在也已牢固地纳入可持续发展目标。本次论坛报告借鉴了 16 个主要生物多样性国家的经验和见解，探讨了生物多样性如何在 4 个关键领域纳入主流：① 在国家层面，包括国家发展计划和其他战略、机构协调和国家预算；② 农业、林业和渔业部门；③ 在发展合作中；④ 监测和评估生物多样性主流化以及如何改进。

2. 全球环境论坛 2016：环境与经济增长之间的量化联系

本届论坛年会在巴黎召开，分为 3 个主题：经济增长如何影响环境，环境退化如何影响经济增长，环境政策如何有助于充分利用环境保护和经济增长。

经济与环境之间的联系是多方面的：环境为经济提供资源，并成为排放和废物的汇集处。自然资源是多部门生产的必要投入，而生产和消费也会导致污染和其他环境压力。环境质量通过降低资源的数量、质量等来影响经济增长和福祉。在这种情况下，环境政策可以遏制经济对环境的负面反馈。但政策的有效性以及是否为社会带来净收益或净成本是关注的焦点，这取决于政策的设计和实施方式。

虽然经济和环境之间的联系是已知的，但环境政策评估往往因缺乏一致的指标或者缺乏普遍的经验，而无法有效比较政策变化带来的成本和收益变化。不作为后果的经济成本以及新政策的相关益处往往无法量化。因此，经济讨论往往由政策行动的代价来主导。因此，必须改进经济学家用来评估环境政策效益的工具包。本届全球环球论坛旨在阐明这一重要论题。

3. 全球环境论坛 2014：水-能源-食物-耦合的新视角

实现水资源、能源和粮食安全是人类面临的最大挑战之一。全球有近 10 亿人无法获得安全饮用水，10 亿人遭受饥饿，25 亿人无法获得现代能源，这些挑战将在未来加剧。《经合组织 2050 年环境展望》预测，2050 年全球对能源和水的需求将提高 80％和 55％。此外，粮农组织估计同期粮食需求将增长 60％。人口增长、经济发展和气候变化将加速对粮食、水资源和能源的竞争。

对资源的压力引起了人们对水、食物和能源的可用性、可获得性、分布和可持续性的日益关注。制约因素可能危及人类福祉、经济发展和消除贫穷的基本发展目标。更好地了解水资源、能源和粮食安全之间的相互依赖关系，需要系统思考，以确定不同部门和发展目标之间的协同作用和权衡取舍。在以上领域政策制定时，改变"孤岛"方法，转向更加综合地设计。改善政策目标的一致性，帮助各国更好地应对水资源、能源和粮食短缺的风险，增强应对不断增加的需求压力时的抵御能力。

碳收集领导人论坛 (CSLF)

类　　型：国际论坛	
所 在 地：美国华盛顿	
成立年份：2003 年	
执行秘书：理查德·林奇(Richard Lynch)	
网　　址：https://www.cslforum.org/cslf/	

　　碳收集领导人论坛(CSLF)是一项部长级国际气候变化倡议,其宗旨是推动开发用于二氧化碳的分离、捕获、运输和长期安全存储且具有更好成本效益的技术,使有关技术在国际上得到广泛利用,确定并解决与碳捕获和封存(CCS)相关的经济、技术和监管问题。

(一)发展历程

　　CSLF 成立于 2003 年,成员资格对国家政府实体开放,这些实体是重要的化石燃料生产者或使用者,致力于投资 CCS 研究、开发和示范(RD&D)活动。论坛鼓励 CCS 利益相关者和学术界积极参与活动。目前的成员包括欧盟和澳大利亚、加拿大、中国、南非、美国等六大洲的 25 个国家。成员国人口总数超过 35 亿,二氧化碳排放占世界排放总量的 80%。同时,欧盟和中国、英国和美国等 24 个国家和地区为创新使命成员(MI)。MI 成员致力于将清洁能源研究与开发方面的公共投资翻一番,并与私营部门合作,促进国际合作和技术创新。

(二)组织架构

　　CSLF 设置有政策小组、技术小组和秘书处,保障论坛的运行和发展,推进碳封存技术的发展,完成论坛的愿景。

　　政策小组。政策小组制定论坛的总体框架和政策,负责论坛的总体发展和战略;审查所有项目,使之与论坛章程保持一致;考虑技术小组的建议,以采取适当的行动；审查政策和技术小组的总体计划和活动。当前，政策小组的主席国为美国，副主席国为中国、沙特阿拉伯和英国，任期均至 2021 年。

技术小组。技术小组由来自各国的二氧化碳捕获、存储、利用等领域顶级专家组成。通过论坛，技术小组积极活跃于 CCS 等领域。目前，技术小组的主席国为挪威，副主席国为澳大利亚、加拿大和日本，任期均至 2021 年。

秘书处。秘书处位于美国能源部化石能源办公室，是论坛的工作机构，负责论坛日常工作事宜。

（三）研究领域

CSLF 旨在通过协同努力促进 CCS 技术的开发和部署，解决关键的技术、经济和环境障碍。通过政策小组、技术小组、学习小组等领域开展相关的研究工作。

政策小组的主要任务是：确定提高技术能力相关的关键法律、监管、财务，提高公众认知、机构相关或其他问题；定期评估合作项目的进展情况，并根据技术组的报告，就项目的发展方向提出建议。政策小组在以下 4 个方面设立专业委员会，增强相关研究工作：全球沟通机制建设（沙特、IEA 牵头）；推进全球 CCS 项目融资（法国牵头）；推进 CCS 项目全球合作（中国、美国牵头）；第三代技术研发（挪威、加拿大牵头）。

技术小组的任务：确定提高技术能力有关的关键技术、经济、环境和其他问题，领导碳捕获、运输、存储和 CO_2 利用技术的研发，生物能源、氢能源与 CCS 技术的研究，CCS 技术在工业生产领域的应用等方面研究。

学习小组是政策小组设立的分支小组，负责网上有关学术课程的制作和传播。

（四）会议动态和研究成果

CSLF 是唯一致力于推进 CCS 研究、开发和部署的部长级论坛，侧重于高层关注和行动，以进一步在全球范围内部署 CCS。部长级论坛在成员国之间每两年举行一次，为论坛组织提供高层政策和技术指导。论坛会议、政策小组会议、技术小组会议每年召开，旨在提供一个卓越的平台，从中解决与 CCS 相关的关键问题，建立政府间合作。部分论坛会议见表 75.1。

表 75.1　部分论坛会议

序号	会议名称(中文)	会议名称(英文)	年份	地点
1	技术小组 2019 年年会	2019 Technical Group Annual Meeting	2019	沙图
2	技术小组 2019 年年中会议	2019 Mid-Year Technical Group Meeting	2019	伊利诺伊
3	论坛 2018 年年会	2018 Annual Meeting	2018	墨尔本
4	技术小组 2018 年年会	2018 Technical Group Annual Meeting	2018	威尼斯
5	论坛第 7 次部长级会议	7th Ministerial Meeting	2017	阿布扎比
6	论坛第 6 次部长级会议	6th Ministerial Meeting	2015	利雅得

CSLF 每次年会、小组会议及其他研讨会均在官方网站发布相关信息,同时刊载会议公报、论坛年报、小组总结报告、相关专家最新研究成果等,并不定时地发布论坛组织的研究成果,以及其他研究机构和学者在碳捕获、运输、存储和 CO_2 利用技术等领域的最新成果和著作,为全球碳封存从业人员搭建学习交流平台。此外,论坛设立学术资源社区,组织网络专题研讨会,与卡梅隆大学、哥伦比亚大学、得克萨斯大学奥斯汀分校、斯坦福大学、帝国理工学院等世界著名大学合作,网上分享发布大学的相关课程,与美国能源部、波兰国家公共管理学院等机构合作,为世界各地大学生提供暑期实习和国际交流机会。

CSLF 的部分研究成果见表 75.2。

表 75.2　部分研究成果

序号	成果名称(中文)	成果名称(英文)	成果类型	发布时间
1	CSLF 第 7 次会议公报	Communiqué of the 7th Ministerial Meeting of the Carbon Sequestration Leadership Forum	公报	2017
2	2017 年 CCS 的全球现状	Global Status of Carbon Capture and Storage 2017	报告	2017
3	CSLF 技术路线图 2017	CSLF Technology Roadmap 2017	技术报告	2017
4	CCS 在工业部门的白皮书	White Paper on CCS in the Industrial Sector	报告	2016
5	致《联合国气候变化框架公约》关于 CCS 的公开信	Open Letter to the UNFCCC on Carbon Capture and Storage	公开信	2016
6	CSLF 第 6 次会议公报	Communiqué of the 6th Ministerial Meeting of the Carbon Sequestration Leadership Forum	公报	2015

(五) 重点会议和成果译介

1. CSLF 第 7 次部长级会议及公报

CSLF 于 2017 年 12 月 3 日至 7 日在阿布扎比举行了第 7 次部长级会议,对商业案例用于碳捕获、利用和储存(CCUS)的研究、开发、演示和全球部署取得的进展,成员国的部长和代表团团长深受鼓舞。会议的重点是 12 月 6 日的部长级会议,重点是推进商业案例用于 CCUS。出席会议的部长和候选人确定了加速大

规模部署 CCUS 所需的关键行动。会议最后发布部长级会议公报,具体包括以下内容:

——共同努力确保 CCUS 作为清洁能源技术得到广泛接受和支持,以及推动研究其他能源低排放解决方案。

——利用全球成功运营 CCUS 项目,强调未来开发和执行新的 CCUS 项目的紧迫性。

——鼓励制定区域战略,加强 CCUS 的商业案例并加速其部署。

——探索超越二氧化碳强化采油(CO$_2$-EOR)的新的利用概念,增加商业价值。

——支持创新的下一代 CCUS 技术的协作研发(R&D),并广泛应用于电力和工业领域。

——扩大利益相关方参与并加强与其他全球清洁能源工作的联系,以提高公众对 CCUS 作用的认识。

——通过传播 CCUS 项目的最佳实践和经验教训,加强全球研发工作的协调,增加 CCUS 的全球共享知识。

——继续让公众参与 CCUS,并寻找有效的沟通方式。

2. CSLF 技术路线图 2017

2017 年 CSLF 技术路线图旨在就以下技术发展向论坛成员国部长提出建议:CCS 所需的技术发展,论坛需要完成的任务,通过关键技术、经济和解决环境障碍的合作努力促进 CCS 技术的开发和部署。

随着这一技术路线图的发布,论坛希望达成《巴黎协定》目标,通过加速商业部署和设定关键点目标,提高成本效益的研究、开发和示范,优先二氧化碳(CO$_2$)的分离和捕获技术、二氧化碳的输送以及二氧化碳的长期安全储存或使用。

哈佛大学环境中心（HUCE）

类　　　型：科研院所
所　在　地：美国剑桥
成立年份：2001 年
现任主任：詹姆斯·克莱姆(James Clem)
网　　　址：https://environment.harvard.edu/

美国哈佛大学环境中心(HUCE)是哈佛大学进行环境多学科综合研究和教育的机构，通过突破传统的学科界限，对哈佛大学的环境学科进行跨学科的综合研究和教育尝试。环境中心宗旨是鼓励开展有关环境及其与人类社会的多种相互作用的研究和教育，从而将重点放在哈佛大学环境研究领域的跨学科研究和教育上。

（一）发展历程

自然环境面临的最紧迫的问题是复杂的，往往需要精通不同学科的学者进行协作调查。通过联系来自不同学科的学者和实践者，环境中心旨在提高哈佛及其他地区的环境研究质量。

环境中心旨在为下一代受过哈佛教育的研究人员、政策制定者和企业领导者提供全面的跨学科环境教育，同时促进大学不同部门之间以及大学与外部世界之间的联系和伙伴关系。

通过各种助学金和奖学金，环境中心支持从本科生到高级教师的各个层面的环境研究，并通过赞助专题讨论会、公开讲座和非正式学生聚会，将人们与环境联系在一起。

（二）组织架构

环境中心汇集了校园内最大、最多样化的教师团队。其中，教师协会参与活动、研讨会、资助计划，每月召开两次会议，广泛地讨论、研究环境问题。环境中心有 250 多名教师，涉及建筑与环境设计、艺术与人文、商业、法律和政策、气候、生态和生物多样性、能源、食品、农业和营养、人类健康、社会科学等领域。

（三）研究领域

——建筑与环境设计：主要包括中国能源经济和环境项目组、哈佛绿色建筑与城市中心和哈佛可持续发展办公室 3 个研究项目组，设置了环境理念、可持续旅游及区域规划设计、1580 年以来北美建筑环境研究、可持续城市、气候变化规划、高性能建筑促进可持续发展研究、在可持续架构中应用等 9 个研究课程。

——艺术与人文：主要包括历史和经济中心、哈佛可持续发展办公室、哈佛森林、环境人文与社会科学倡议 4 个研究项目组，设置了环境小说撰写、自然界描绘、艺术与人文在应对气候变化中的作用、美国环境现代化摄影、气候变化背景下的写作、北美海岸与风景美学、生态神学、灾难想象的影视课程、1580 年以来北美建筑环境研究 9 个研究课程。

——商业、法律和政策：主要包括哈佛电力政策小组、哈佛能源政策研究联合会、风险分析中心、气候协定项目、国际发展中心、环境法和政策分析中心、莫萨瓦尔-拉赫马尼商业和政府中心、环境与能源方案、能源技术创新政策等 21 个项目组，设置了 21 世纪能源、生态创业、生物地球化学案例、重塑资本主义、能源气候挑战、环境经济学与政策研讨、地理信息系统介绍等 80 多个研究课程。

——气候：主要包括大气科学、可持续发展科学计划、环境和自然资源方案、环境科学与公共政策、哈佛气候协议项目、大气、海洋和气候动力学、哈佛可持续发展办公室、哈佛森林及中国能源、经济和环境项目 10 个项目组，设置了环境化学、大气化学、气候记录定量分析、气候物理学、环境冲突中的领导学、大气化学与物理、地球和环境科学的数据分析和统计推论、气候十字路口、大气和气候动力学等 60 多个研究课程。

——生态与生物多样性：主要包括比较动物学博物馆、可持续发展科学计划、热带森林科学中心、阿诺德植物园、环境科学与公共政策、环境和自然资源方案、微生物科学倡议等 11 个项目组，设置了人类影响与海洋环境、环境化学、可持续生态系统生态学基础、大气与环境化学、农村地区的可持续食品企业、人类环境数据科学、保护生物学、拉丁美洲商业道德、人类诱发气候变化的挑战：向后化石燃料未来过渡等 70 多个研究课程。

——能源：主要包括怀斯生物启发工程研究所、哈佛大学罗兰研究所、哈佛电力政策小组、可持续发展科学计划、监管政策计划、莫萨瓦尔-拉赫马尼商业和政府中心、材料研究科学与工程中心、环境科学与公共政策、哈佛电力政策小组等13个项目小组，设置了食品科学、技术和可持续发展研讨、行为经济学、法律和公共政策、美国能源政策和气候变化、食品可持续性和全球环境、零能耗和建筑、地球资源与环境、电子和光子设备介绍等40多个研究课程。

——健康：主要包括哈佛人口与发展研究中心、哈佛全球健康研究所、哈佛大学可持续发展办公室、哈佛教育研究中心、哈佛大学环境健康中心、食品文化项目、中国能源经济和环境项目、风险分析中心及气候、健康和全球环境中心9个研究项目组，设置了全球污染问题研讨会：铅生物地球化学案例研究、人类健康与全球环境变化、进化人类生理学与解剖学、分析方法和评估、环境卫生研究设计、根除疟疾和被忽视的热带疾病、人类衰老生物学、人类环境数据科学、大气环境等40多个研究课程。

——社会课程：主要包括可持续性科学项目、州和地方政府陶布曼中心、世界宗教研究中心、哈佛大学环境经济学项目国际发展中心、历史与经济中心、环境法律和政策、世界宗教研究中心、技术和社会计划等12个项目组，设置了全球应对灾害和难民危机、可持续城市和弹性基础设施、为什么相信科学、可持续发展、环境政治经济学、伦理、经济和法律、环境政策等20多个研究课程。

(四) 研究项目及成果

环境中心围绕建筑与环境设计、艺术与人文、商业、法律和政策、气候、生态和生物多样性、能源、食品、农业和营养、人类健康、社会科学等领域开展研究。部分研究项目和研究成果见表76.1和表76.2。

表 76.1　部分研究项目

序号	项目名称(中文)	项目名称(英文)
1	哈佛中国项目	Harvard-China Project
2	哈佛全球研究所环境人文倡议	Harvard Global Institute Environmental Humanities Initiative
3	哈佛可持续发展办公室	Harvard Office for Sustainability
4	哈佛森林	Harvard Forest
5	哈佛森林长期生态研究	Harvard Forest Long Term Ecological Research
6	可持续发展科学项目	Sustainability Science Program
7	哈佛气候协议项目	Harvard Project on Climate Agreements
8	环境与自然资源计划	Environment and Natural Resources Program
9	能源与环境第二领域	Energy & Environment Secondary Field

表 76.2　部分研究成果

序号	成果名称（中文）	成果名称（英文）	成果类型	发布时间
1	利用多物种方法加强林线有限的生态区温度重建的潜力	The Potential to Strengthen Temperature Reconstructions in Ecoregions with Limited Tree Line Using a Multispecies Approach	论文	2019
2	向长期有效的气候政策过渡	Transitioning to Long-Run Effective and Efficient Climate Policies	报告	2019
3	通过持续排放监测表明，当前和未来政策对中国燃煤电力行业排放的好处	Benefits of Current and Future Policies on Emissions of China's Coal-Fired Power Sector Indicated by Continuous Emission Monitoring	论文	2019
4	《清洁空气法》下的政策演变	Policy Evolution Under the Clean Air Act	论文	2018
5	巴黎协议能否促进可持续发展目标的实现？	Can the Paris Deal Boost Sustainable Development Goals Achievement?	文件	2018
6	COP21 后的气候战略和欧洲的可持续经济	Climate Strategies Post-COP21 and Sustainable Economies in Europe	报告	2016
7	清华-哈佛低碳发展与公共政策国际研讨会成果	Harvard-Tsinghua Workshop on Low-Carbon Development and Public Policy	报告	2016
8	中国的水市场	Water Markets in China	文件	2014
9	提供安全的水：来自随机评估的证据	Providing Safe Water: Evidence from Randomized Evaluations	论文	2010
10	哈佛大学肯尼迪学院教授讨论能源和环境对中国和世界的挑战	Harvard Kennedy School Faculty Discuss Energy and Environment-Related Challenges for China and the World	报告	2008

（五）重点出版物译介

1.《向长期有效的气候政策过渡》(Transitioning to Long-Run Effective and Efficient Climate Policies，2019)

各种因素的组合对制定有效的政策以实现长期气候政策目标构成了重大障碍。政治上反对特定类型的政策机制（例如，温室气体定价）和气候问题的全球性、库存污染性质是构成实际政策挑战的主要因素。从长远来看，有效的气候政策是解决气候问题所必需的，这使得从当前的政策组合过渡到长期政策的设计成为政策制定者的一项重要任务。

2.《变暖引起的温带森林物候变化导致净碳吸收增加》(Net Carbon Uptake Has Increased Through Warming-Induced Changes in Temperate Forest Phenology，2014)

本研究结合物候学、卫星指数和生态系统尺度二氧化碳通量的长期地面观测以及 18 个陆地生物圈模型，观察早春、晚秋的碳吸收趋势。报告显示，无论是早春还是晚秋,光合作用对碳的吸收都大大超过呼吸作用对碳的释放。测试的陆地生物圈模型错误地反映了气候学的温度敏感性,从而对碳吸收的研究产生影响。本研究对温度-物候-碳耦合的分析表明,由于物候学的变化,目前和未来森林的碳吸收可能提高。这是对气候变化的一种负面反馈,有助于减缓气候变暖的速度。

3.《奥加拉拉含水层的历史演变影响:农业对地下水和干旱的适应》(The Historically Evolving Impact of the Ogallala Aquifer:Agricultural Adaptation to Groundwater and Drought,2012)

历史上,美国大平原的农业一直受到缺水的制约。20世纪下半叶,技术的进步使得奥加拉拉农民能够抽取含水层的地下水进行大规模灌溉。将奥加拉拉县与附近的类似县进行比较,地下水的获取增加了农业土地的价值,并最初减少了干旱的影响。随着时间的流逝,土地利用适应了高价值的水力密集型作物,干旱敏感性提高了。附近缺水县的农民采取了低价值的抗旱措施,从而完全减轻了自然对干旱的敏感性。奥加拉拉的历史演变影响说明了水对农业生产的重要性。

普林斯顿大学生态和进化行为学院(EEB)

类　　型：科研院所
所 在 地：美国普林斯顿
成立年份：1965 年
现任院长：拉尔斯·O. 赫丁(Lars O. Hedin)
网　　址：https://eeb.princeton.edu

普林斯顿大学生态和进化行为学院(EEB)在该大学广泛和跨学科的视角中是独一无二的,涵盖领域广泛。

(一) 发展历程

生态和进化行为学院是普林斯顿大学从事生态和进化行为学研究的机构。从 1965 年至 1972 年,罗伯特·麦克阿瑟通过建立理论生态学领域,首次将普林斯顿置于创新的前沿。罗伯特·梅跟随麦克阿瑟的脚步,加强了普林斯顿在这个新兴领域的领先地位,将生态学和进化生物学发展成一个具有相当大应用意义的研究领域。

(二) 组织架构

生态和进化行为学院为教职员工、博士后、研究生和本科生之间的互动提供了一个互信的环境,支持尖端思想的出现以及科学领域的持续变革的能力。

(三) 研究领域

——行为与感官生物学:行为研究和生物学研究个体和社会行为的演变,包括觅食、交流、认知、社会组织、交配、运动和集体决策。

——保护生物多样性:普林斯顿大学保护生物学的首要目标是促进识别、理解和减少对生物多样性和生态系统服务的威胁方面的研究取得重大进展研究,为此,一般采用现场工作、建模、理论和元分析相结合。

——生态与环境：由于生态系统的巨大复杂性和生态动力学所涉及的巨大时空尺度，生态学和环境机械论观点传统上落后于其他生物学学科。这种情况正在迅速改变。不断增强的计算能力和新兴技术使对经典模型的新测试成为可能，也刺激了新理论的发展，并预示着这将是该领域在 21 世纪出现的变革性进步之一。

——进化与基因组学：进化论和基因组学的研究致力于生物多样性的形成和维持。我们从多个层面研究进化过程——从构成特定性状变化基础的分子和细胞机制，到形成基因组、种群和物种变异模式的力量。

——传染病：传染病研究的重点是综合宿主和寄生虫的生态和进化动态，探索免疫防御和公共卫生干预的最佳策略。

(四) 研究项目及成果

生态和进化行为学院的部分研究项目和研究成果见表 77.1 和表 77.2。

表 77.1   部分研究项目

序号	项目名称(中文)	项目名称(英文)
1	EEB 学者计划	EEB Scholars Program
2	姆帕拉研究中心	Mpala Research Center
3	石福特研究站	Stony Ford Research Station
4	史密森尼热带研究所	Smithsonian Tropical Research Institute

表 77.2   部分研究成果

序号	成果名称(中文)	成果名称(英文)	成果类型	发布时间
1	斑马条纹会影响温度调节吗？	Do Zebra Stripes Influence Thermoregulation?	论文	2019
2	理论表明，根系效率和独立性推动了植物区系的全球传播	Theory Suggests Root Efficiency and Independence Drove Global Spread of Flora	论文	2018
3	争夺血液：生态学家如何解决传染病之谜	Competing for Blood：How Ecologists are Solving Infectious Disease Mysteries	报告	2018
4	非洲保护区的战争和野生动植物数量减少	Warfare and Wildlife Declines in Africa's Protected Areas	论文	2018
5	新物种起源中自然选择和基因渗入的协同作用	Synergism of Natural Selection and Introgression in the Origin of a New Species	论文	2018
6	肯尼亚长期封闭实验(KLEE)揭示了多用途景观中牛群与生物多样性之间的关系	Relationships Between Cattle and Biodiversity in a Multi-Use Landscape Revealed by the Kenya Long-Term Exclosure Experiment (KLEE)	论文	2018

序号	成果名称（中文）	成果名称（英文）	成果类型	发布时间
7	升级保护区以保护野生生物多样性	Upgrading Protected Areas to Conserve Wild Biodiversity	论文	2017
8	大型草食动物促进了非洲大草原树木的生境专业化和β多样性	Large Herbivores Promote Habitat Specialization and Beta Diversity of African Savanna Trees	论文	2016
9	根据世界上最大的植树造林计划获得生物多样性的机会	Opportunities for Biodiversity Gains Under the World'S Largest Reforestation Programme	论文	2016
10	随着高度梯度社会复杂性的转变揭示了气候对社会进化的双重影响	Transitions in Social Complexity Along Altitudinal Gradients Reveal a Dual Impact of Climate on Social Evolution	论文	2014
11	40年的演变．达尔文雀在大达夫尼岛上	*40 Years of Evolution．Darwin's Finches on Daphne Major Island*	专著	2014

（五）重点出版物译介

1.《共生双氮固定在热带森林次生演替中的关键作用》(Key Role of Symbiotic Dinitrogen Fixation in Tropical Forest Secondary Succession,2013)

本文的研究确定了一个强大的反馈机制，其中氮固定可以克服在热带森林生物量快速积累期间出现的生态系统规模的氮缺乏。在巴拿马300年的时间跨度中，固定氮的树种在个体上积累的速度比不固定氮的树种快9倍（在幼林中差异最大），并且在固定量和固定时间上表现出物种特异性差异。由于快速生长和高固着，固着激素在头12年提供了支持净森林生长所需的大量的氮（每公顷50 000千克）。在整个森林年龄序列中，不同的固氮树种的存在是确保生态系统功能多样性的一个关键因素。这些发现表明，共生氮固定在热带森林林分发育过程的氮循环中起着核心作用，对热带森林吸收二氧化碳的能力具有潜在的重要意义。

2.《当一个新物种进入群落时，达尔文雀的鸣叫声就会出现分歧：这是物种形成的暗示》(Songs of Darwin's Finches Diverge When a New Species Enters the Community：Implications for Speciation,2010)

不同的鸟鸣叫声不同，因此很少相互交配繁殖。物种并非一成不变，在声音和形态上都会有所变化，但依然会维持其独特性。对达尔文地雀群落这种状况的调查，有助于揭示物种间生殖前隔离的起源和维持。本文调查了1978年至2010年在加拉帕戈斯大达夫尼岛上的中嘴地雀和仙人掌地雀鸣叫声的变化。虽然栖息地变化不大，但是雀群却发生了变化。具有社会攻击性的大嘴地雀（大型地雀),1983 年在大达夫尼岛上聚集,数量也在不断增加,它们都在同一个频段(2~4 kHz)鸣叫。中嘴地雀和仙人掌地雀的鸣叫声的时间特征,尤其是颤音频率和持续时间,随着大嘴地雀鸣声越来越普遍而变得有所不同。鸣叫声的变化不是鸟喙形态变化的被动结果,而是在声音印记和声音形成过程中产生了偏差。中嘴地雀和仙人掌地雀的子代鸣叫声各自比其亲代要快,因此比大嘴地雀与其亲代的鸣叫差异要大。在学习过程中,从一个厌恶的或混乱的刺激中分离出来可以描绘为一个"峰值转移",这可能是鸣叫声和物种演化的一个共同特征。

耶鲁大学环境学院（YSE）

类　　　型：科研院所

所 在 地：美国纽黑文

成立年份：1900 年

现任院长：英格丽·C.伯克（Ingrid C. Burke）

网　　　址：https://environment.yale.edu/

　　100 多年来，耶鲁大学环境学院（YSE）一直走在科学解决方案的前沿。学院的历史充满了创新、实践和多元参与，使得学院成为推进解决复杂资源环境问题的全球学术领导者。学院毕业生也成为国内外著名的环境领导者。

（一）发展历程

　　自 19 世纪以来，耶鲁大学就一直在美国自然资源保护和管理的发展中发挥领导作用，耶鲁大学的毕业生，如威廉·亨利·布鲁尔、奥特尼尔·马什、克拉伦斯·金和乔治·伯德·格林内尔都参与了西方的探索和推动正确利用地区资源。1900 年，耶鲁大学成立了耶鲁森林学院，这一传统得到进一步加强。

　　自成立以来，学院的使命就是将平肖（Pinchot）的环保理念落实到教育和专业中。多年来，学院目标有所扩大，对特派团的解释有所不同，教学方法也有所改变。1972 年，学院更名为林业与环境研究学院，旨在从最广泛的意义上关注人类利益，推动对生态系统的科学理解和长期管理。2020 年 7 月，学院更名为环境学院。

（二）学院专业与研究领域

　　耶鲁大学环境学院开展世界领先的研究，研究范围从当地到全球、从城市到农村、从人工干预到自然生长，跨越了多个学科和规模，促进了人们对可持续性各方面的理解。主要专业与研究领域如下：

——商业与环境:该专业的目的是帮助对与营利组织合作的非政府组织(NGO)和公共机构中的环境问题感兴趣的学院学生做好准备。对于具有环境科学或政策背景且对商业概念缺乏经验的工程管理硕士(MEM)研究生而言,该领域的学习特别有用。

——气候变化科学与解决方案:人为引起的气候变化是人类世的主要驱动力之一。地球气候的物理科学及其对污染的敏感性非常复杂,是一个需要深入研究的领域。

——生态系统与土地保护和管理:确保人类和非人类物种可以在景观之间共存。管理可确保生态系统具有弹性,从而具有持久的生产力。

——能源与环境:寻求可持续的方式为社会提供商品和服务时,能源是面临的最大挑战之一。能源是几乎所有人类活动必不可少的投入,但是能源的提取和利用对环境产生了深远的影响。社会渴望获得分布不均的能源,这引发了地缘政治问题和能源安全问题。解决这些挑战并理解各种替代能源的影响,需要系统性和多学科的观点。

——环境政策分析:环境政策分析专业化的目的是教给学生运用各种政策分析方法,评估政策的优势和劣势以及运用这些方法更好地理解各种决策方案对环境和自然资源挑战的影响。

——林业:该计划获得了美国林务员协会(SAF)的认可,涵盖了从乡村到城市,从全球到当地的各种环境和规模,使学生能够在复杂的社会、政治网络中解决关键的现实世界问题、资源冲突以及生态系统问题。

——工业生态与绿色化学:学生将了解用于生产-消费系统中环境问题的系统分析方法,了解量化工业生产中能源、材料、水和土地使用量的方法,以及对不同污染类型的比较评估。他们了解组织如何在环境管理中使用这些方法。

——人、公平与环境:为当今的专业环境管理人员提供一系列必要的理论、概念和方法技能,以提升他们勇于批判、反思和更新固有管理方式的能力。

——水资源科学与管理:培养学生在水资源的科学、政策和管理方面的专业知识,为职业生涯做准备,以寻求解决方案来应对由全球新兴和长期存在的水相关问题带来的挑战。

(三) 研究项目及成果

耶鲁大学环境学院部分研究项目和研究成果见表 78.1 和表 78.2。

表 78.1　部分研究项目

序号	项目名称（中文）	项目名称（英文）
1	耶鲁大学林业与环境学院战略计划	Yale School of Forestry and Environmental Studies Strategic Plan
2	研究人机协作以减少回收"瓶颈"的研究	Study to Examine Human-Robot Collaboration to Reduce Recycling "Bottleneck"
3	沼泽地会跟上不断上升的海洋吗？研究发现沉积物中的线索	Will Marshland Keep up with Rising Seas? Study Finds Clues in the Sediment
4	研究发现，植物物种中的"特殊"微生物可促进多样性	"Specialized" Microbes Within Plant Species Promote Diversity, Study Finds
5	耶鲁气候变化交流计划	Yale Program on Climate Change Communication
6	耶鲁大学环境传播中心	Yale Center for Environmental Communication

表 78.2　部分研究成果

序号	成果名称（中文）	成果名称（英文）	成果类型	发布时间
1	地标报告发现城市天然林需要加强管理	Landmark Report Finds Urban Natural Forests Require Greater Management	报告	2019
2	水资源短缺和需求僵化使世界流域面临风险	Water Scarcity and Inflexible Demand Puts World's River Basins at Risk	论文	2019
3	内陆水域如何"呼吸"碳以及对全球系统的意义	How Inland Waters "Breathe" Carbon—and What It Means for Global Systems	论文	2019
4	环境与发展的共同筹资：来自全球环境基金的证据	Cofinancing in Environment and Development: Evidence from the Global Environment Facility	论文	2016
5	大规模造林对地表温度的影响：以 WRF 模型为例的内蒙古库布齐沙漠	Impact of Large-Scale Afforestation on Surface Temperature: A Case Study in the Kubuqi Desert, Inner Mongolia Based on the WRF Model	报告	2019
6	减轻影响的伐木以减轻气候变化（RIL-C）可使热带森林的选择性伐木排放量减少一半	Reduced-Impact Logging for Climate Change Mitigation (RIL-C) Can Halve Selective Logging Emissions from Tropical Forests	论文	2019
7	发展中国家的私人治理：自愿碳补偿计划的驱动力	Private Governance in Developing Countries: Drivers of Voluntary Carbon Offset Programs	论文	2019
8	林线的幼苗存活对针叶林山地森林的海拔和范围至关重要	Seedling Survival at Timberline Is Critical to Conifer Mountain Forest Elevation and Extent	论文	2019

（四）重点出版物译介

1.《耶鲁环境 360》(*Yale Environment 360*)

《耶鲁环境 360》是一本在线杂志，提供有关全球环境问题的意见、分析、报告和辩论。收录了科学家、记者、环保主义者、学者、政策制定者和商人的原创文章，以及多媒体内容和每日重要环境新闻摘要。

2.《让土地所有者参与保护：设计计划和沟通的完整指南》(*Engaging Landowners in Conservation：A Complete Guide to Designing Programs and Communication*, 2019)

该出版物基于 TELE 方法论，该方法将社会营销原则应用于林业和保护计划，通常可以使土地所有者的土地活化率提高 3 倍。编者借鉴了 TELE 团队 10 年经验，先后咨询了数百个土地所有者的外展项目。通过指南，编者提供了具体的指导和现实生活中的示例，以帮助从业人员了解对景观产生可衡量和有意义的影响所需的重点内容和规模。指南将帮助自然资源官员接触更多的土地所有者，并鼓励他们在有限的时间和资源下采取适当的管理行动。

牛津大学环境变化研究所(ECI)

类　　型：科研院所
所 在 地：英国牛津
成立年份：1991 年
现任所长：蒂姆·奥赖尔登(Tim O'Riordan)
网　　址：https://www.eci.ox.ac.uk/

牛津大学环境变化研究所(ECI)是牛津大学的一个跨学科单位,研究全球环境变化的多个因素。研究所致力于组织和促进关于环境变化的性质、原因和影响的跨学科研究,并为制定应对未来环境变化的管理战略做出贡献。

(一) 发展历程

20 世纪 80 年代,地理学研究人员越来越意识到全球环境变化将成为一个跨学科关注的重大问题。为了解决这些问题,1991 年 2 月 14 日,在 IBM 英国信托基金、科恩基金会、杜尔弗顿信托基金、现在环境、默顿学院和数百名牛津校友的支持下,牛津大学成立了环境变化部门(ECU)。1999 年 11 月 23 日,环境变化部门改名为环境变化研究所(ECI),以表彰其在促进牛津大学环境工作中的重要作用。环境变化研究所与来自 35 个国家的 250 多个研究伙伴建立合作。

(二) 组织架构

环境变化研究所拥有 60 多名研究人员,博士生众多,2006—2007 年度的财政预算已超过 280 万英镑。研究所最高决策层是董事会,由 14 名杰出的商界精英、知名学者、前政府官员等组成。高级领导层由 7 名知名学者组成,负责机构的科研工作。

研究部门包括五大研究组,分别为气候研究组、生态系统研究组、能源研究组、粮食研究组、水研究组。另外,还有交叉研究组,管理、技术和行政支持人员组。

（三）研究领域

在过去 25 年里,环境变化研究所在气候、生态系统和能源方面取得了一系列研究成果,在粮食和水资源领域的专业化也日益增长,并通过一项跨学科综合计划来应对生态领域的挑战,从而进一步了解环境变化的进程。

——气候:重点是进行气候预测、探测和归因,对气候风险进行评估和建立气候影响模型,促进政府和企业适应气候变化。

——生态:了解生态系统及其在地球系统中的作用,以更好地管理和应对生态变化,从而实现地球生物遗产的可持续发展。

——能源:实现低碳期货计划,专注于人类在向安全、低污染和公平的能源体系过渡中所产生的问题。

——粮食:协助各界股东制定与推行更完善的粮食系统政策及措施,在粮食安全、生计、企业及环境目标之间实现更好的平衡。

——水资源:研究水资源短缺、洪水及其对生态、社会和经济的影响,处理全球河流流域水资源不安全的风险。

（四）研究项目及成果

环境变化研究所围绕气候、生态、能源、粮食、水 5 个主要领域开展研究。部分研究项目见表 79.1。

表 79.1　部分研究项目

序号	项目名称(中文)	项目名称(英文)
1	世界气候归因	World Weather Attribution
2	英国能源研究中心决策计划	UK Energy Research Centre Decision Making Programme
3	GEM:全球生态系统监测网	GEM: Global Ecosystem Monitoring Network
4	退化和恢复亚马孙森林和大西洋森林中的生物多样性和生态系统功能(ECOFOR)	Biodiversity and Ecosystem Functioning in Degraded and Recovering Amazonian and Atlantic Forests (ECOFOR)
5	能源需求解决方案研究计划	The Project for Research into Energy Demand Solutions
6	日益城市化和全球变暖中的人类健康	Human Health in an Increasingly Urbanized and Warming World
7	在英国新鲜水果和蔬菜系统中提高水相关风险的适应能力	Increasing Resilience to Water-Related Risk in the UK Fresh Fruit & Vegetable System
8	牛津马丁资源管理计划	Oxford Martin Programme on Resource Stewardship

环境变化研究所认为，合理的政策和研究成果需要信息共享。为此，相关研究数据和成果免费共享并提供下载。部分研究成果见表 79.2。

表 79.2　部分研究成果

序号	成果名称（中文）	成果名称（英文）	成果类型	发布时间
1	在非洲森林农业景观中的扶贫局限	The Ecological Limits of Poverty Alleviation in an African Forest-Agriculture Landscape	文章	2019
2	家用能源效率和健康：英格兰医院入院率的区域分析	Household Energy Efficiency and Health：Area-Level Analysis of Hospital Admissions in England	文章	2019
3	流域地貌数据在山洪敏感度分带中的应用：以孟加拉国卡纳弗利河和三姑河流域为例	The Use of Watershed Geomorphic Data in Flash Flood Susceptibility Zoning：A Case Study of the Karnaphuli and Sangu River Basins of Bangladesh	文章	2019
4	支撑脆弱性的结构：研究小农咖啡农林业系统中的景观与社会互动	The Structures Underpinning Vulnerability：Examining Landscape-Society Interactions in a Smallholder Coffee Agroforestry System	文章	2019
5	在西非的一个森林可可农场景观中的碳动态、净初级生产力与人类适用的净初级生产力	Carbon Dynamics，Net Primary Productivity and Human-Appropriated Net Primary Productivity Across a Forest-Cocoa Farm Landscape in West Africa	文章	2019
6	人类世的粮食：EAT-Lancet 委员会关于可持续食物系统的健康饮食	Food in the Anthropocene：The EAT-Lancet Commission on Healthy Diets from Sustainable Food Systems	文章	2019
7	巴基斯坦伊斯兰堡的重新联系和反思性	Reconnection and Reflexivity in Islamabad，Pakistan	文章	2019
8	1990 年至 2017 年间孟加拉国异质沿海地区土地利用/土地覆被变化的时空格局	Spatio-Temporal Patterns of Land Use/Land Cover Change in the Heterogeneous Coastal Region of Bangladesh Between 1990 and 2017	文章	2019
9	在应对加勒比海库拉索岛的沿海洪灾风险的能量变化	Power for Change in Adapting to Coastal Flood Risk on Curacao in the Caribbean	文章	2019
10	对巴勒斯坦当下和未来的基础设施需求进行系统评估	A Systems-Based Assessment of Palestine's Current and Future Infrastructure Requirements	文章	2019
11	中国的水质恢复中的氮管理	Managing Nitrogen to Restore Water Quality in China	文章	2019
12	在政策和实践中的能源充分性：需求和欲望的问题	Energy Sufficiency in Policy and Practice：The Question of Needs and Wants	论文	2019
13	运输能源系统中的"中断"和"连续性"：关于禁止使用新型常规化石燃料汽车的案例	"Disruption" and "Continuity" in Transport Energy Systems：The Case of the Ban on New Conventional Fossil Fuel Vehicles	论文	2019

(五)重点出版物译介

1.《了解气候变化对健康的影响,以更好地管理和适应自身行为》(Understanding the Impacts of Climate Change on Health to Better Manage Adaptation Action,2019)

文章于 2019 年在《大气》(*Atmosphere*)上发表,从探讨气候变化对人类健康的影响开启,最后提出了应对措施。文章从以下 3 个方面展开:第一,了解环境与健康之间的复杂关系;第二,量化温度变化对健康的影响;第三,将科学证据纳入适应实践。文章最大的亮点是通过量化社会影响,以激励政策制定者采取改善气候变化的措施,促进对大气和健康科学领域的跨学科研究工作。文章需要进一步探讨在社会变革中如何采取行动以及在何处采取行动,以使健康效益最大化。

2.《流域地貌数据在山洪敏感度分带中的应用:以孟加拉国卡纳弗利河和三姑河流域为例》(The Use of Watershed Geomorphic Data in Flash Flood Susceptibility Zoning:A Case Study of the Karnaphuli and Sangu River Basins of Bangladesh,2019)

孟加拉国东南丘陵地区暴雨的发生使该地区极易遭受反复的山洪泛滥。由于该地区是孟加拉国的商业首都,山洪对国家经济构成了重大威胁。文章使用 22 个形态计量学参数,评估了该地区对卡纳弗利河和三姑河流域内暴发山洪的敏感性。分析指出,大约有 340 万人居住在洪灾多发地区,因此可能造成生命和财产损失。文章确定了一个国家重要区域内的重大山洪暴发区,以及人们遭受这些事件的影响。在分区级别上详细分析和显示山洪敏感性数据可以使相关组织改善流域管理做法,从而减轻未来的洪灾风险。

3.《展望未来:在适应实践成熟时的决策支持指南》(Looking to the Future:Guidelines for Decision Support as Adaptation Practice Matures,2019)

文章确定并讨论了《气候变化适应决策支持工具》特刊中的 10 项指南。该指南有 3 个标题:基础、设计和建造、长期支持可持续性。文章解决了与决策支持资源最终用户进行合作的需求,这些资源可以为蓬勃发展的实践社区的形成做出贡献,以及满足不同类型的决策支持与用户需求之间的匹配。文章建议,决策支持资源可能在部门和地区之间转移,但是动机应该围绕实现卓越,而不仅仅是节省成本。文章最后展望了未来:决策支持资源是否可以成功地发展,以满足日益复杂的适应实践者社区的信息和指导要求。

澳大利亚国立大学芬纳环境与社会学院（ANU Fenner School of Environment & Society）

类　　　型：科研院所
所 在 地：澳大利亚阿克顿
成立年份：2007 年
现任院长：索尔·坎宁安（Saul Cunningham）
网　　　址：https://fennerschool.anu.edu.au/

澳大利亚国立大学芬纳环境与社会学院（ANU Fenner School of Environment & Society）在环境科学、可持续性发展、社区参与研究和人才培养等方面有着较高的国际影响力，是全球领先的可持续发展研究与环境政策智库。

（一）发展历程

芬纳环境与社会学院成立于 2007 年，由前资源与环境研究中心，资源、环境与社会学院以及林业与地理系组成，以国际著名学者、教授弗兰克·芬纳（1914—2010）的名字命名。

芬纳教授是澳大利亚获奖最多的科学家之一。他曾是澳大利亚科学院院士、皇家学会院士和美国国家科学院外籍研究员。芬纳教授虽然以在全球根除天花方面的贡献而闻名，但他也对环境充满热情。

（二）组织架构

芬纳环境与社会学院由执行委员会管理，该委员会由该校的执行人员组成。执行委员会的主要职责是就与研究、教育和行政管理有关的事项向学校主任提供建议。执行委员会的研究领域涉及生物多样性与保护、气候与能源、食物、土壤与水、森林与火、原住民与环境、整合方法与应用、城市系统与可持续发展等多个领域。学院研究项目涉及生物多样性与保护项目,气候与能源项目,食物、土壤和水项目,森林与火项目,原住民与环境项目,整合方法与应用项目,城市系统与可持续发展项目等。

(三)研究领域

——生物多样性与保护:通过告知最佳实践管理和长期生物多样性保护政策,有助于降低物种濒临灭绝的速度。

——气候与能源:通过创新的跨学科研究和与政策相关的建议,积极利用气候科学、气候适应、能源、环境监测与管理以及可持续发展方面的专业知识,为缓解和适应气候变化做出贡献。

——食物、土壤和水:提供可靠的科学、社会学和机构知识,为可持续的食品和水政策提供依据,并改善自然资源的管理、利用和保护。

——森林与火:管理至关重要的原生森林和林地,包括森林生态学、景观恢复、野生动植物保护、生态可持续的林业以及火灾和气候的影响。

——原住民与环境:研究原住民在环境管理方面的历史和当代参与,原住民的可持续性世界观以及澳大利亚原住民社区的水资源短缺挑战。

——整合方法与应用:有效的环境管理需要了解政策选择与复杂的社会、经济、技术和环境过程之间的相互作用。综合研究方法在确定可持续发展途径的能力中起着至关重要的作用。

——城市系统与可持续发展:了解城市社会生态系统的结构、功能和过程,以及城市化的驱动力和影响。

(四)研究项目及成果

芬纳环境与社会学院的部分研究项目及研究成果见表80.1和表80.2。

表80.1 部分研究项目

序号	项目名称(中文)	项目名称(英文)
1	南极的生物多样性模式	Biodiversity Patterns in Antarctica
2	环境管理项目	Environmental Stewardship Program
3	改善草木林地的生态恢复(与澳大利亚绿化合作)	Improving Ecological Restoration in Grassy Woodlands (in Collaboration with Greening Australia)
4	组合多个降水数据源,以改善数据贫乏地区的干旱监测和预报	Combining Multiple Precipitation Data Sources to Improve Drought Monitoring and Forecasting in Data Poor Regions
5	利用历史极端天气改善未来的气候变化风险评估	Using Historical Weather Extremes to Improve Future Climate Change Risk Assessment
6	河口、河流和湿地系统中的水生生态	Aquatic Ecology in Estuarine, Riverine and Wetland Systems
7	城市森林/城市绿化:街道和公园树木的局部气候和污染缓解效应	Urban Forests/Urban Greening: Localised Climate and Pollution Mitigation Effects of Street and Park Trees
8	创建和使用生态系统账户	Creating and Using Ecosystem Accounts

表 80.2　部分研究成果

序号	成果名称（中文）	成果名称（英文）	成果类型	发布时间
1	尝试低碳城市：政策演变和创新的嵌套结构	Experimenting Towards a Low-Carbon City：Policy Evolution and Nested Structure of Innovation	论文	2018
2	锁定城市的积极气候响应	Locking in Positive Climate Responses in Cities	论文	2018
3	澳大利亚的自然灾害：极端森林大火	Natural Hazards in Australia：Extreme Bushfire	论文	2018
4	由于城市树木腐烂而导致的碳损失	The Overlooked Carbon Loss Due to Decayed Wood in Urban Trees	论文	2018
5	城市星球：对可持续城市的认识	Urban Planet：Knowledge Towards Sustainable Cities	图书的章节	2018
6	长期的栖息地破碎化实验导致甲壳虫物种的形态变化	ALong-Term Habitat Fragmentation Experiment Leads to Morphological Change in a Species of Carabid Beetle	论文	2017
7	评估农业生态系统健康的评估框架	An Assessment Framework for Measuring Agroecosystem Health	论文	2017
8	全球背景下的澳大利亚水治理：了解地方主义的好处	Australian Water Governance in the Global Context：Understanding the Benefits of Localism	论文	2017
9	可持续发展：中国走向生态环境的道路	Sustainability：China's Path to Ecotopia	论文	2017
10	澳大利亚东南部农业景观中的林地恢复和生物多样性保护	Woodl and Rehabilitation and Biodiversity Conservation in an Agricultural Landscape in South Eastern Australia	论文	2017

（五）重点出版物译介

《城市与气候变化的 6 项研究重点》（Six Research Priorities for Cities and Climate Change,2018）

本文主要内容是城市必须应对气候变化。世界人口的一半以上是城市人口,城市排放的二氧化碳中有 75% 来自能源使用。要实现 2015 年《巴黎协定》的目标,将升温保持在比前工业化时期低 2℃ 以下,就需要将二氧化碳排放保持在"碳预算"之内,并在 2017 年之后排放不超过 800 000 兆吨。但是,到 2050 年,使世界其他地区达到与发达国家（《京都议定书》附件 1 所列国家）相同的基础设施水平,可能会占用全球剩余碳预算中的 350 000 兆吨。这种增长大部分将发生在发展中国家的城市。

格兰瑟姆气候变化与环境研究所 (Grantham Research Institute on Climate Change and the Environment)

类　　　型：科研院所
所　在　地：英国伦敦
成立年份：2008 年
现任主席：尼古拉斯·斯特恩(Nicholas Stern)
网　　　址：https://www.lse.ac.uk/granthaminstitute/

格兰瑟姆气候变化与环境研究所(Grantham Research Institute on Climate Change and the Environment)于 2008 年 5 月由伦敦政治经济学院建立,旨在建立世界领先的气候变化与环境政策相关研究与培训中心,研究所汇集国际经济学、金融、地理、环境、国际发展和政治经济学等相关领域的专家。

(一) 发展历程

格兰瑟姆气候变化与环境研究所是帝国理工学院格兰瑟姆气候变化研究所的合作伙伴,是伦敦政治经济学院在气候变化及其对环境影响领域的引领者。此外,该研究所还负责监督伦敦政治经济学院与利兹大学的合作伙伴——气候变化经济与政策中心(CCCEP)的活动。

两个格兰瑟姆研究所均由汉内洛尔和杰里米·格兰瑟姆于 1997 年成立的格兰瑟姆环境保护基金会赞助。约 2400 万英镑的总投资被认为是对气候变化研究的最大私人捐款之一。

格兰瑟姆气候变化与环境研究所的活动由格兰瑟姆环境保护基金会和其他

来源资助。在 2015—2016 财政年度(2015 年 8 月 1 日至 2016 年 7 月 31 日),研究所花费了 354.86 万英镑(PDF)用于研究和其他活动。

(二) 组织架构

格兰瑟姆气候变化与环境研究所主席为尼古拉斯·斯特恩(Nicholas Stern),副主席为朱迪思·里斯(Judith Rees),并有管理人员、通信人员、政策人员和研究人员等。

尼古拉斯·斯特恩 1993 年当选为英国科学院院士,他是世界银行前首席经济学家、美国文理科学院的名誉院士和美国经济协会的外国名誉会员。他是著名的《斯特恩评论》(Stern Review)的作者,其主要作品还有《发展战略》《更安全的星球的蓝图:如何应对气候变化并创造进步与繁荣的新时代》《全球协议:气候变化与进步与繁荣新时代的创造》等。

(三) 研究领域

格兰瑟姆气候变化与环境研究所汇集了经济学、金融学、地理学、环境学、国际发展和政治经济学方面的国际专业知识,旨在开展全球公认的政策相关研究。主要研究领域如下。

——行为改变:行为改变研究小组提供有关人们为何以及如何决定气候相关活动的见解,帮助研究人员、政策制定者和企业确定有效的干预措施,以促进公民和企业的环境友好行为。

——可持续金融:可持续金融小组的重点是如何有效地筹集资金以实现气候行动和可持续发展。

——治理与立法:治理和立法研究小组探讨了在国际和国内层面向低碳和气候适应型社会转变的治理和政治经济,包括执行《巴黎协定》。

——增长与创新:增长与创新研究小组探讨了绿色增长的潜力及其在更清洁、更有效的经济方面的诸多益处。

——政策设计与评估:政策设计与评估小组分析了当前和未来气候和能源政策的有效性和影响。

——可持续发展:可持续发展小组研究人员关注实施和实现可持续发展目标(SDG)的实际挑战,特别是围绕它们之间的协同作用和权衡取舍。

(四) 研究项目及成果

格兰瑟姆气候变化与环境研究所的部分研究项目和研究成果见表81.1和表81.2。

表 81.1　部分研究项目

序号	项目名称(中文)	项目名称(英文)
1	气候共同领域的合作	Cooperation in the Climate Commons
2	英国和墨西哥的气候变化立法：气候治理的经验教训	Climate Change Legislation in the UK and Mexico：Lessons for Climate Governance
3	治理和执行关于气候变化的可持续发展目标13	The Governance and Implementation of Sustainable Development Goal 13 on Climate Change
4	Statkraft政策研究计划：欧盟"针对特定目的"的能源与气候变化缓解政策	Statkraft Policy Research Programme："Fit-for-Purpose" Energy and Climate Change Mitigation Policies for the European Union
5	能源效率的经济分析	Economic Analysis of Energy Efficiency
6	评估气候保险的弹性影响(ERICI)	Evaluating the Resilience Impact of Climate Insurance (ERICI)
7	与厄尔尼诺有关的洪水和干旱对博茨瓦纳、肯尼亚和赞比亚的中小企业的经济影响	The Economic Impact of El Niño-Related Floods and Drought on Small and Medium Enterprises in Botswana, Kenya and Zambia

表 81.2　部分研究成果

序号	成果名称(中文)	成果名称(英文)	成果类型	发布时间
1	新的350万英镑研究网络将支持英国向低碳经济过渡	New £3.5m Research Network to Support UK Transition to a Low-Carbon Economy	文章	2019
2	扭转了美国电力部门的二氧化碳排放量：1990—2015年国家水平的分析	Turning the Corner on US Power Sector CO_2 Emissions—A 1990—2015 State Level Analysis	文章	2019
3	雪和冰川融水对印度恒河平原农业的重要性	Importance of Snow and Glacier Meltwater for Agriculture on the Indo-Gangetic Plain	文章	2019
4	简介：预测马拉维湖和夏尔河流域未来的水供应	Brief：Projecting Future Water Availability in Lake Malawi and the Shire River Basin	文章	2019
5	需要对气候敏感地区的气候风险和适应性进行自下而上的评估	The Need for Bottom-up Assessments of Climate Risks and Adaptation in Climate-Sensitive Regions	文章	2019
6	环境和经济绩效是否并存？回顾过去10年左右的微观经验证据	Do Environmental and Economic Performance Go Together？A Review of Micro-Level Empirical Evidence from the Past Decade or so	文章	2019
7	"一项非常人性化的业务"：跨国网络倡议和国内气候行动	"A Very Human Business"—Transnational Networking Initiatives and Domestic Climate Action	文章	2019
8	气候变化诉讼：气候治理中法院和诉讼人的研究述评	Climate Change Litigation：A Review of Research on Courts and Litigants in Climate Governance	文章	2019

续表

序号	成果名称（中文）	成果名称（英文）	成果类型	发布时间
9	气候变化政策治理：南非的案例研究	Governance of Climate Change Policy：A Case Study of South Africa	报告	2019
10	在微观层面结合经济和环境绩效数据的经验文献综述	A Review of the Empirical Literature Combining Economic and Environmental Performance Data at the Micro-Level	文章	2018
11	走向本地：评估和划分全球水文模型，模拟中型东非流域的河流流量	Going Local：Evaluating and Regionalizing a Global Hydrological Model's Simulation of River Flows in a Medium-Sized East African Basin	文章	2018
12	似乎时间紧迫的公共经济学：气候变化和政策动态	Public Economics as if Time Matters：Climate Change and the Dynamics of Policy	文章	2018

（五）重点出版物译介

1.《格兰瑟姆研究所 10 点：分析、参与、领导》（The Grantham Research Institute at 10：Analysis，Engagement，Leadership）

该文集回顾了过去 10 年研究所在关键研究领域的重点，并描述了如何扩展这项工作的各个方面。研究所工作人员描述了他们工作的影响，从为国际谈判和碳市场改革做出贡献，到建立关于气候法律的独特知识资源，以及为发展中国家的恢复力决策提供信息。出版物汇集了来自各国政府、国际机构和学术界的杰出人士的证词，以及继续以特别的方向发展其工作的研究所校友的证词。

2.《实施关于气候变化与可持续发展的全球议程：格兰瑟姆气候变化与环境研究 2019—2024》（Implementing the Global Agenda on Climate Change and Sustainable Development：Grantham Research Institute on Climate Change and the Environment 2019—24）

未来 5—10 年将决定世界能否成功实现向包容、可持续增长的转型。在文中，格兰瑟姆研究所阐述了将如何为企业和政府提供他们需要的研究和分析，以便就气候行动和可持续发展做出更好的知情决策。它提出了研究所 2019—2024 年在学术研究、政策分析和与决策者接触等领域的优先事项。

 # 气候变化经济与政策研究中心（CCCEP）

类　　型：科研院所	
所 在 地：英国伦敦	
成立年份：2008 年	
现任主任：尼古拉斯·斯特恩（Nicholas Stern）	
网　　址：https://www.cccep.ac.uk/	

气候变化经济与政策研究中心（CCCEP）是一个全球性气候经济与政策智库，也是基于地方气候行动网络（P-CAN）的成员之一，汇集了来自多学科的世界领先的气候变化经济学和政策研究人员。该中心由利兹大学和伦敦政治经济学院联合主办，其活动是对伦敦政治经济学院格兰瑟姆气候变化与环境研究所和利兹大学可持续发展研究所工作的完善。其使命是对经济学和政策进行严谨、创新的研究和分析，倡导个体和社会积极行动，以应对气候变化。

（一）发展历程

CCCEP 自 2008 年成立以来，一直由英国经济和社会研究理事会资助。第一阶段资金支持时间从 2008 年 10 月至 2013 年 9 月，第二阶段资金支持时间从 2013 年 10 月至 2018 年 9 月，第三阶段融资于 2018 年 10 月 1 日启动。

（二）组织架构

CCCEP 拥有许多来自不同学科的专家和工作人员，涉及气候、能源、城市、经济、商业和金融等领域。最高决策层是董事会，负责提供总体战略意见。管理集团来自伦敦政治经济学院和利兹大学，确保完成研究中心的使命和研究目标。

CCCEP 还设有行政办公室、通信部、合作部等。

（三）研究领域

CCCEP 通过对经济学和政策进行严格、创新研究，推动各个部门对气候变化采取积极行动,利用研究成果影响公共决策、私人部门行动和第三行业战略。CCCEP 研究分为 3 个阶段。

1. 第一阶段的 5 个研究方案

气候科学与经济发展:通过对气候预测进行定量分析,规划气候变化方案,减少温室气体排放。

气候变化治理达成新的全球协议:研究国际谈判体系,探讨气候变化所处在并正在广泛影响的政治和体制环境,以使人类对气候变化治理有新的认识。

适应气候变化和人类发展:通过定性和定量相结合的方法,将气候变化适应政策,与宏观经济、社会和政治环境中的变化相联系,以增强人类福祉。

政府、市场和减缓气候变化:着重于促进人类对社会向低碳经济过渡的不同方式建立更全面、更扎实和"基于证据"的理解。

慕尼黑再规划——评估保险行业气候风险和机遇的经济学:着重评估气候变化带来的风险,并采取适当的应对措施,从而为私营和公共部门的决策提供依据。

2. 第二阶段的 5 个综合研究主题

对绿色增长和气候兼容发展的理解:对绿色增长和就业的主张进行经济学研究,并以跨学科的方式评估在重要的案例研究环境中如何实现绿色增长。

推进气候融资和投资:从人文地理学、国际关系和政治经济学等跨学科视角研究气候融资的"多层次治理"。

对气候政策进行评估:分析在一个多元化、高速度的世界中重要气候政策的表现,并通过生成新的数据集和低碳创新措施,形成创新方法论。

管理气候风险和不确定性,加强气候服务:在第一阶段的研究基础上,确立更健全的适应规划的概念基础。

在减缓和适应方面实现快速转变:使用经济和制度的方法来研究向低碳和具有气候适应力的经济系统转变。

3. 第三阶段的 7 个研究项目

低碳与适应气候变化的城市:借鉴早期研究成果,旨在为城市气候行动的设计和实施提供信息,并将其纳入相关发展战略,使其符合《巴黎协定》的目标。

可持续基础设施的融资:与国际金融机构合作,以适应气候变化的方式,对基础设施进行融资。

具有挑战性的低碳产业战略:旨在最大限度地发挥早期研究对国家低碳产业战略的影响,包括对地方产业战略的新分析,为多层次的政策制定、设计和实施提供更有力的经验。

整合气候与发展政策,促进"气候兼容发展":在国家决策层面促进具有气候适应能力的农村发展规划,并利用良好的实践案例指导国际政策辩论。

低碳经济竞争力:通过与英国利益相关者合作,利用企业层面的数据,探索低碳经济中私营部门活动的驱动因素,以及绿色企业的经济绩效。

行为改变的诱因:利用相关研究,与能源部门进行大规模实验合作,以确定低碳行为政策和智能电表采用的产品设计激励措施。

适应气候信息:建立在早期关于适应决策和发展气候科学的研究基础上,以探索最佳管理气候风险的方法。

(四) 研究项目及成果

气候变化经济与政策研究中心围绕气候、能源、绿色产业等领域开展研究(表82.1)。

表82.1 部分研究项目

序号	项目名称(中文)	项目名称(英文)
1	中国城市的绿色增长	Green Growth in Chinese Cities
2	将非洲的气候适应发展(CCD)主流化	Mainstreaming Climate-Compatible Development (CCD) in Africa
3	气候融资的政治经济学	Political Economics of Climate Finance
4	气候融资的多层次治理	Multilevel Governance of Climate Finance
5	碳市场的演变	Evolution of Carbon Markets
6	基于消费的碳核算和减排政策	Consumption-Based Carbon Accounting and Mitigation Policies
7	碳、竞争力和贸易	Carbon, Competitiveness and Trade
8	低碳创新测算与评估	Measuring and Evaluating Low-Carbon Innovation

气候变化经济与政策中心认为,合理的政策和研究项目需要信息共享。为此,相关研究成果(表82.2)免费共享并提供下载。

表82.2 部分研究成果

序号	成果名称(中文)	成果名称(英文)	成果类型	发布时间
1	能源价格在结构转型中的作用:来自菲律宾的证据	The Role of Power Prices in Structural Transformation: Evidence from the Philippines	文章	2019
2	能效标准是否会伤害消费者?来自家用电器销售的证据	Do Energy Efficiency Standards Hurt Consumers? Evidence from Household Appliance Sales	文章	2019
3	"一项非常人性化的业务":跨国网络倡议和国内气候行动	"A Very Human Business"—Transnational Networking Initiatives and Domestic Climate Action	文章	2019

续表

序号	成果名称（中文）	成果名称（英文）	成果类型	发布时间
4	Mimi-PAGE，PAGE 09 综合评估模型的开源实现	Mimi-PAGE, an Open-Source Implementation of the PAGE 09 Integrated Assessment Model	文章	2018
5	从倡导到行动：预测气候变化对健康的影响	From Advocacy to Action：Projecting the Health Impacts of Climate Change	文章	2018
6	通过专家启发建立叙事以描述区域气候变化的不确定性	Building Narratives to Characterise Uncertainty in Regional Climate Change Through Expert Elicitation	文章	2018
7	加纳北部气候脆弱性热点地区的适应概率与适应不良的结果	Adaptation Opportunities and Maladaptive Outcomes in Climate Vulnerability Hotspots of Northern Ghana	文章	2018
8	生产城市和消费城市：使用基于生产和消费的碳账户来指导中国、英国和美国的气候行动	Producer Cities and Consumer Cities：Using Production and Consumption-Based Carbon Accounts to Guide Climate Action in China, the UK，and the US	文章	2018
9	让私营部门适应撒哈拉以南非洲地区的气候变化	Enabling Private Sector Adaptation to Climate Change in Sub-Saharan Africa	文章	2018
10	风险感知在气候变化交流中的作用：2015/2016 年关于英国冬季洪水的媒体分析	*The Role of Risk Perceptions in Climate Change Communication：A Media Analysis of the UK Winter Floods 2015/2016*	专著	2018
11	欧盟参与国际气候变化谈判	*The European Union in International Climate Change Negotiations*	专著	2017
12	越南遭受洪水、气候变化和贫困的威胁	*Exposure to Floods，Climate Change，and Poverty in Vietnam*	专著	2016
13	适应气候变化的发展经济学	*The Economics of Climate-Resilient Development*	专著	2016

（五）重点出版物译介

《气候变化立法趋势》(*Trends in Climate Change Legislation*，2017)

随着人们对气候变化重要性认识的加深，近年来有关气候变化或气候相关法律的数量迅速增加。《气候变化立法趋势》对推动这一激增的政治、制度和经济因素进行了敏锐的分析。本书通过对发达国家和发展中国家集中分析，并对全球范围内的气候变化立法进行了广泛的探索，确定了良好气候法应包含的关键条款，并探讨了影响气候法通过的因素，从而使巴黎的承诺具有更高的可信度。本书不仅吸引了涉及气候政策和环境法领域的议员、政策制定者和律师，还吸引了对气候变化立法感兴趣的学生和研究人员。

斯德哥尔摩恢复力中心(SRC)

类　　　型：科研院所

所　在　地：瑞典斯德哥尔摩

成　立　年　份：2007 年

现任董事长：莱恩·戈东(Line Gordon)

现　任　主　席：卡尔·福尔克(Carl Folke)

网　　　址：https://www.stockholmresilience.org/

斯德哥尔摩恢复力中心(SRC)是一个全球性恢复力和可持续性发展智库,研究工作涉及美国、亚洲和欧洲等国家和地区,致力于气候变化、景观、水资源、土地利用、粮食安全、海洋系统、城市系统等领域的研究。斯德哥尔摩恢复力中心通过理解、控制和管理社会生态系统,增强人类对生态系统多样性变化的适应能力,改善民生,实现人类文明与生物圈的共同发展。其使命是推动加强对社会生态系统治理和管理的深入研究,以确保生态系统的可持续发展为增进全球性恢复力和人类福祉提供助力。

(一) 发展历程

自 2007 年成立以来,为了应对人类面临的复杂挑战,斯德哥尔摩恢复力中心建立一个能理解、控制和管理生态系统的组织,通过创新方法论和广泛的社会跨学科合作,激发了科学、商业、政策的可持续性新思维。

斯德哥尔摩恢复力中心是斯德哥尔摩大学与瑞典皇家科学院贝耶尔生态经济学研究所的合作机构,现已发展为世界领先的科学中心;还与世界可持续发展工商理事会合作,2017 年成为艾伦·麦克阿瑟基金会与瑞典服装零售商 H&M 集团新项目的科学合作伙伴;此外,与斯德哥尔摩大学、瑞典战略环境研究基金会、欧洲研究委员会、瑞典自然保护局、日本基金会、斯托达林基金会、瑞典环境、农业科学和空间规划研究委员会、玛丽安和马库斯·瓦伦堡基金会、瑞典学院、沃尔顿家族基金会、大卫和露西尔·帕卡德基金会、戈登和贝蒂·摩尔基金会、约翰逊家族基金会等也建立合作关系。该中心资金主要来源于基金、政府、国际机构、公司和个人。

（二）组织架构

斯德哥尔摩恢复力中心拥有众多专家和工作人员，涉及景观、海洋、城市、复杂的自适应系统、人类世模式和管理等领域。其最高决策层是董事会，由杰出的知名学者、教授组成。战略顾问委员会由国际科学咨询委员会（ISAC）和国际咨询委员会（IAB）组成。还没有行政与通信部门、教育部门、管理部门和政策和实践部门。

（三）研究领域

斯德哥尔摩恢复力中心进行独立研究，通过严谨的分析，利用最新技术提出新的观点和建议，促进明智的决策；关注跨部门、规模和社会生态系统的元合成，跨学科的研究为新的科学见解做出了贡献，并在政策、实践和商业领域激发了对可持续发展挑战的新思考，从而满足社会对科学日益增长的需求。其主要研究领域如下：

——景观：研究动态社会生态景观中的淡水、粮食和生态系统服务。

——海洋：提供对海洋社会生态系统的弹性和动态的、更广泛和更深入的了解。

——城市：侧重于城市社会生态系统，并把生态系统服务、生物多样性、社会和人类纳入城市恢复力和可持续性分析中。

——复杂的自适应系统：通过与相关概念、理论和方法进行互动、测试、进一步开发和操作，来推进复杂的适应性系统以及加深对社会生态系统的弹性思考和理解。

——人类世模式：研究人类活动与地球环境之间的相互作用，在这些相互作用中，当地和区域驱动因素可以带来全球范围的挑战。

——管理：对成功建立社会生态适应力的多级治理的社会、制度、经济和生态基础进行研究。

（四）研究项目和成果

斯德哥尔摩恢复力中心围绕景观、海洋、城市、复杂的自适应系统、人类世模式、管理 6 个主要领域开展研究（表 83.1）。

表 83.1　部分研究项目

序号	项目名称(中文)	项目名称(英文)
1	全球粮食系统和多功能陆地和海洋景观	Global Food Systems and Multifunctional Land & Seascapes
2	海洋系统动力学	Marine System Dynamics
3	城市社会生态系统	Urban Social-Ecological Systems
4	推进复杂的自适应系统和弹性思考	Advancing Complex Adaptive Systems and Resilience Thinking
5	人类世的模式	Patterns of the Anthropocene
6	生物圈管理	Biosphere Stewardship
7	弹性科学转型	Resilience Science for Transformation

斯德哥尔摩恢复力中心自成立以来,已发表期刊论文 700 多篇,主要涵盖生态经济学、系统生态学、农业实践和社会生态系统等。该中心认为信任、合作和乐趣的工作方法,有利于产生新的科学见解,为此,相关研究数据和成果免费共享并提供下载。部分研究成果见表 83.2。

表 83.2　部分研究成果

序号	成果名称(中文)	成果名称(英文)	成果类型	发布时间
1	城市世纪转型的可持续性和弹性	Sustainability and Resilience for Transformation in the Urban Century	报告	2019
2	2050 年第二次非洲世界对话	The Second African Dialogue on the World in 2050	报告	2019
3	转型是可行的:如何在行星边界内实现可持续发展目标	Transformation Is Feasible — How to Achieve the Sustainable Development Goals Within Planetary Boundaries	报告	2018
4	在欧盟一级实施安全操作空间概念:第一步和探索	Operationalizing the Concept of a Safe Operating Space at the EU Level — First Steps and Explorations	报告	2018
5	识别、量化和鉴定生物文化多样性:生物文化多样性评估	Identifying, Quantifying and Qualifying Biocultural Diversity — Assessment of Biocultural Diversity	报告	2017
6	城市绿色基础设施:将人与自然联系起来,打造可持续发展的城市	Urban Green Infrastructure: Connecting People and Nature for Sustainable Cities	报告	2017
7	2016 年 2 月 13 日至 15 日泰国清莱省欣拉德奈为社区和生态系统福祉动员原住民和地方知识国际交流会议	International Exchange Meeting for Mobilisation of Indigenous and Local Knowledge for Community and Ecosystem Wellbeing Hin Lad Nai, Chiang Rai Province, Thailand 13—15 February 2016	报告	2017

续表

序号	成果名称（中文）	成果名称（英文）	成果类型	发布时间
8	瑞典生物圈保留地作为执行 2030 年议程的竞技场	Swedish Biosphere Reserves as Arenas for Implementing the 2030 Agenda	报告	2017
9	不断变化的环境中瑞典海的酸化	Acidification of Swedish Seas in a Changing Environment	报告	2017
10	梦想与种子：校园在可持续城市发展中的作用	*Dreams and Seeds*：*The Role of Campuses in Sustainable Urban Development*	专著	2017
11	超越座舱主义：增强可持续发展目标变革潜力的四个见解	Beyond Cockpitism：Four Insights to Enhance the Transformative Potential of the Sustainable Development Goals	论文	2017
12	走向无化石社会：斯德哥尔摩-迈拉地区	Towards a Fossil-Free Society—In the Stockholm-Mälar Region	报告	2016

（五）重点出版物译介

1. 《大世界、小行星：行星边界内的丰度》（*Big World*，*Small Planet*：*Abundance Within Planetary Boundaries*，2015）

在这本书中，作者用叙事文笔，结合影像等生动案例，分享了推进新发展范式（行星边界内的丰度）的必要性与可能性。呼吁利用全球可持续性来释放创新，进而为维护地球上剩余的美丽构筑保护屏障。

2. 《建设恢复力的原则：在社会生态系统中维持生态系统服务》（*Principles for Building Resilience*：*Sustaining Ecosystem Services in Social-Ecological Systems*，2015）

本书反映了最新的研究成果，对如何增强社会生态系统的恢复力及生态系统提供的生态系统服务进行了批判性的回顾，内容围绕着构建恢复力的 7 个关键原则展开：保持多样性和冗余；管理连接；管理缓慢的变量和反馈；培养复杂的适应系统思维；鼓励学习；扩大参与；促进多中心治理。作者评估了支持这些原则的证据，讨论了它们的实际应用并进一步概述了研究需要。

3. 《促进人类繁荣的水复原力》（*Water Resilience for Human Prosperity*，2014）

在全球快速变化背景下出现水资源挑战，需要对水资源的治理和管理提出新思路。本书着重研究社会生态变化的适应力，提出了一种水资源的新方法，解决了全球可持续性发展问题。通过本书的创新和综合方法的应用，将淡水、陆地和水生生态系统的功能与用途联系在一起，同时还将土地利用引起的变化与社会生态系统和生态系统服务的影响联系起来。本书是学术研究人员和水资源专业人士的重要最新技术资源，也是研究水资源治理和管理研究生的重要参考资料。

卡里生态系统研究所（CES）

类　　型：科研院所
所 在 地：美国纽约
成立年份：1983 年
现任所长：约书亚·R.金斯伯格（Joshua R. Ginsberg）
网　　址：https://www.caryinstitute.org/

美国卡里生态系统研究所（CES）是一个世界领先、独立自主进行环境研究的机构，研究工作涉及全球 20 个国家，建立了 73 个世界研究站点，致力于生态系统自然原理的研究和环境问题的解决。在淡水、森林、疾病和城市生态学的全球专家团体合作下，将卡里生态系统研究所的科学成果应用于现实管理和政府决策中，以维护自然环境和改善民生。研究所使命是与全世界共享科学研究成果，宗旨是成为全心全意为人类社会服务的科学机构。

（一）发展历程

卡里生态系统研究所成立于 1983 年，是一个杰出的国际生态研究中心。30多年来，研究所的科学家们利用对生态系统的研究弥合了传统科学学科，揭示了自然世界管理的复杂互动原理，促进了对生态系统供给生命的理解。该研究所与米尔布鲁克实验室、新罕布什尔州哈伯德·布鲁克实验林及美国其他地方和海外的机构建立了合作。

（二）组织架构

卡里生态系统研究所拥有科学家、研究支持人员以及在全球各地工作的辅助人员，其分支机构分布在阿根廷、巴西、中国、智利、德国、肯尼亚、新加坡和南非等国。其最高决策层是董事会，由杰出的知名学者、商界精英、政府官员组成。领导层由 4 名知名学者组成，总统顾问委员会亦由知名学者组成。

研究部门有 14 个组,在其他人员构成中,还包括教育部、开发部、行政办公室、通信部、信息服务和技术部以及建筑和地基部。

（三）研究领域

卡里生态系统研究所坚持独立自主、合作共赢、超前思维和解决问题的价值观,利用研究成果影响政策和解决生态问题。通过卡里生态系统研究所研究团队的合作与探索,将科学成果服务于社会。主要研究领域如下:

——疾病生态学:保护人们免受源自野生动植物和牲畜的疾病,例如埃博拉病毒、寨卡病毒和莱姆病毒,减少疾病风险增大的环境条件,开发预测疾病、预防疾病传播的工具。

——淡水生态学:通过研究美国和世界各地的溪流、河流和湖泊如何应对气候变化、盐渍化、藻类大量繁殖和新型污染物等威胁,给予有效的淡水管理方案。

——森林生态学:研究侵入性害虫和病原体、生物质能源、污染和林业实践对健全森林管理的影响,以保护森林,造福人类。

——城市生态学:致力于了解城市生态系统,并形成基于自然的解决方案,以应对气候变化带来的挑战。

（四）研究项目及成果

卡里生态系统研究所围绕疾病、淡水、森林、城市 4 个主要领域开展研究。部分研究项目见表 84.1。

表 84.1 部分研究项目

序号	项目名称（中文）	项目名称（英文）
1	沉水植物床的生态功能	Ecological Functions of Submersed Plant Beds
2	溶解有机碳对湖泊生态系统的影响	Effects of Dissolved Organic Carbon on Lake Ecosystems
3	哈德逊河生态系统研究	Hudson River Ecosystem Study
4	潮汐沼泽项目	Tidal Marsh Project
5	受控集中狩猎	Controlled Focused Hunting
6	哈伯德·布鲁克生态系统研究	Hubbard Brook Ecosystem Study
7	蜱虫项目	The Tick Project
8	莱姆病	Lyme Disease

卡里生态系统研究所认为信息透明对于科学进步至关重要,获取数据和资料可以带来更好的科学信息。为此,相关研究数据和科学成果免费共享并提供下载,部分研究成果见表 84.2。

表 84.2　部分研究成果

序号	成果名称(中文)	成果名称(英文)	成果类型	发布时间
1	入侵物种对人类构成严重威胁	Invasive Species Pose Serious Danger to Humans	博客	2017
2	保护水资源远离污染	Keep Our Water Safe from Polluters	博客	2017
3	关于拥有300年历史的蛤报告	An Interview with the 300-Year-Old Clam	博客	2016
4	温带地区? 没有很多	Temperate Zone? Not so Much	博客	2016
5	反灭绝,一个危险的生态实验	De-Extinction, a Risky Ecological Experiment	博客	2016
6	物种的价值取决于我们的智谋	A Species' Worth Depends on Our Resourcefulness	博客	2015
7	外来宠物贸易在两栖动物中传播疾病	Exotic Pet Trade Spreads Disease in Amphibians	博客	2014
8	水资源清理法案	Cleaning up the Clean Water Act	博客	2014
9	有毒藻类可能使水源面临风险	Toxic Algae Can Put Water Sources at Risk	博客	2014
10	生态学家对变革的力量持乐观态度	Ecologists Optimistic About Power to Change	博客	2014
11	莱姆病:复杂系统的生态学	*Lyme Disease:The Ecology of a Complex System*	专著	2011
12	传染病生态学:生态系统对疾病的影响以及疾病对生态系统的影响	*Infectious Disease Ecology:Effects of Ecosystems on Disease and of Disease on Ecosystems*	专著	2008

(五) 重点出版物译介

1.《森林生态系统的生物地球化学(第3版)》(*Biogeochemistry of a Forested Ecosystem*,Third Edition,2013)

1963年在哈伯德·布鲁克实验林开展的开创性流域生态系统研究,对新罕布什尔州怀特山的森林生态系统的生物地球化学进行了全面更新和深入的分析。在将近50年的综述中,总结和解释了有关降水和溪水化学、水文学和风化的独特数据,并考虑了大气和颗粒流入和流出生态系统的作用。本书对生态系统中许多关键元素提出了长期、完整的年收支,首次提供了哈伯德·布鲁克流域生态系统中生物地球化学动力学的比较视图。结果显示了一个生态系统是如何通过水和营养的输入和输出与全球生物地球化学循环相联系的。

2.《生态科学基础》(*Fundamentals of Ecosystem Science*,2012)

本书涵盖了生态系统科学、生物地球化学和能量学的主要概念。它分析和比较了陆地和水生生态系统,在通俗易懂的综合章节中融合了一般经验、概念、框架和面临的挑战。它提供了由该领域的领导者撰写的第一手案例研究资料,就采用生态系统方法如何带来创新、新见解、管理变革和政策解决方案提供了个人见解。

3.《有效的生态监测》（*Effective Ecological Monitoring*，2010）

随着研究的深入，生态学家和自然资源管理者已经认识到，长期研究和监测对于提高理解和管理复杂环境系统的重要性。虽然已有一些成功的长期生态研究和监测计划，但有些计划由于重点不突出，以失败告终。作者概述了生态监测计划和长期研究中的一些主要缺陷和不足。本书使用案例研究（例如英国洛桑和美国哈伯德·布鲁克生态系统研究的案例）来描述监测程序和长期研究的一些特征。本书的亮点在于，基于在长期研究和自然资源监测计划方面70多年的集体经验，作者提出了一种新方法，即"自适应监测"，以解决计划不佳和重点不突出的监测计划中的某些问题。

英国生态与水文学研究中心(CEH)

类　　型：科研院所
所 在 地：英国班戈
成立年份：2019年
现任主任：马克・贝利(Mark Bailey)
网　　址：https://www.ceh.ac.uk/

　　英国生态与水文学研究中心(CEH)是一个全球性生态与水文发展智库,致力于研究陆地和淡水生态系统及其与大气的相互作用,研究工作涉及欧洲、美洲、非洲、东南亚和世界其他地区,建立了180个领域站点,在英格兰、威尔士和苏格兰地区建立了4个研究站。英国生态与水文学研究中心独特地整合了英国观测系统,从最小规模的遗传多样性到大规模的全球系统。通过跨学科工作,促进学术、公共、私营和志愿部门的伙伴关系,广泛、长期的监控、分析和建模提供了英国和全球的环境数据,为土地和淡水的危机提供了早期预警和解决方案。研究所使命是开展世界一流的陆地和淡水生态系统研究,为基于证据的决策和创新奠定基础,通过与决策者和企业合作,实现可持续发展并改善社会环境政策。

(一) 发展历程

　　英国生态与水文学研究中心是英国自然环境研究理事会(NERC)下属的科研机构,在国际上享有盛誉,研究领域涉及陆地与淡水生态系统以及与之相关的大气环境。2019年,该中心独立于自然环境研究理事会及其母组织英国研究与创新署,并被重新命名为英国生态与水文学研究中心。

(二) 组织架构

　　英国生态与水文学研究中心拥有的专家和工作人员涉及气候、水文、环境、自然灾害、治理、商业和金融等学科。其最高决策层是董事会,由杰出的商界精英、知名学者和政府官员等组成。总裁负责审查中心的治理及所有权，并领导多个董事会和委员会。领导机构分为：

执行委员会：负责英国生态与水文学研究中心的运营政策和程序，由总裁、科学总监与运营总监以及影响与创新总监组成。

科学委员会：在执行委员会授权范围内，负责开发、审查和提供研究项目，以实现研究中心的科学战略，由总裁、科学总监（候任总监）、影响力和创新总监、科学领域负责人和国家能力主管（秘书）组成，并根据需要由资源、运营和商业与财务总监参与。

英国生态与水文学研究中心从自然环境研究理事会获得国际能力资助，资金主要来源于自然环境研究理事会、政府部门和机构、欧盟研究和创新项目以及国际上的公共和私营部门。

（三）研究领域

英国生态与水文学研究中心从数据入手，进行独立研究，以监测与观测系统和环境信息学为基础，制定环境研究与资源管理政策。通过与企业、政策制定者和环境实践者合作，通过共同设计、共同交付、共同定位和商业化，整合了陆地和淡水科学界的研究人员，帮助解决问题，从而提升研究中心的影响力。主要研究领域如下：

——大气化学与效应：量化生物圈大气-空气污染物和温室气体的交换。

——生物多样性：了解、减轻和预测未来生物多样性的威胁。

——水文气候风险：提高对极端天气、气候和水文（如洪水和干旱）的了解。

——污染：了解化学物质的风险，以确保其可持续使用；提供科学知识和证据，以支持对化学品风险的评估。

——土壤及土地用途：对土地变化进行测量并建模，以保存和提高全球效益。

——水资源：提供淡水及其附属生态系统之间关系的认识，以理解两者作为资源使用方式之间的相互作用和冲突。

（四）研究项目及成果

英国生态与水文学研究中心围绕大气化学与效应、生物多样性、水文气候风险污染、土壤、土地用途与水资源 6 个主要领域开展研究，部分研究项目见表 85.1：

表 85.1 部分研究项目

序号	项目名称(中文)	项目名称(英文)
1	Chem Pop：化学品对野生动植物种群有什么影响？	Chem Pop：What Are the Impacts of Chemicals on Wildlife Populations?
2	干旱影响：监测和预警研究中的脆弱性阈值	Drought Impacts：Vulnerability Thresholds in Monitoring and Early-Warning Research
3	加强泰国的农业抗旱能力(STAR)	Strengthening Thailand's Agricultural Drought Resilience (STAR)
4	英国森林遗传资源战略	UK Forest Genetic Resources Strategy
5	松花江-辽河流域水质改善的污染排放管理	Pollution Discharge Management for Water Quality Improvement in the Songhuajiang-Liaohe River Basin，NE China
6	英国授粉媒介监测与研究伙伴关系	UK Pollinator Monitoring and Research Partnership
7	英国的季节性水文预报	A Seasonal Hydrological Forecast for the UK
8	国家河流流量档案	National River Flow Archive

2000 年以来,英国生态与水文学研究中心的出版物和合同报告 9000 多册,主要覆盖陆地淡水生态系统及其与大气相互作用、大气化学与效应、生物多样性与水文气候风险、土壤及土地用途与水资源等。部分研究成果见表 85.2。

表 85.2 部分研究成果

序号	成果名称(中文)	成果名称(英文)	成果类型	发布时间
1	寄生虫阻碍雌性海鸟成功繁殖	Parasites Hinder Female Seabirds' Reproductive Success	文章	2019
2	联合实施氮和磷管理以实现可持续发展和气候目标	Joint Nitrogen and Phosphorus Management for Sustainable Development and Climate Goals	文章	2019
3	中国的 $PM_{2.5}$ 污染受到氨排放的严重影响	$PM_{2.5}$ Pollution is Substantially Affected by Ammonia Emissions in China	文章	2018
4	钒：重新出现的环境危害	Vanadium：A Re-Emerging Environmental Hazard	文章	2018
5	监测网络设计对估算居民 NO_2 浓度的土地利用回归模型的影响	Effect of Monitoring Network Design on Land Use Regression Models for Estimating Residential NO_2 Concentration	文章	2017
6	英国河流洪水风险管理的气候变化指南的演变	The Evolution of Climate Change Guidance for Fluvial Flood Risk Management in England	文章	2017
7	比较英国多样化流域中三种生态系统服务建模工具的优缺点	Comparing Strengths and Weaknesses of Three Ecosystem Services Modelling Tools in a Diverse UK River Catchment	文章	2017
8	造福社会的淡水科学：来自早期职业研究者的视角	Freshwater Science for the Benefit of Society：A Perspective from Early Career Researchers	文章	2017

续表

序号	成果名称（中文）	成果名称（英文）	成果类型	发布时间
9	灌木林的初级生产和土壤呼吸作用随欧洲气候梯度而变化	Shrubland Primary Production and Soil Respiration Diverge Along European Climate Gradient	文章	2017
10	叶片干物质含量比特定叶片面积更能预测地上净初级生产力	Leaf Dry Matter Content is Better at Predicting Above-Ground Net Primary Production Than Specific Leaf Area	文章	2017
11	从河流到开阔海洋的金属形态：建模与测量	Metal Speciation from Stream to Open Ocean：Modelling V. Measurement	文章	2016
12	综合与回顾：应对氮管理挑战：从全球到本地	Synthesis and Review：Tackling the Nitrogen Management Challenge：From Global to Local Scales	文章	2016
13	当前对常见城市表面水文过程的了解	Current Understanding of Hydrological Processes on Common Urban Surfaces	文章	2016

（五）重点出版物译介

1.《多种应激源对蓝细菌丰度的影响随湖泊类型而异》（Effects of Multiple Stressors on Cyanobacteria Abundance Vary with Lake Type，2018）

本文发表于《全球变化生物学》（*Global Change Biology*），主要研究了蓝藻对于不同湖泊类型中应激源的反应。通过研究中欧和北欧494个湖泊的大规模数据，评估了蓝藻对不同类型湖泊中养分（磷）、温度和保水时间的反应。文章的亮点是：蓝藻繁殖是当前对全球水安全的威胁，由于养分增加、温度升高和极端降水以及长期干旱等情况，未来全球水安全风险将增加。本研究将有助于人们采用人工手段干预蓝藻生长，保证全球水安全。

2.《湿地如何影响洪水》（How Wetlands Affect Floods，2015）

湿地在水文循环中起着重要的作用，影响着地下水补给、流量调节、水分蒸发和洪水形成。全球应制定保护和管理湿地的政策，以提供关键服务，特别是降低洪水风险。虽然经常有湿地水文服务的一般性声明发表，但"湿地"涵盖了湿林地、芦苇床、泥炭沼泽、沼泽和盐沼等多种土地类型，每种湿地的水文功能都有不同，因此很难概括湿地的防洪功能。本文以两种典型湿地类型（旱地雨养湿地和洪泛区湿地）为例，分析了不同湿地类型之间的防洪功能差异。旱地湿地一般是洪水发生的地区，而洪泛区湿地有更大的潜力减少洪水。然而，景观位置和配置、土壤特征、地形、土壤水分状况和管理都影响着这些湿地的防洪服务能力。

3.《在不断变化的世界中,自然、混合和新的河流生态系统的环境流动》
(Environmental Flows for Natural,Hybrid,and Novel Riverine Ecosystems in
a Changing World,2014)

本文介绍了"环境流"一词,叙述了环境流量可以通过许多不同的方式来实现,其中大多数是基于:第一,限制自然流量基线的变化以保持生物多样性和生态完整性;第二,设计流量机制以实现特定的生态和生态系统服务结果。本文认为前者更适用于以生态保护为主要目标和机遇的自然和半自然河流,后一种方法更适合于经过改造和管理的河流。在气候变化和强化调控的未来,混合和新型的水生生态系统将占主导地位,第二种方法可能是唯一可行的选择。这一结论源于可以进行类比的自然生态系统的缺乏,以及支持更广泛的社会经济利益的需要和自然及社会资本的宝贵配置。

后　记

科学研究天然禀赋增进政策的使命。当前,自然资源领域正面临一些理论与实践难题,需要理论界的支撑与创新。系统整理国际智库的所思、所想和所做,不仅可为明晰自然资源领域的理论进展与实践进度提供线索,也可为有力支撑生态文明理念下的自然资源治理政策提供知识地图。短短二十几万字的集子,呈现了智库立场、共同体理念与行动秉性,展示了"从空间到资源、从资源到生态、从生态到社区"的治理维度,列举了"自然资源保护、开发、利用和生态修复"的经验举措,展示了"自然资源经济研究服务政策"的重要作用。

能够如期完稿,得益于中国自然资源经济研究院张新安院长、贾文龙副院长的悉心指导,受益于相关智库组织驻华机构的大力支持,生成于一班怀揣学术信念的年轻人之手。

本书系国家重点研发计划"自然资源资产负债表编制与资源环境承载力评价技术集成与运用"子课题"自然资源资产负债表编制技术集成与区域示范"(编号:2016YFC0503505)与国家重点研发计划"区域生态安全评估与预警技术"子课题"生态保护地生态产品供给与生态安全评估"(编号:2017YFC0506604)研究成果之一。

所整理的资料主要以智库官方网站信息为主,辅以其他网站、学术著作、报告等信息,搜集整理截止日期为 2021 年 4 月 30 日。尽管我们在编写过程中力求准确,但不免有信息的更替、遗漏、出错。如有发现,恳请告知,我们会及时修正。感谢北京大学出版社黄炜编辑的辛勤付出。

邮箱:gtzy2017@pku.edu.cn

编者

2021 年 4 月 30 日